"国家示范性高等职业院校建设计划项目"中央财政支持重点建设专业

杨凌职业技术学院水利水电建筑工程专业课程改革系列教材

水利工程图识读与绘制

《水利工程图识读与绘制》课程建设团队　主编

中国水利水电出版社

www.waterpub.com.cn

内 容 提 要

本教材共分为 4 个学习单元，分别为：学习单元 1 识图的基础知识，主要介绍了水利工程图标准、建筑物的表示方法，在掌握基本绘图标准的基础上，能够识读水利工程各阶段的工程图纸；学习单元 2 典型水工建筑识读，主要学习常见的典型水工建筑物不同阶段图纸的识读，学会各种典型建筑物的使用功能、基本组成、常见形式并读懂典型建筑物的平、立、剖视图；学习单元 3 水利枢纽图识读主要介绍不同形式水利枢纽图纸的识读，旨在通过对水利枢纽图的识读，提高学生识读不同形式水利枢纽图的技巧，培养学生识读工程图纸的基本技能；学习单元 4 水利工程图绘制是在识读图纸的基础上，利用 CAD 软件快速正确地绘制水利工程图纸。

本教材涵盖内容丰富，是培养高职水利类专业学生工程语言的专业用书，也可以作为水利类专业人员和水利工程一线技术人员的参考用书。

图书在版编目（CIP）数据

水利工程图识读与绘制/《水利工程图识读与绘制
》课程建设团队主编 . —北京：中国水利水电出版社，
2011.12（2022.7 重印）
"国家示范性高等职业院校建设计划项目"中央财政
支持重点建设专业、杨凌职业技术学院水利水电建筑工程
专业课程改革系列教材
ISBN 978 - 7 - 5084 - 8789 - 2

Ⅰ.①水… Ⅱ.①水… Ⅲ.①水利工程—工程制图—
识别—高等职业教育—教材②水利工程—工程制图—绘图
技术—高等职业教育—教材 Ⅳ.①TV222.1

中国版本图书馆 CIP 数据核字（2011）第 281424 号

书　名	"国家示范性高等职业院校建设计划项目"中央财政支持重点建设专业 杨凌职业技术学院水利水电建筑工程专业课程改革系列教材 **水利工程图识读与绘制**
作　者	《水利工程图识读与绘制》课程建设团队　主编
出版发行	中国水利水电出版社 （北京市海淀区玉渊潭南路 1 号 D 座　100038） 网址：www.waterpub.com.cn E - mail：sales@mwr.gov.cn 电话：（010）68545888（营销中心）
经　售	北京科水图书销售有限公司 电话：（010）68545874、63202643 全国各地新华书店和相关出版物销售网点
排　版	中国水利水电出版社微机排版中心
印　刷	北京市密东印刷有限公司
规　格	370mm×260mm　横 8 开　20.5 印张　256 千字
版　次	2011 年 12 月第 1 版　2022 年 7 月第 6 次印刷
印　数	15001—18500 册
定　价	**59.00 元**

"国家示范性高等职业院校建设计划项目" 教材编写委员会

主　任：张朝晖

副主任：陈登文

委　员：刘永亮　祝战斌　拜存有　张　迪　史康立

　　　　解建军　段智毅　张宗民　邹　剑　张宏辉

　　　　赵建民　刘玉凤　张　周

《水利工程图识读与绘制》 教材编写团队

主　　编：杨凌职业技术学院　　　　　　　　　　　　郝红科

副主编：中国水电建设集团十五工程局有限公司　　　上育平

参　　编：杨凌职业技术学院　　　　　　　　　　　　黄梦琪

　　　　　杨凌职业技术学院　　　　　　　　　　　　武　荣

　　　　　杨凌职业技术学院　　　　　　　　　　　　王　凯

　　　　　西北农林科技大学水利与建筑工程学院　　　安梦雄

　　　　　中国水电建设集团十五工程局有限公司　　　左建伟

序

  2006 年 11 月，教育部、财政部联合启动了"国家示范性高等职业院校建设计划项目"，杨凌职业技术学院是国家首批批准立项建设的 28 所国家示范性高等职业院校之一。在示范院校建设过程中，学院坚持以人为本、以服务为宗旨，以就业为导向，紧密围绕行业和地方经济发展的实际需求，致力于积极探索和构建行业、企业和学院共同参与的高职教育运行机制，在此基础上，以"工学结合"的人才培养模式创新为改革的切入点，推动专业建设，引导课程改革。

  课程改革是专业教学改革的主要落脚点，课程体系和教学内容的改革是教学改革的重点和难点，教材是实施人才培养方案的有效载体，也是专业建设和课程改革成果的具体体现。在课程建设与改革中，我们坚持以职业岗位（群）核心能力（典型工作任务）为基础，以课程教学内容和教学方法改革为切入点，坚持将行业标准和职业岗位要求融入到课程教学之中，使课程教学内容与职业岗位能力融通、与生产实际融通、与行业标准融通、与职业资格证书融通，同时，强化课程教学内容的系统化设计，协调基础知识培养与实践动手能力培养的关系，增强学生的可持续发展能力。

  通过示范院校建设与实践，我院重点建设专业初步形成了"工学结合"特色较为明显的人才培养模式和较为科学合理的课程体系，制订了课程标准，进行了课程总体教学设计和单元教学设计，并在教学中予以实施，收到了良好的效果。为了进一步巩固扩大教学改革成果，发挥示范、辐射、带动作用，我们在课程实施的基础上，组织由专业课教师及合作企业的专业技术人员组成的课程改革团队编写了这套工学结合特色教材。本套教材突出体现了以下几个特点：一是在整体内容构架上，以实际工作任务为引领，以项目为基础，以实际工作流程为依据，打破了传统的学科知识体系，形成了特色鲜明的项目化教材内容体系；二是按照有关行业标准、国家职业资格证书要求以及毕业生面向职业岗位的具体要求编排教学内容，充分体现教材内容与生产实际相融通，与岗位技术标准相对接，增强了实用性；三是以技术应用能力（操作技能）为核心，以基本理论知识为支撑，以拓展性知识为延伸，将理论知识学习与能力培养置于实际情景之中，突出工作过程技术能力的培养和经验性知识的积累。

  本套特色教材的出版，既是我院国家示范性高等职业院校建设成果的集中反映，也是带动高等职业院校课程改革、发挥示范辐射带动作用的有效途径。我们希望本套教材能对我院人才培养质量的提高发挥积极作用，同时，为相关兄弟院校提供良好借鉴。

杨凌职业技术学院院长：

2010 年 2 月 5 日于杨凌

前　言

　　本教材是示范院校国家级重点建设专业——水利水电建筑工程专业的课程改革成果之一，是一门工学结合的特色教材。人才培养模式的改革是专业改革的前提，本专业的改革实施方案是在"合格＋特长"教学模式的基础之上，结合杨凌职业技术学院水利类专业的实际情况，构建了符合水利工程实际、具有"工学结合"特色的人才培养方案。根据教学改革实施方案和课程改革的基本思想，通过分析水利工程施工实际，结合岗位要求和职业能力标准，编写了《水利工程图识读与绘制》教材，将原学科体系进行分解，按照符合工程实际的教学思路重新构建，基于水利工程施工过程中所需要的知识、能力和素质重新构成该课程，该课程计划教学60学时。

　　本教材在编写时，以"工学结合"为主线，突出水利行业工程建筑实际，体现水利行业人才市场对人才的需求，重点突出水利类专业的核心能力和专业技能培养。在内容编写时，从水利工程图识图基础知识、典型水工建筑物识读、水利枢纽图识读、水利工程图绘制（CAD）为主线构建了一个完整的教学过程。在编写过程中突出"以就业为导向、以岗位为依据、以能力为本位"的思想；明确理论教学、实践教学的教学时数，注重学生职业能力训练和综合素质培养，尊重学生的个性发展。"以教师为主"向"以学生为主"转变，把孤立的理论和实践教学向过程教学的统一融合转变。

　　本教材由杨凌职业技术学院郝红科主编并统稿，中国水电建设集团十五工程局有限公司上育平担任副主编，西北农林科技大学水利与建筑工程学院安梦雄担任主审。全书共有4个学习单元。学习单元1由杨凌职业技术学院黄梦琪编写，学习单元2由杨凌职业技术学院武荣、中国水电建设集团十五工程局有限公司上育平编写，学习单元3由杨凌职业技术学院郝红科编写，学习单元4由杨凌职业技术学院王凯、中国水电建设集团十五工程局有限公司左建委编写。教材在编写的过程中，课程建设团队的领导和其他同仁给予了极大的帮助和支持，并提出了许多宝贵意见，学院领导及教务处同仁也给予了大力支持，在此表示最诚挚的感谢。

　　本教材在编写中引用了大量的规范、专业文献和资料，恕未在书中一一注明。在此，对有关作者表示诚挚的谢意。

　　本教材是在过程教学模式的基础上编写的，其内容体系的编写方法在国内属首次尝试，体系的构建有很多不妥之处。同时由于作者本身对过程教学的理解水平有限，不足之处在所难免，恳请广大师生和读者对书中存在的缺点和疏漏，提出批评指正，编者不胜感激。

编者

2011 年 6 月

目　　录

学习单元 1 识图的基础知识

学习目标：

图纸是工程的语言，是工程技术人员之间交流的工具，是建设单位、设计单位和施工单位沟通的桥梁。各种建筑工程制图都是以国家标准为依据，用图形、符号、带注释的图框、简化外形表示其系统、结构、各部分之间相互关系及联系，并以文字说明其组成。《水利水电工程制图标准　基础制图》（SL 73.1—2013）对水利工程图样做了统一的规定，本单元学习的目的，就是掌握工程图绘图标准。

学习要求：

水工建筑物的修建一般需要经过勘察、规划、设计、施工及验收等五个阶段，各个阶段都应绘制相应的图纸，如勘察阶段的地质图、地形图；规划阶段的规划图；设计阶段的枢纽布置图、建筑物设计图；施工阶段的施工总平面布置图、单位工程布置图、分期施工布置图；验收阶段的竣工图等。要求通过本单元的学习，在掌握基本绘图标准的基础上，能够识读水工建筑物各阶段的工程图样。

学习任务：

通过学习，熟练掌握水利工程图的图幅、绘图比例、字体及尺寸标注等绘图标准，能够准确区分和识读水工建筑物各阶段的工程图样。

1.1 水利工程绘图基础知识

1.1.1 图幅

1. 图纸幅面

图纸幅面即图纸的尺寸面积，为了使图纸整齐，便于装订和保管。《水利水电工程制图标准基础制图》（SL 73.1—2013）中规定了图纸的幅面尺寸，用图纸的短边×长边（$B×L$）表示。为了便于图纸的装订、保管和合理利用，对图纸的基本幅面规定了五种不同的尺寸，见表1.1。

表 1.1　　　　　　　　　　基本幅面及图框尺寸

幅面代号	A0	A1	A2	A3	A4
$B×L$	841×1189	594×841	420×594	297×420	210×297
e	20			10	
c		10			5
a			25		

注　图框尺寸中 e、c、a 代表图框线与装订线之间的距离。

由表1.1可以看出上一号幅面的短边 B，为下一号幅面的长边 L。即上一号图幅沿长边对折即为下一号图幅，如图1.1所示。

图纸幅面在应用中，面积不够时，根据要求允许在图纸的长边按短边的倍数加长，具

体尺寸可参照《水利水电工程制图标准　基础制图》（SL 73.1—2013）。在实际工程中，目前多采用A3图纸绘制，当图幅不够时可根据工程实际，采用A3加长图纸。

2. 图框

图框是指在图纸上绘图范围的界线。

无论图样是否装订，均应画出图框和标题栏，图形只能画在图框内。图框用粗实线绘制，线宽为 $1～1.5b$（b 为粗实线宽度符号）。图框的形式分

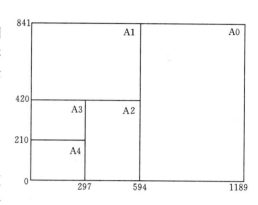

图 1.1　各图纸幅面的对开关系

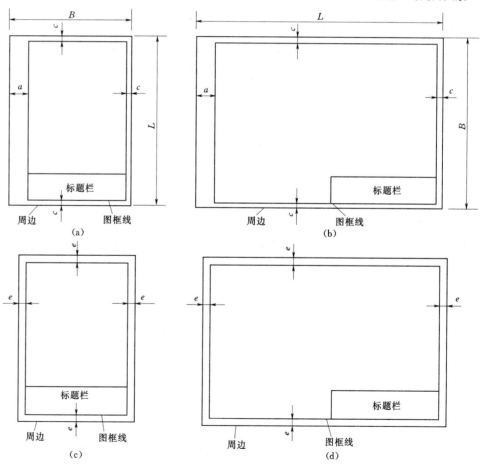

图 1.2　图框和标题栏
(a)、(b) 留装订边；(c)、(d) 不留装订边

两类，即留装订边或不留装订边。如图 1.2 (a) (b) 所示，装订边留在图纸的左侧，图框线距离周边线左边缘为 $a=25$mm，其余三边距离周边线为 $c=5$mm 或 10mm，根据图纸幅面的大小选定，请参看表 1.1。如图 1.2 (c)、(d) 所示为不留装订边图框，图框四边距离边线为 $e=10$mm 或 20mm，e 值也要根据图纸幅面大小选定，请参看表 1.1。

1.1.2 绘图比例

1. 比例的概念

图样的比例是指图样中图形与实物相对应的线性尺寸之比。比例分为以下三种类型。

（1）原值比例。比值为 1 的比例，即 1:1，表示图形大小与实物大小相同。

（2）放大比例。比值大于 1 的比例，如 2:1，表示在图形中按比例扩大 2 倍绘制。

（3）缩小比例。比值小于 1 的比例，如 1:100，表示在图形中按比例缩小 100 倍绘制。

对于水利工程图，因尺寸较大，一般不会用到原值比例和放大比例，多用缩小比例将实物绘制在图纸上，如用 1:20 画出的图样，其线性尺寸是实物相对应线性尺寸的 1/20。比例的大小，是指其比值的大小，如 1:50 大于 1:100。

2. 比例系列

绘图时所用的比例，应根据图样的用途和被绘对象的复杂程度，从表 1.2 中选用，并优先选用表中常用比例。标注尺寸时，无论选用放大或缩小比例，都必须标注其实际尺寸。

表 1.2　水工图常用比例

图　类	比　例
枢纽总布置图，施工总平面布置图	1:5000, 1:2000, 1:1000, 1:500, 1:200
主要建筑物布置图	1:2000, 1:1000, 1:500, 1:200, 1:100
基础开挖图、基础处理图	1:1000, 1:500, 1:200, 1:100, 1:50
结构图	1:500, 1:200, 1:100, 1:50
钢筋图	1:100, 1:50, 1:20
细部结构图	1:50, 1:20, 1:10, 1:5

一般情况下，一个图样应选用一种比例。根据专业制图需要，同一图样也可选用两种比例，如线性建筑物的绘制，可以采用纵横比例不一致。在同一图幅中，可选用两种以上的比例。

3. 比例标注

（1）比例的符号为"："，比例应以阿拉伯数字表示，如 1:1、1:2、1:100 等。

（2）比例注写在图名的右侧，字的基准线应取平；比例的字高宜比图名的字高小一号或二号，如图 1.3 所示。

平面图　1:100　⑥ 1:20

图 1.3　比例的注写

1.1.3 字体要求

图样上需要书写的有文字、数字或符号等，用来说明物体的大小，施工技术要求及规范等内容。如果书写潦草或模糊不清，不仅影响图样的清晰和美观，还会招致施工的差错和麻烦，因此，《水利水电工程制图标准》对字体的规格和要求作了统一的规定。

总的要求是：排列整齐、字体端正、笔画清晰、标点符号清楚正确。

其他规定如下。

1. 文字的字高

图样中字体的大小应根据图纸幅面、比例等情况从国标规定的下列字高系列（简称字号）中选用：3.5mm、5mm、7mm、10mm、14mm、20mm。该字高系列按照 $\sqrt{2}$ 倍的规律递增，若需书写更大的字，则递乘 $\sqrt{2}$。

2. 汉字

水利工程图中的汉字应采用简化字书写，必须符合国务院公布的《汉字简化方案》和有关规定，并写成长仿宋体。长仿宋体的字高与字宽的比例大约为 1:0.7，其关系见表 1.3。书写长仿宋体的基本要领是横平竖直、起落有锋、结构均匀、填满方格。在图样中书写字体必须做到字体工整、笔画清楚、间隔均匀、排列整齐。长仿宋字示例如图 1.4 所示。

表 1.3　　　　　　　长仿宋体字高宽关系　　　　　　　单位：mm

字　高	20	14	10	7	5	3.5
字　宽	14	10	7	5	3.5	2.5

工业民用建筑厂房屋平立剖面详图
结构施说明比例尺寸长宽高厚砖瓦
木石土砂浆水泥钢筋混凝截校核梯
门窗基础地层楼板梁柱墙厕浴标号
轴材料设备标号节点东南西北校核
制审定日期一二三四五六七八九十

图 1.4　长仿宋字示例

3. 拉丁字母和数字（阿拉伯数字及罗马数字）

拉丁字母和数字的书写规格有一般字体和窄字体两种，其中又有直体字和斜体字之分。大写字母一般用于定位轴线的纵轴线编号或断面的编号；小写字母主要用在投影图的标注。

字母和数字的字高，应不小于 2.5mm。若写成斜体字，斜体的倾斜度应是从字的底线逆时针向上倾斜 75°，其高度与宽度应与相应的直体字相等。

当字母或数字与汉字并列书写时，它们的字高比汉字的字高宜小一号。

拉丁字母示例如图 1.5 所示，罗马数字、阿拉伯数字示例如图 1.6 所示。

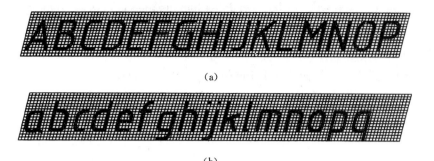

(a)

(b)

图 1.5 拉丁字母示例（斜体）

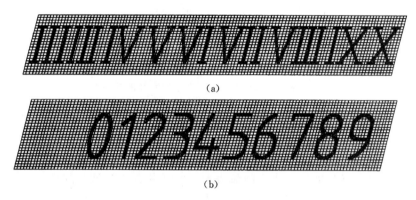

(a)

(b)

图 1.6 罗马数字、阿拉伯数字示例（斜体）

1.1.4 尺寸要求

在水利工程图中，图样仅表示物体的形状，而物体的真实大小则由图样上所标注的实际尺寸来确定。

1. 尺寸的组成

一个完整的尺寸一般应包括尺寸界线、尺寸线、尺寸起止符号和尺寸数字，如图 1.7 所示。

2. 基本规定

（1）尺寸界线。应用细实线绘制，一般应与被注长度垂直，其一端应离开图样轮廓线不小于 2mm，另一端宜超出尺寸线 2～3mm。有时图样轮廓线也可用作尺寸界线，如图 1.8 所示。

（2）尺寸线。应用细实线绘制，并与被注长度平行。图样上的任何图线都不得用作尺寸线。

（3）尺寸起止符号。尺寸线与尺寸界线的相交点是尺寸的起止点，土木工程图中一般用中粗斜短线绘制，其倾斜方向应与尺寸界线成顺时针 45°，长度宜为 2～3mm。

半径、直径、角度与弧长的尺寸起止符号，宜用箭头表示。箭头画法如图 1.9 所示。

（4）尺寸数字。《水利水电工程制图标准　基础制图》（SL 73.1—2013）规定：图样上的尺寸一律用阿拉伯数字标注图样的实际尺寸，与绘图时采用的比例无关，应以尺寸数字为准，

不得从图上直接量取。

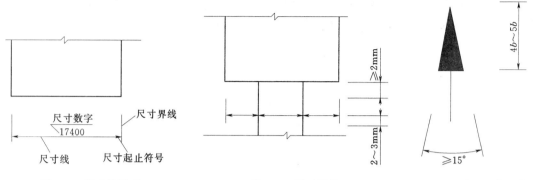

图 1.7 尺寸的组成　　　图 1.8 尺寸界线　　　图 1.9 箭头尺寸起止符号

图样上所标注的尺寸，除标高及总平面图以 m 为单位外，其他必须以 mm 为单位，所以图样上的尺寸数字一律不写单位。

尺寸数字一般应依据其方向注写在靠近尺寸线的上方中部。水平方向的尺寸，尺寸数字要写在尺寸线的上面，字头向上；竖直方向的尺寸，尺寸数字要注写在尺寸线的左侧，字头向左；倾斜方向的数字，字头应保持向上，按图 1.10（a）的规定注写。若尺寸数字在 30°斜线区内，宜按图 1.10（b）的形式注写。

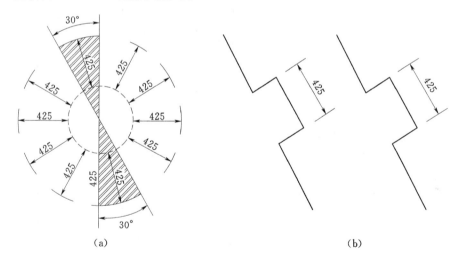

(a)　　　　　　　　　　　(b)

图 1.10 尺寸数字的注写方向

尺寸数字如没有足够的注写位置，最外边的尺寸数字可注写在尺寸界限的外侧，中间相邻的尺寸数字可错开注写，如图 1.11 所示。

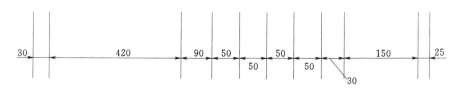

图 1.11 连续尺寸标注数字的注写位置

3. 尺寸的排列与布置

尺寸宜标注在图样轮廓以外，不宜与图线、文字及符号等相交。图线不得穿过尺寸数字，不可避免时，应将尺寸数字处的图线断开，如图1.12所示。

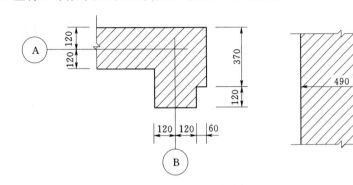

图 1.12　尺寸数字的注写

若干条相平行的尺寸线，应从被注写的图样轮廓线由近向远整齐排列，较小尺寸离轮廓线较近，大尺寸离轮廓线较远，如图1.13所示。图样轮廓线以外的尺寸界线，距图样最外轮廓线以外的距离，不宜小于10mm，平行排列的尺寸线的间距为7～10mm，并应保持一致。

4. 半径、直径、球的尺寸标注

（1）半径尺寸的标注。半径的尺寸线一端从圆心开始，另一端画箭头指向圆弧。半径数字前应加注半径符号"R"，如图1.14（a）所示。

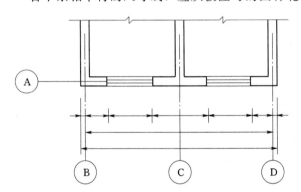

图 1.13　尺寸的排列

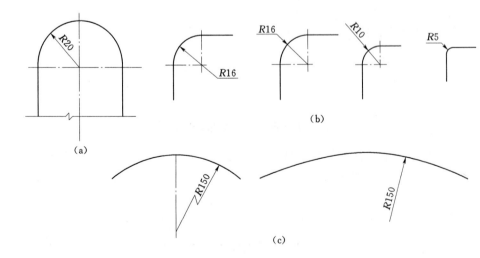

图 1.14　半径尺寸的标注

（a）一般的半径标注方法；（b）小圆弧半径的标注方法；（c）大圆弧半径的标注方法

圆弧的半径较小，可按图1.14（b）的形式标注；圆弧的半径较大，可按图1.14（c）的形式标注。

（2）直径的尺寸标注。标注圆的直径尺寸时，直径数字前应加直径符号"ϕ"。在圆内标注的尺寸线应通过圆心，两端画箭头指向圆弧，如图1.15（a）所示。圆的直径尺寸较小，可标注在圆外，如图1.15（b）所示。

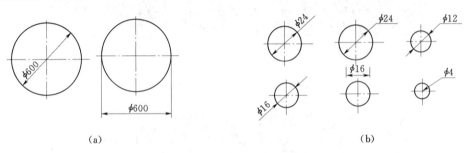

图 1.15　直径尺寸的标注

（a）一般直径的标注方法；（b）小圆直径的标注方法

（3）标注球的半径或直径尺寸时，应在尺寸前加注符号"SR"或符号"$S\phi$"。其注写方法与圆弧半径和圆直径的尺寸标注方法相同。

5. 角度、弧长、弦长的标注

（1）角度的标注。角度的尺寸线以圆弧表示，圆弧的圆心为该角的顶点，角的两条边为尺寸界线；角的起止符号用箭头表示，若画箭头的位置不够时，也可用圆点代替；角度数字应按水平方向注写，如图1.16所示。

（2）弧长和弦长的标注。弧长和弦长的尺寸界线应垂直于该圆弧的弦；标注圆弧的弧长时，尺寸线是该圆弧同心的圆弧线，起止符号用箭头表示，并在弧长数字的上方加注圆弧符号"⌒"，如图1.17（a）所示；标注圆弧的弦长时，尺寸线是平行于该弦的直线，起止点与弧两端对齐，如图1.17（b）所示。

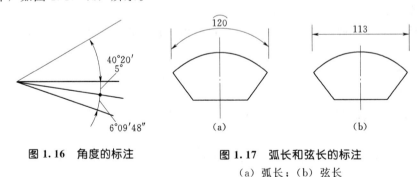

图 1.16　角度的标注　　　图 1.17　弧长和弦长的标注

（a）弧长；（b）弦长

6. 其他尺寸的标注

（1）薄板厚度和正方形的标注。在薄板板面标注板厚尺寸时，应在厚度数字前加厚度符号"t"，如图1.18所示。

标注正方形的尺寸时，除了可以用"边长×边长"的形式外，也可在边长数字前加注正方形符号"□"，如图1.19所示。

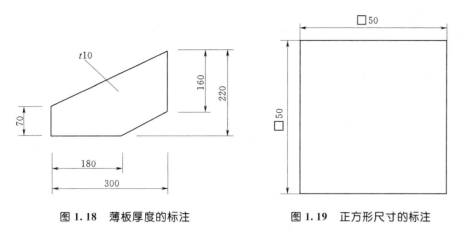

图 1.18　薄板厚度的标注　　　图 1.19　正方形尺寸的标注

（2）坡度的标注。坡度可用百分数、比数、直角三角形的形式标注。用百分数、比数标注坡度时，坡度数字下应加注一单面箭头作为坡度符号"←"，箭头指向下坡方向，如图1.20所示。

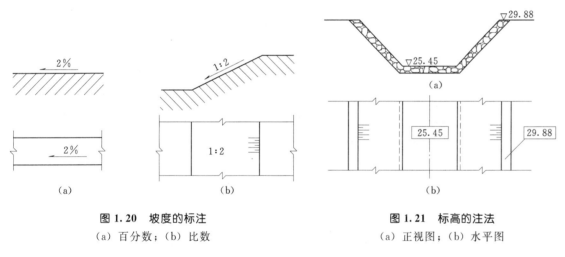

图 1.20　坡度的标注　　　　图 1.21　标高的注法
　（a）百分数；（b）比数　　　（a）正视图；（b）水平图

（3）高度尺寸。高度尺寸由标高符号和标高数字两部分组成。

1）标高符号。

a）在立面图和铅垂方向的剖视图、断面图中，标高符号一般采用如图1.21（a）所示的符号（为45°等腰直角三角形），用细实线绘制，高度为3mm，标高符号的尖端可向下指（▽），也可向上指（△），但尖端必须与被标注高度的轮廓线或引出线接触，标高数字一律写在标高符号的右边，如图1.21（a）所示。也可以在标高数字前加上文字标识（如校核洪水位）。

b）在平面图中，标高符号是采用细实线绘制的矩形线框，标高数字写在其中，如图1.21（b）所示。

2）标高数字。

a）单位。标高数字以 m 为单位，注写到小数点以后第三位，在总布置图中，可注写到小数点以后第二位。

b）形式。零点标高注写成±0.000或±0.00；正数标高数字前一律不加"＋"号；负数

标高数字前必须加注"－"号，如－2.115、－8.887 等。

3）水面标高（简称水位）。

a）水位符号。水面标高的注法与立面图中标高注法类似，不同之处是需在水面线以下绘制三条渐短的细实线，如图1.22所示。

b）特征水位。特征水位应在标注水位的基础上加注特征水位名称，如图1.22所示的"正常蓄水位"。

　　　　　　　　　　正常蓄水位 ▽ 25.45

图 1-22　水位注法

4）高度尺寸的标注。由于水工建筑物的体积大，在施工时常以水准测量来确定水工建筑物的高度。所以，在水工图中，对于较大或重要的面标注高程，其他高度以此为基准直接标注高度尺寸。

5）高程的基准。高程的基准与测量的基准一致，采用统一规定的海平面为基准。有时为了施工方便，也采用某工程临时控制点、建筑物的底面、较重要的面为基准或辅助基准。

（4）水平尺寸。

1）水平尺寸的标注。对于长度和宽度差别不大的建筑物，选定水平方向的基准面后，可按组合体、剖视图、剖面图的规定标注尺寸。对河道、渠道、隧洞、坝等长形建筑物，沿轴线长度用"桩号"的方法标注水平尺寸，标注形式为km±m。km 为公里数，m 为米数。例如，"0＋035"表示该点距起点之后35m，"0－300"表示该点距起点之前300m。"0＋000"为起点桩号。桩号数字一般垂直于轴线方向注写，且标注在轴线的同一侧，当轴线为折线时，转折处的桩号数字应重复标注。当同一图中几种建筑物均采用"桩号"标注时，可在桩号数字之前加注文字以示区别。如图1.23所示，为某隧洞桩号的标注。

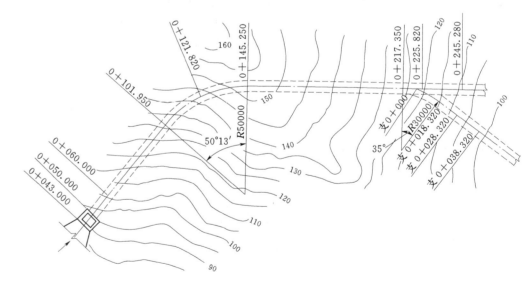

图 1.23　桩号的标注

2）水平尺寸的基准。水平尺寸的基准一般以建筑物对称线、轴线为基准，不对称时仍以水平方向较重要的面为基准，河道、渠道、隧洞、坝等以建筑物的进口即轴线的始点为起点桩号。

（5）非圆曲线尺寸的标注法。非圆曲线尺寸的标注法一般是在图中给出曲线方程式，画出方程的坐标轴，并在图附近列表给出曲线上一系列点的坐标值，如图1.24所示。

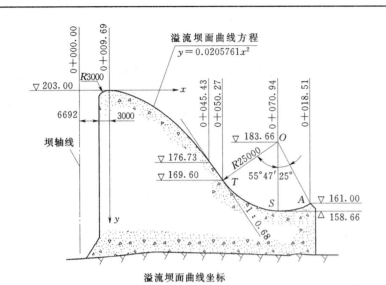

溢流坝面曲线方程
$$y = 0.0205761x^2$$

溢流坝面曲线坐标　　　　　　　　　　单位：m

x	0.00	1.00	2.00	3.00	5.00	10.00	15.00	20.00	25.00	35.00	40.00	45.43
y	0.000	0.021	0.082	0.185	0.514	2.058	4.629	8.230	12.860	18.518	25.206	26.270

图1.24　连接圆弧及非圆曲线的尺寸注法

7. 尺寸的简化标注

（1）等长尺寸的简化标注对于较多相等间距的连续尺寸，可用"个数×等长尺寸＝总长"的形式标注，如图1.25所示。

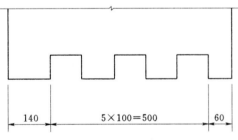

图1.25　等长尺寸的简化标注

（2）单线图的简化标注。对于单线条的图，如桁架简图、钢筋简图、管线简图等，在标注杆件或管线的长度时，可直接将尺寸数字沿杆件或管线的一侧标注，如图1.26所示。

（3）相同要素的简化标注。当构配件内的构造因素（如孔、槽等）相同时，可仅标注其中一个要素的尺寸及个数，如图1.27所示。

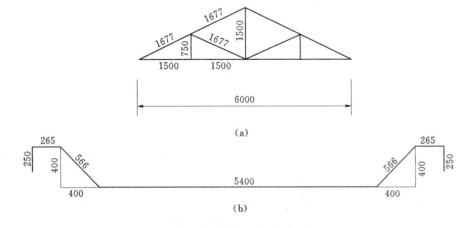

（a）

（b）

图1.26　单线图的简化标注

1.1.5　工程图标题栏

图样中的标题栏（简称图标）应放在图纸的右下角。标题栏的外框线为粗实线，与图框线重合；标题栏的分格线为细实线，线宽约为$b/3$。在现行的工程设计中，对于A3图纸，经常习惯采用横向标题栏。

标题栏的内容、格式和尺寸，一般按图纸幅面的大小规定如下：A0、A1图幅采用如图1.28（a）所示的标题栏；A2～A4图幅采用如图1.28（b）所示的标题栏。

本课程作业中建议采用如图1.29所示标题栏，既可起到练习绘制标题栏和书写字体的目的，又可使制图过程简便。

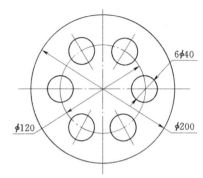

图1.27　对称构件的简化标注

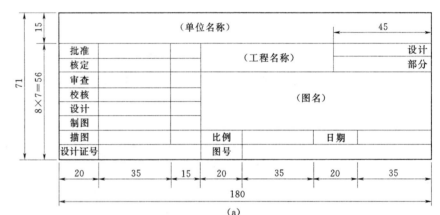

（a）

（b）

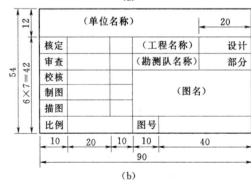

（c）

图1.28　标题栏内容、格式及尺寸

（a）A0、A1图幅标题栏；（b）A2～A4图幅标题栏；（c）A3横式标题栏

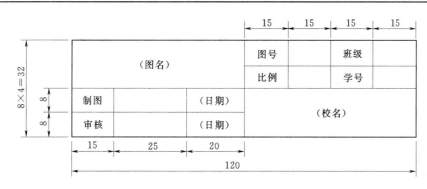

图 1.29 作业用标题栏

1.2 水利工程图绘图标准

1.2.1 水利工程图图标

图标也就是图例，是水工图的重要组成部分，表 1.4 列出了部分水工图样中建筑材料图例，表 1.5 列出了部分水工施工图样中建筑物平面图例。

表 1.4 建筑材料图例

序号	名称	图例	序号	名称		图例
1	岩石		6	块石	干砌	
		或			浆砌	
			7	条石	干砌	
2	石材				浆砌	
3	碎石		8	水、液体		
4	卵石		9	天然土壤		
5	砂卵石 砂砾石		10	夯实土		
			11	回填土		
6	块石 堆石		12	回填石渣		

表 1.5 水工建筑物平面图例

序号	名称		图例	序号	名称	图例
1	水库	大型		10	水位站	
		小型		11	船闸	
2	混凝土坝			12	升船机	
3	土石坝			13	码头	栈桥式
4	水闸					浮式
5	水电站	大比例尺		14	筏道	
		小比例尺		15	鱼道	
6	变电站			16	溢洪道	
7	水力加工站、水车			17	渡槽	
8	泵站			18	急流槽	
9	水文站			19	隧洞	

1.2.2 水能规划图

用来表达对水资源综合开发全面规划意图的图样称为规划图。按照水利工程的范围大小，规划图有流域规划图、水资源综合利用规划图、灌区规划图、行政区域规划图等。

规划图应在相应的地形图上绘制，采用符号图例（图例见表 1.5）示意的方式表达该范围内对水资源开发的整体布局、所在位置、受益范围；所在区域的河流、道路、重要建筑物和城镇的位置；拟建主要建筑物分布位置、名称、型式等。

规划图的特点是表示的范围大，所采用的地形图比例小，不需要也不可能在图中表示各水工建筑物的形状、尺寸、结构和材料，只能用图例示意表示建筑物。如图 1.30 所示为某水库灌区渠系规划图。

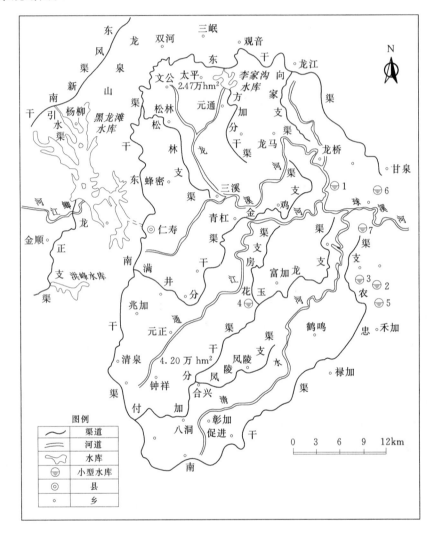

图 1.30　×××水库灌区渠系规划示意图
1—鸭池水库；2—红光水库；3—红旗水库；4—长征水库；5—包包沟水库；
6—幸福水库；7—六角堰水库

【例 1】 识读×××水库灌区渠系规划图，如图 1.30 所示。

规划图是画在地图上的水利枢纽平面图。

从图名可知本图为×××水库灌区渠系规划图，主要表达渠系规划。从右上角指北针可知其地理方位。从右下角比例标尺可知其比例，并可量出该灌区南北约 50km，东西约 30km。

该灌区位于龙泉山以东的球溪河上游地区，球溪河上有龙溪河、通江河、清水河三条支流在灌区中穿过，地势是由西向东倾斜，西、北、南三面较高，灌区中部和东面是较低的

浅丘区，灌区内水量不足。

图 1.30 中水库在灌区的西部，在水库的西北部有引水渠，可知该水库为引水囤蓄水库。在水库与县城之间有一段虚线可知该段为放水隧洞，隧洞出口的渠道即分为东干渠和南干渠，干渠根据地形沿山而建。

东干渠全长约 121km，灌溉面积约 24667hm²；南干渠全长约 119km，灌溉面积约 42000hm²。

在东干渠上引水的有方加干渠、松林支渠、向家支渠；在南干渠上引水的有满井分干渠和付加分干渠，在南干渠尾端有忠农支渠；在满井分干渠尾端有金鸡支渠；在付加分干渠引水的有风陵支渠，尾端分为花房支渠和玉龙支渠；在水库直接引水的有龙正支渠。计干渠两条，分干渠三条，支渠八条。

在渠系内还有小型水库数座，形成"长藤结瓜"之势，达到平时蓄水、及时用水、就近用水，避免农业高峰用水期的长途输水，解决了供、需矛盾，同时还可拦蓄当地径流，配合×××水库进行水量囤蓄，起到反调节作用。

1.2.3　施工图

按设计要求，用于指导水利工程及水工建筑物施工过程中的施工组织、施工程序及施工方法等内容的图样，称为施工图。

施工图包括施工总体布置图、分区工程布置图和分期布置图。

水利工程范围（或长度）一般较大，如引水式电站的拦河建筑物与水电站厂房相距较远；渠系建筑物中的渠道、渡槽、隧洞等沿渠线布置；河道整治工程中的护岸工程、丁坝、顺坝等沿河道布置，所以除需绘制施工总体布置图外，还需绘制各单位工程的分区工程布置图。

水利工程不同时段施工现场的平面布置不同，如表示施工导流、截流的施工导流布置图；地基开挖时表示地基开挖范围、形状、深度及主要尺寸的建筑物基础开挖图；建筑物修建过程的混凝土分层（分段）、分块程序和尺寸的混凝土浇筑图或土石建筑物填筑（安砌）程序和尺寸的施工图，所以还需绘制分期布置图。

施工图的内容有以下几点。

（1）各分区、分期在地上和地下已有建筑物和房屋。

（2）各分区、分期在地上和地下拟建的所有建筑物和房屋。

（3）为施工服务的所有临时建筑物和构筑物，如导流建筑物、运输道路及构筑物（车站、码头、起重系统等）、仓库辅助企业、行政管理与生活用房，以及供水、供风、动力供应等。

施工图的特点有以下几点。

（1）施工图一般绘制在地形图上，解决施工场地上各项设施的平面布置和高程布置，即解决施工的空间组织问题，避免施工中的相互干扰。

（2）施工图一般采用的比例较小，常用图示表示其位置和范围。

施工图是表达水利工程施工组织和施工方法和程序的图样。例如，反映施工场地布置的施工总平面布置图；反映施工导流方法的导流布置图；反映建筑物基础开挖和料场开挖的开挖图；反映混凝土分期分块的浇筑图；反映建筑物施工方法和流程的施工方法图等。

1.2.4 钢筋图

混凝土是抗压能力较高的人造石材，在受拉、受弯的情况下极易断裂。为了提高混凝土的抗拉、抗压能力，在混凝土构件中配置一定数量的钢筋。在水利工程中，钢筋混凝土结构是很多的。混凝土抗压强度较高，而抗拉强度却只有抗压强度的 $1/10 \sim 1/20$，因此，在混凝土结构中，根据受力和构造的需要在混凝土中配置一定的抗拉强度高的钢筋来承受拉力，提高结构的抗拉能力。这种配有钢筋的混凝土称为钢筋混凝土。用钢筋混凝土制成的各种结构（如梁、板、柱、墙等）称为钢筋混凝土结构。当钢筋混凝土结构图主要表达钢筋时，简称钢筋图。

1.2.4.1 基本知识

1. 钢筋符号

在钢筋混凝土结构设计规范中，对国产建筑用钢筋，按其产品种类不同分别给予不同的符号，供标注及识别之用，见表1.6。

表 1.6 钢筋种类及符号

序　号	钢　筋　种　类	符　号
1	Ⅰ级钢筋（3号钢）	Φ
	Ⅱ级钢筋（16锰）	Φ
	Ⅲ级钢筋（25锰）	Φ
	Ⅳ级钢筋（44锰₂硅、45锰₂钛、40硅₂钒、45硅硅矾）	Φ
2	Ⅴ级钢筋（热处理44锰₂硅及45锰硅矾）	Φ
3	冷拉Ⅰ级钢筋	Φ'
	冷拉Ⅱ级钢筋	Φ'
	冷拉Ⅲ级钢筋	Φ'
	冷拉Ⅳ级钢筋	Φ'

注 5号钢筋符号为Φ。

2. 钢筋的作用和分类

根据钢筋在构件中所起的作用不同，钢筋可分为下列五种，如图1.31所示。

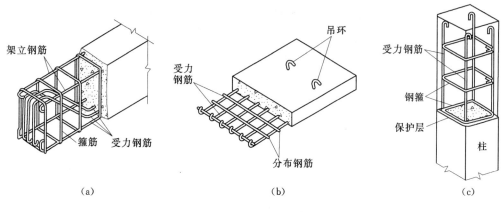

图 1.31 钢筋的分类
(a) 梁；(b) 板；(c) 柱

（1）受力钢筋。主要用来承受结构内的拉力，如图1.31（a）、（b）所示，也可以用来承受压力，如图1.31（c）所示。

（2）分布钢筋。多用在钢筋混凝土板内，如图1.31（b）所示。分布钢筋与板的受力钢筋垂直布置，将外力均匀地传给受力钢筋，并固定受力钢筋的正确位置，使受力钢筋与分布钢筋组成一个共同受力的钢筋网。

（3）钢箍（又称箍筋）。多用在钢筋混凝土梁、柱等中，如图1.31（a）、（c）所示。主要用来固定受力钢筋的位置，并使钢筋形成坚固的骨架，箍筋还可以承受部分拉力和剪力等。

（4）架立钢筋。一般仅限于在梁内使用，如图1.31（a）所示。用来便受力钢筋和箍筋保持正确位置，以形成骨架。

（5）其他钢筋。如吊装用的吊环钢筋，如图1.31（b）所示；较高的梁每隔 $300 \sim 400$mm 设置的纵向"腰筋"和固定腰筋的拉筋等，如图1.32所示。

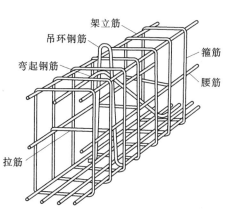

图 1.32 腰筋等在钢筋骨架中的位置

3. 钢筋端部的弯钩

为了提高钢筋与混凝土之间的结合力，一般将光面钢筋的端部做成弯钩，弯钩的形式和尺寸如图1.33所示。

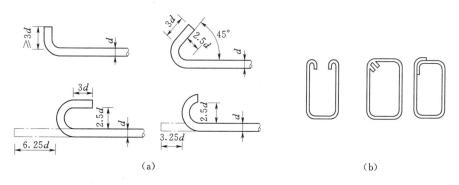

图 1.33 钢筋弯钩
(a) 钢筋端部；(b) 箍筋

4. 钢筋的混凝土保护层

为了防止结构中钢筋锈蚀，并保证钢筋和混凝土紧密粘结在一起，最外层钢筋的外边缘至结构表面应有一定厚度的混凝土，这一层混凝土称为钢筋的混凝土保护层。保护层的厚度根据不同结构、尺寸、工作条件等而不同。保护层的最小厚度一般在 $10 \sim 50$mm 之间。

1.2.4.2 钢筋图的表示法

1. 钢筋图的内容

钢筋图的主要作用是表达钢筋的布置情况。钢筋图一般通过视图、剖面图、钢筋编号、钢筋成型图、钢筋表、材料表等配合起来进行表达，它是钢筋下料、绑扎钢筋骨架的依据。

钢筋图主要包括以下内容。

(1) 构件的外形视图和尺寸。

(2) 钢筋的布置和定位。

(3) 钢筋明细表。

(4) 说明或附注。

2. 钢筋图的一般规定

(1) 钢筋配筋图一般不画混凝土材料符号。为突出钢筋的表达，图中钢筋用粗实线表示，钢筋的截面用小黑圆点表示，构件的轮廓用细实线表示，如图1.34所示。

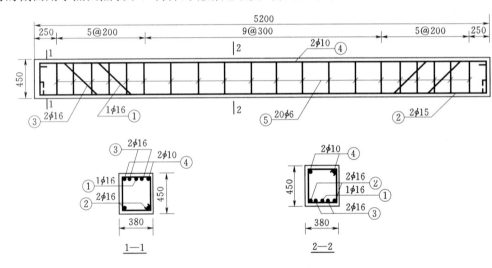

钢 筋 明 细 表

编号	简图	直径(mm)	单根长(mm)	根数	总长(m)	总重(kg)
1		φ16	6440	1	6.44	
2		φ16	5640	2	11.28	
3		φ16	6440	2	12.88	
4		φ10	5260	2	10.52	
5		φ6	1600	20	32.00	

图 1.34 钢筋图的选择与钢筋的表达

(2) 钢筋编号。在视图和剖面图中，为了区分各种类型和不同直径的钢筋，规定对钢筋应加以编号，每类（型式、规格、长度均相同）的钢筋只编一个号。编号字体规定用阿拉伯数字，编号小圆圈和引出线均为细实线。指向钢筋的引出线可能混淆时用箭头或细短斜线指明，如图1.34中的箍筋；不会混淆时可不加箭头或细短斜线，如图1.34中的受力钢筋和架立钢筋；指向钢筋截面的小黑圆点的引出线不画箭头，如图1.34中剖面1—1和剖面2—2。

钢筋编号的顺序应有规律，一般为自下而上，自左至右，先主筋后分布筋。

在钢筋图中应标注构件的主要尺寸。钢筋的尺寸标注形式如图1.35所示：小圆圈填写编

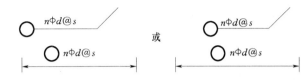

图 1.35 钢筋尺寸标注形式

号数字；n 为钢筋的根数；Φ 为钢筋直径和种类的符号（各种钢筋的符号见表1.6）；d 为钢筋直径的数值；@ 为钢筋间距的代号；s 为钢筋间距的数值。如⑤20Φ6@200 表示编号为"5"的钢筋、共20

根、Ⅰ级钢筋、直径为6mm、钢筋等间距200mm。

(3) 钢筋成型图。钢筋成型图是表达构件中每一种（编号）钢筋加工成型后的形状和尺寸的图样，如图1.36所示。在图上直接标注钢筋各部实际尺寸，并注明钢筋编号、根数、直径以及单根钢筋长度 l，它是钢筋断料和加工的依据。

钢筋尺寸一般指内皮尺寸如图1.37（a）所示。弯起钢筋的弯起高度一般指外皮尺寸如图1.37（b）中的"h"。否则，应加以说明。单根钢筋长度系指钢筋中心线的长度，如图1.37（b）中的"l"。

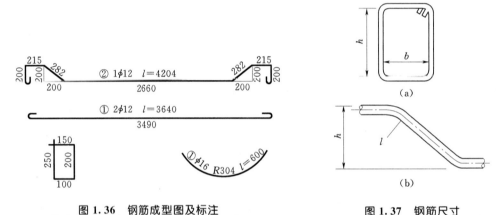

图 1.36 钢筋成型图及标注　　　图 1.37 钢筋尺寸
（a）箍筋尺寸；（b）弯起钢筋尺寸

钢筋长度应按构件外形尺寸减去两端保护层厚度，再加上弯钩长度，如图1.34中④号钢筋的长度计算式为5200－2×30＋2×60＝5140＋120＝5260（mm）。

若在钢筋表"简图"栏中能表达清楚形状和尺寸，可不再单独画钢筋成型图，如图1.34所示。

(4) 钢筋表和材料表。每套钢筋图应附有钢筋表和材料表，作为备料、加工以及做材料预算的依据，其格式见表1.7、表1.8。

表 1.7　　　　　　　　　　　　　钢 筋 表

编号	直径(mm)	型 式	单根长(mm)	根数	总长(m)	总重(kg)
①	φ16		6480	4	25.92	
②	φ25		3760	2	7.52	
③	φ22		4800	2	9.60	

表 1.8		钢筋材料用料表		
规　格	总长度（m）	单位重（kg/m）		总重（kg）
φ6				
Φ20				
Φ25				
合计				

加　%损耗，总计钢筋量　kg
每立方米混凝土含钢量　kg
混凝土标号　方量　m³

（5）其他表达方法。钢筋图中钢筋层次的表达方法规定如下：①在平面图中配置双层钢筋时，底层钢筋弯钩应向上或向左，顶层钢筋则向下或向右，如图 1.38（a）所示；②配有双层钢筋的墙体，在配筋立面图中，远面钢筋的弯钩应向上或向左，近面钢筋则向下或向右，如图 1.38（b）所示，在立面图中还应标注远面的代号"YM"和近面的代号"GM"；③若在剖面图中不能清楚表示钢筋布置时，应在剖面图附近增画钢筋详图，如图 1.38（c）所示；④若在钢筋图中不能清楚表示箍筋、环筋的布置时，应在钢筋图附近加画箍筋或环筋的详图，如图 1.38（d）所示。

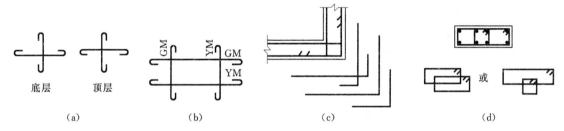

图 1.38　钢筋层次的表达方法

（a）平面图中双层钢筋；（b）立面图中双层钢筋；（c）钢筋详图；（d）箍筋详图

构件对称方向上的两个钢筋剖面图，可各画一半，合成为一个图形，中间用对称线分界，如图 1.39 中的"1—1"、"2—2"。

曲面上的钢筋，一般按其投影绘制钢筋图，如图 1.39 所示。

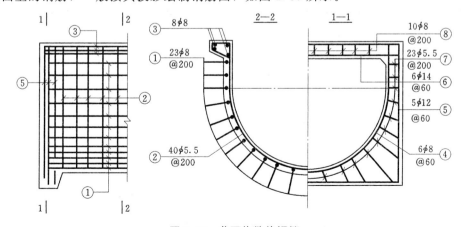

图 1.39　曲面构件的钢筋

1.2.4.3　钢筋图的识读

识读钢筋图的目的是为了弄清楚结构内部钢筋的布置情况，以便进行钢筋的断料、加工和绑扎（焊接）成型。看图时须注意图上的标题栏、有关说明，先弄清楚结构的外形，然后按钢筋的编号次序，逐根看懂钢筋的位置、形状、种类、直径、数量和长度等。要结合视图、剖面图、钢筋编号和钢筋表一起来看。

【例 2】　识读图 1.40 所示的牛腿柱的钢筋布置图。

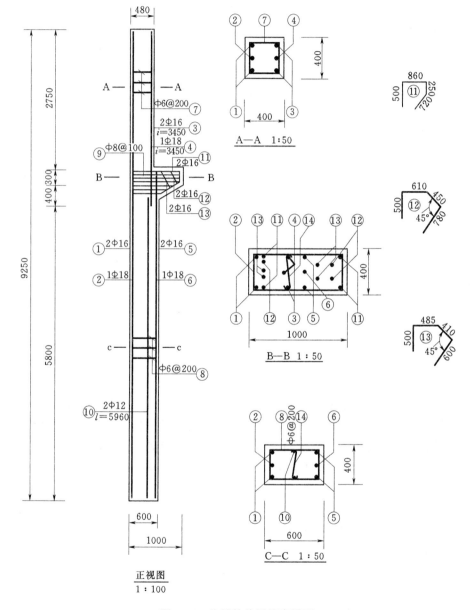

图 1.40　牛腿柱的钢筋布置图

首先，可看出该钢筋用了正立面图和 A—A、B—B、C—C 三个剖面图，对形状特殊的⑪、⑫、⑬号钢筋画了钢筋成型图，并配以说明来共同表达该柱，因未列钢筋表，所以读图时必须仔细一些。从正立面和 A—A、B—B、C—C 剖面图依次可看出柱外部尺寸，柱总高为 9250mm；柱上部高 2750mm，为 400mm×400mm 矩形剖面；中部牛腿高 700mm，为 400mm×1000mm 矩形剖面；柱下部高 5800mm，为 400mm×600mm 矩形剖面。

然后，按钢筋编号和位置依次识读。

在四个图中左侧均出现①、②号钢筋，说明①、②号钢筋为放置在柱全长左侧的直钢筋，长 9200mm（全长减去两端保护层厚度）。①号钢筋为 2 根直径 16mm 的Ⅰ级钢筋，放置在左侧两角；②号钢筋为 1 根直径 18mm 的Ⅱ级钢筋，位于左侧中部。

从正视图和 A—A 剖面图可看出：③、④号钢筋在柱上部右侧，从牛腿下部到柱顶的直钢筋，长度为 3450mm。③号钢筋为 2 根直径 16mm 的Ⅱ级钢筋，放置在右侧两角；④号钢筋为 1 根直径 18mm 的Ⅱ级钢筋，位于右侧中部。⑦号钢筋为柱上部箍筋，用直径 6mm 的Ⅰ级钢筋制作，间距 200mm，在 2.75m 长度内放置，共 14 根，形状为四边形，无弯钩边均长 350mm（减去两边保护层厚度，下同），对边为有弯钩边均长 390mm，单根长 1480mm。

从正视图和 C—C 剖面图可看出：⑤、⑥号钢筋在柱下部右侧，从牛腿顶部到柱底的直钢筋，长度为 6450mm（减去两端保护层厚度）。⑤号钢筋为 2 根直径 16mm 的Ⅰ级钢筋，放置在右侧两角；⑥号钢筋为 1 根直径 18mm 的Ⅰ级钢筋，位于右侧中部。⑧号钢筋为柱下部箍筋，用直径 6mm 的Ⅰ级钢筋制作，间距 200mm，在 5.8m 长度内放置，共 30 根，形状为四边形；无弯钩边分别长 350mm、550mm，对边为有弯钩分别长 390mm、590mm，单根长 1880mm。⑩号钢筋为 2 根两端带半圆弯钩的、直径 12mm 的Ⅰ级钢筋，放置在下柱前、后面的中间位置，从柱底到牛腿底部，直段长 5750mm，弯钩 2×80mm，单根长 5910mm。⑭号钢筋是固定⑩号钢筋和③号钢筋插入牛腿部分的拉筋，用直径 6mm 的Ⅰ级钢筋制作，间距 200mm，在 6.5m 长度内放置，共 33 根，形状为 S 形，直段长 350mm，两端弯钩各长 40mm，单根长 430mm。

从正视图和 B—B 剖面图可看出：这里钢筋特别多，特别复杂，读图时要格外细心。①～⑥号钢筋均从这里穿过，由于这里要传递集中荷载，故又增加了⑪～⑬号钢筋。⑪～⑬三种钢筋形状不规则，故特别画出其钢筋成型图，从成型图中可看出其形状和尺寸，在 B—B 剖面图中可看出其位置在左面对齐，水平段分别长 860mm、610mm、485mm。⑪号钢筋为 2 根直径 16mm 的Ⅱ级钢筋，放在牛腿的前面和后面；⑫、⑬号钢筋各为 2 根直径 16mm 的Ⅱ级钢筋，放在⑪号钢筋之间。⑨号钢筋为牛腿部分箍筋，用直径为 8mm 的Ⅰ级钢筋制作，间距 100mm，形状为四边形。牛腿上部 300mm 内放置 3 根，无弯钩边分别长 350mm、950mm，对边为有弯钩边分别长 390mm、990mm，单根长 2680mm；下部 400mm 内放置的⑨号钢筋长边递减 100mm，即 850mm、750mm、650mm、890mm、790mm、690mm，单根长分别为 2480mm、2280mm、2080mm。

总之，牛腿柱中共有 14 种钢筋，放置在柱中的不同位置上。由于钢筋种类特别多（尤其是牛腿部分），看图时应认真分析，一一对应，列出钢筋表，才能弄清各种钢筋的形状、直径、单根长、根数及位置等。

【例 3】 识读挡土墙配筋图，如图 1.41 所示。

挡土墙是抵抗土壤向下崩塌并造成直立岸壁的结构物，非常广泛地应用于水工建筑中。

挡土墙型式很多，本图为悬臂式（又称为角式）挡土墙。

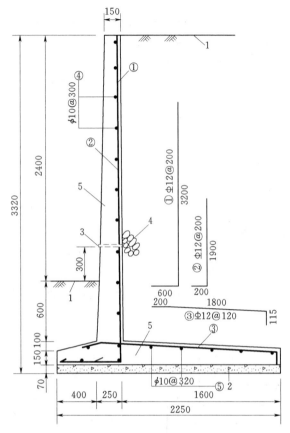

图 1.41 挡土墙配筋图

1—地面线；2—C₁₀混凝土垫层；3—排水管，
D=100mm，水平间距 2.50mm；4—排水
管口附近堆置砂砾、卵石等粗颗粒材料；
5—C₂₀混凝土

悬臂式挡土墙由立板与底板两部分组成，长度和高度根据实际地形决定。立板靠填土一侧常做成垂直面，外边则略为倾斜；底板底面做成水平，顶面则向两边倾斜，各部分外形尺寸如图 1.41 所示。

为表达挡土墙工作状态，本图给出了地面线，从图可知：右侧地面与立板顶平，左侧地面自立板顶向下 2400mm（图中 1）；挡土墙底板置于 70mm 厚 C₁₀ 混凝土垫层上（图中 2）；为排出土中积水，减小对挡土墙的侧压力，水平间距 2.50m 设直径 100mm 的排水管一根，排水管出口距外边填土 300mm（图中 3）；为使排水管不被小土粒堵塞，填土侧排水管口附近堆置砂砾、卵石等粗颗粒材料，以过滤排水（图中 4）；底板和立板混凝土均为 C₂₀（图中 5）。

本例由一个横剖面图和①、②、③号受力钢筋成型图组成。

立板配①、②、④号钢筋，均布置在填土高的一侧。①、②号钢筋须插入底板下部，为受力钢筋，从剖面图中可知位置、形状，从钢筋成型图可知其形状尺寸、直径、钢筋级别、间距。①、②号钢筋交替布置（因下部土的侧压力大故用②号钢筋在下部加密，①、②号钢筋之间距离 100mm）。根数根据挡土墙长度决定。

④号钢筋为分布钢筋，沿挡土墙纵向布置（横剖面图中小黑点）。从图 1.41 中可数出根数（14 根），从标注可知其直径、钢筋级别、间距；钢筋长度同挡土墙长度（仅扣除两端混凝土保护层），④号钢筋长度不够时，可采用绑扎或焊接的方法加长。

底板配③、⑤号钢筋，均布置在底板上部靠填土高的一侧。③号钢筋为受力钢筋，从剖面图中可知其位置、形状，从钢筋成型图可知其形状尺寸、直径、钢筋级别、间距，根数根据挡土墙长度决定。⑤号钢筋为分布钢筋，沿挡土墙纵向布置，从图中可数出根数（7 根），从标注可知其直径、钢筋级别、间距，钢筋长度同挡土墙长度。

最后综合整理：该挡土墙共五种钢筋，①、②、③号钢筋为受力钢筋，根数随挡土墙长度而变化，④、⑤号钢筋为分布钢筋，长度随挡土墙长度变化。列出钢筋表并对照检查。

习 题

根据以上所学内容，阅读陕西省宝鸡峡灌区渠系图（图 1.42）。

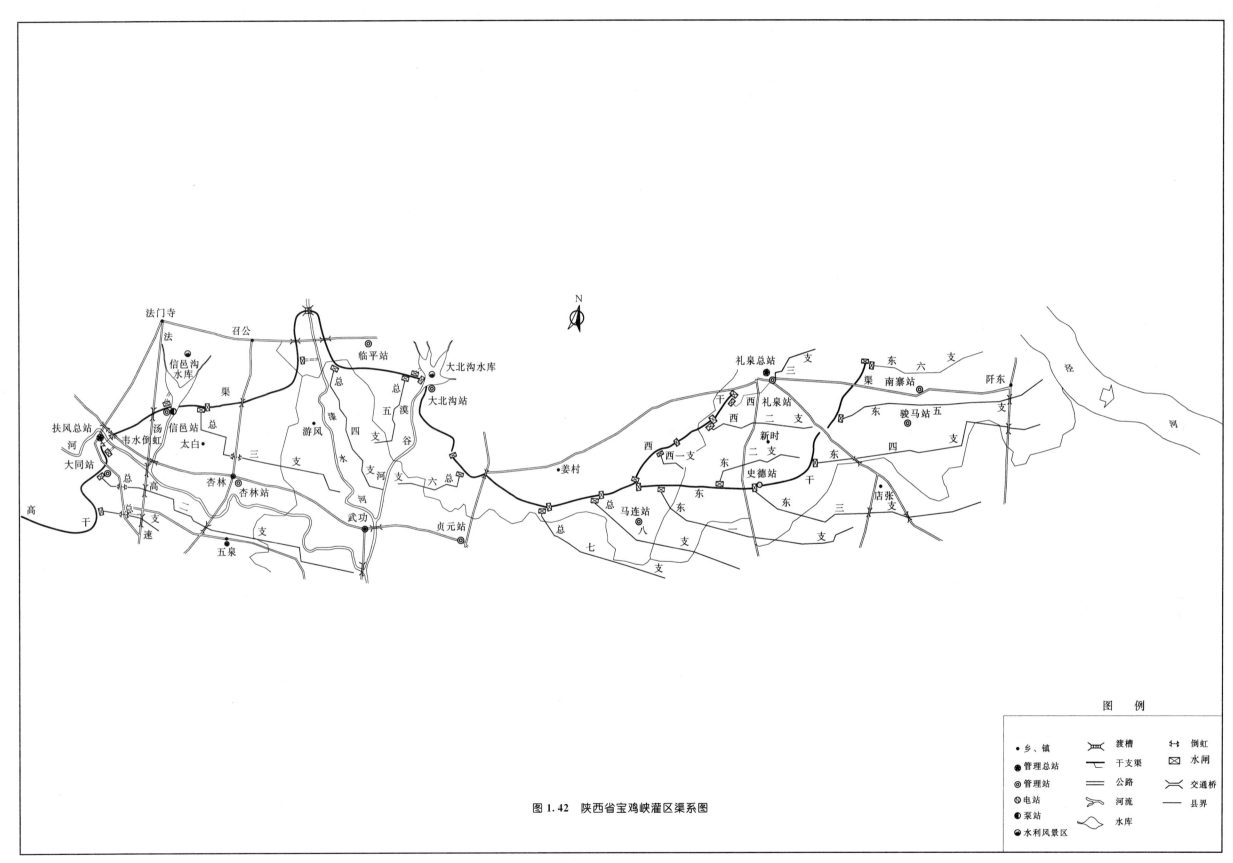

图 1.42　陕西省宝鸡峡灌区渠系图

学习单元 2　典型水工建筑物识读

学习目标：

典型水工建筑物图学习是识读工程图纸的基础，水利枢纽工程是由不同形式的典型水工建筑物组成的，在把各种典型建筑物有机地联系起来之前，学会各种典型建筑物的使用功能、基本组成、常见形式并学会典型建筑物的平、立、剖视图的识读和绘制方法。在典型建筑物中，主要学习输水渠道及渠系建筑物、各种挡水大坝、水闸、溢洪道和水工隧洞等。

学习要求：

典型建筑物大多有固定的形式，其大小和功能虽有不同，但组成结构基本相同，在不同阶段的图纸中，表示方法基本一致。在图纸的使用阶段，主要为典型建筑物的平面图、剖面图和局部详图。通过本单元的学习，学会识读水利工程规划、初设、技设和施工图的表示方法，为以后的枢纽图识读奠定基础，同时也为水利工程图的绘制理清思路。

学习任务：

学会区分水利工程图中典型建筑物的形式，学会阅读不同建筑物的结构特点、组成形式、使用要求和使用地点等；对于不同的建筑物，其图纸的主要组成、表达方式、细部结构的位置和表示方法。

2.1　渠　道　图　识　读

2.1.1　渠道形式

灌溉渠道一般可分为干、支、斗、农、毛五级，构成灌溉系统。其中，前四级为固定渠道，后者多为临时性渠道。一般干、支渠主要起输水作用，称为输水渠道；斗、农渠主要起配水作用，称为配水渠道。

2.1.2　砌护方式

1. 浆砌石衬砌（也可用干砌石勾缝或干砌石抹面）

沿渠道断面，铺设厚 200～300mm 块石，块石下铺设 100mm 厚的细石或碎石垫层，块石表面用 M7.5 以上标号砂浆勾缝或抹面。

2. 混凝土衬砌

（1）现浇（适用于较坚硬的挖方渠段）。

（2）预制混凝土板（适应于干渠等断面规整的大型渠道）。

（3）喷射混凝土或水泥砂浆（适用于岩基或挖方渠道）。

2.1.3　渠道平面图、横断面图及标注

1. 渠道平面图，如图 2.1 所示。

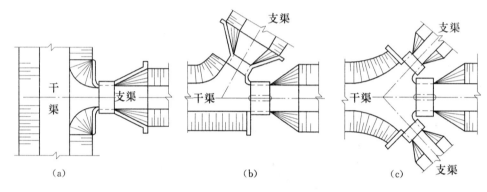

图 2.1　渠道平面图

2. 渠道横断面

渠道横断面的形状，一般采用梯形，它便于施工，并能保持渠道边坡的稳定，如图 2.2（a）、（c）所示。在坚固的岩石中开挖渠道时，宜采用矩形断面，如图 2.2（b）、（d）所示。

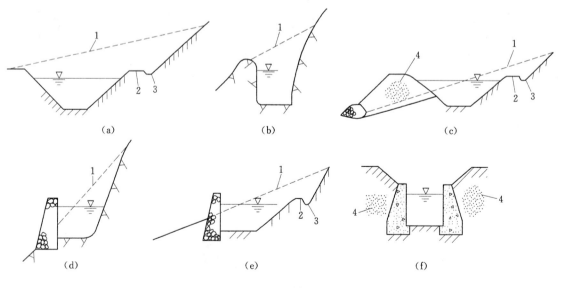

图 2.2　渠道断面

（a）、（c）、（e）、（f）土基；（b）、（d）岩基

1—原地面线；2—马道；3—排水沟；4—填方体

当渠道通过城镇工矿区或斜坡地段，渠宽受到限制时，可采用混凝土等材料予以砌护，如图2.2（e）、（f）所示。深挖方渠道横断面如图2.3所示。

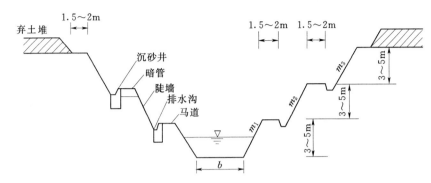

图 2.3　深挖方渠道横断面图

3. 渠道纵断面

一般纵断面主要内容包括确定渠道纵坡、正常水位线、最低水位线、最高水位线、渠底高程线、渠道沿程地面高程线和堤顶高程线。渠道的纵断面如图2.4所示。

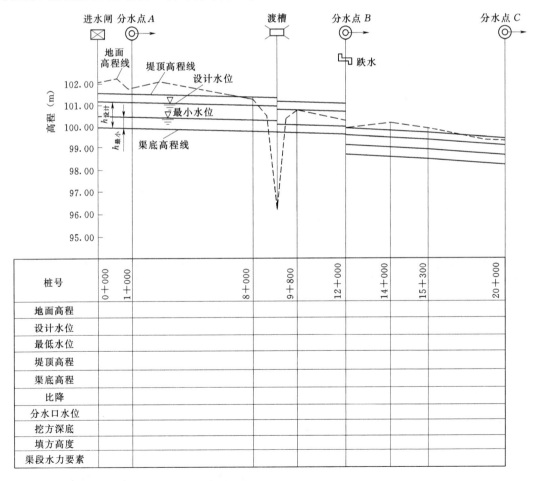

桩号	0+000	1+000		8+000	9+800	12+000	14+000	15+300	20+000
地面高程									
设计水位									
最低水位									
堤顶高程									
渠底高程									
比降									
分水口水位									
挖方深底									
填方高度									
渠段水力要素									

图 2.4　渠道纵断面图

【例1】　识读如图2.5所示溢洪道工程的引渠段典型断面图。

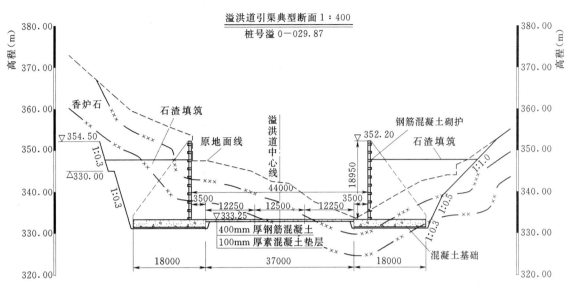

图 2.5　某溢洪道引水渠段典型断面图

首先本图给出了原地面线、强风化线、弱风化线，以及开挖边线，依据这些线条可以通过计算得知土石方开挖工程量。此处主要进行建筑物形体识图，可以对原地面线、强风化线、弱风化线忽略，减少对主体部分识读中的干扰。

从图2.5中看到引渠净宽为44m，底板高程为333.25m，底板结构为10cm厚素混凝土垫层和40cm厚钢筋混凝土。底板共分为3块，中间块宽度为12.5m，两侧块宽度为12.25m。在地板与边墙之间有3.5m为边墙基础伸出部分，边墙基础宽度为18m，边墙顶高程为352.20m，结合平面图可读出边墙厚度为70cm。边墙外侧与开挖线之间的空间采用石渣填筑，另外还可以看到基槽开挖时，土方开挖边坡比为1∶1，强风化石方开挖坡比为1∶0.5，弱风化石方开挖坡比为1∶0.3。

断面图两侧均布置了高程标尺，高程标尺将有助于在图纸标注不清楚的情况下，对个别部位高程进行解读，解读方法为：从需解读部位画水平线与高程标尺相交，读相交位置的高程即为需解读部位的高程。

边墙外侧虚线和边墙上的U形虚线由于图纸未进行详细标注，需要结合更深一步的施工图纸进行解读。

2.2　大坝图识读

2.2.1　大坝类型

坝的类型很多，一般主要按筑坝材料、结构性质、施工方法、防渗体形式进行划分，但也有按工作状况和使用目的划分的。

按照筑坝材料分为土石坝、混凝土坝、浆砌石坝、钢筋混凝土坝、木坝、钢坝、橡胶坝等，其中混凝土坝和土石坝是常见的主要坝型。按照构造特点分为重力坝、拱坝、支墩坝。按照是否泄水分为非溢流坝、溢流坝。

此外，还可以由两种或多种坝构成混合坝型。常见的主要坝型有混凝土坝和土石坝两大类，土石坝又称为当地材料坝。前一类主要有重力坝、拱坝及支墩坝；后一类有均质坝、心墙坝及面板堆石坝等。

根据目前我国筑坝的实际情况，将着重讲解土石坝和混凝土坝两种材料坝型，在这两种材料坝型中，着重讲解均质土坝、心墙坝、钢筋混凝土面板坝和混凝土重力坝、混凝土拱坝、碾压混凝土坝等几种常用坝型。

1. 土石坝

土石坝泛指由当地土料、石料或混合料，经过抛填、碾压等方法堆筑成的挡水坝。当坝体材料以土和砂砾为主时，称为土坝；以石渣、卵石、爆破石料为主时，称为堆石坝；当两类当地材料均占相当比例时，称为土石混合坝。

土坝又称为当地材料坝，分为土坝和堆石坝。土坝是以土、砂、砂砾为主筑成的坝，堆石坝是以石料为主，经碾压、抛填或干砌建成的坝。土石坝坝体剖面为上窄下宽的梯形。优点是就地取材、结构简单、抗震性能好，除干砌石坝外均可机械化施工，对地形和地质条件适应性强。特别是在深厚地基覆盖上修筑大坝时，优先考虑采用土石坝。

土坝按施工方法分为：分层铺土，逐层碾压建成的碾压土坝；利用水力将泥浆输送至坝址，经沉淀结固形成的水力冲填坝；将土倒入分层设置的畦块静水中，借助运土机械碾压和土体自重压实形成的水中填土坝。按坝体土料的配置和结构分为：用单一土料填筑的均质土坝；由几种不同土料筑成的多种土质坝；防渗体位于坝体中部的心墙土坝；防渗体靠近坝体上游坡的斜墙土坝；防渗体介于心墙和斜墙位置之间的斜心墙土坝。

石坝按施工方法分为碾压式堆石坝、抛填式堆石坝、定向爆破堆石坝和干砌石坝。堆石坝设有防渗体，按防渗体位置分为心墙堆石坝、斜墙堆石坝或面板堆石坝、斜心墙堆石坝。

目前最常用的分类方法主要是按照材料在坝体内的配置和防渗体的位置分类，土石坝可分为以下几类，如图 2.6 所示。

（1）均质土坝。坝体剖面的全部或绝大部分由一种土料填筑。

优点：材料单一，施工简单。

缺点：当坝身材料黏性较大时，雨季或冬季施工较困难，成坝后沉降量较大。

（2）塑性心墙坝。用透水性较好的砂或砂砾石做坝壳，以防渗性较好的黏性土作为防渗体设在坝的剖面中心位置，心墙材料可用黏土也可用沥青混凝土和钢筋混凝土。

优点：坡陡，坝剖面较均质土坝小，工程量少，心墙占总方量比重不大，因此施工受季节影响相对较小。

缺点：要求心墙与坝壳大体同时填筑，干扰大，一旦建成，难修补。

（3）塑性斜墙坝。防渗体置于坝剖面的一侧。

优点：斜墙与坝壳之间的施工干扰相对较小，在调配劳动力和缩短工期方面比心墙坝有利。

缺点：上游坡较缓，黏土量及总工程量较心墙坝大，抗震性及对不均匀沉降的适应性不如心墙坝。

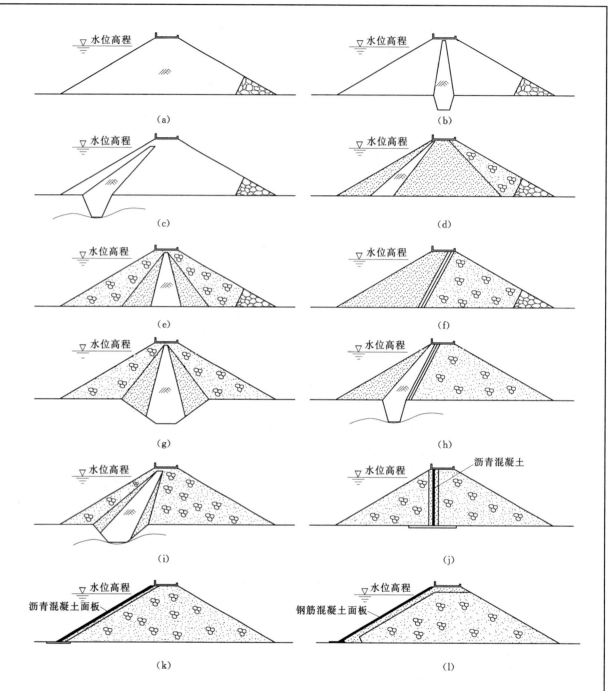

图 2.6 土石坝分类结构示意图

（a）均质坝；（b）黏土心墙坝；（c）黏土斜墙坝；（d）多种土质坝；（e）多种土质心墙坝；（f）土石混合坝；（g）黏土心墙土石混合坝；（h）黏土斜墙土石混合坝；（i）黏土斜心墙土石混合坝；（j）沥青心墙坝；（k）沥青混凝土面板坝；（l）钢筋混凝土面板坝

（4）多种土质坝。坝址附近有多种土料用来填筑的坝，所用土料防渗效果基本相同。

（5）土石混合坝。如坝址附近砂、砂砾不足，而石料较多，上述的多种土质坝的一些部位可用石料代替砂料。

2.混凝土坝

混凝土坝根据结构形式主要分为混凝土重力坝、混凝土重力拱坝、混凝土双曲拱坝、支墩坝等几种类型。另外混凝土坝型根据混凝土材料的不同还可分为碾压混凝土坝和常态混凝土坝。本小节将按照重力坝和拱坝两种坝型来讲解混凝土坝的结构特性。

(1)重力坝。重力坝主要靠自重维持稳定的坝。坝体断面大致呈直角三角形。重力坝筑坝材料除混凝土外，还可以采用浆砌石修建，为减小温度应力、适应地基变形和便于施工，常将重力坝垂直于坝轴线分割为若干坝段。相邻坝段的接触面称为横缝。为减小渗水对坝体的不利影响和满足施工及运行的需要，在坝的上游侧设置排水管网，在坝体内设置廊道系统。对地基常进行处理使其满足承载力、稳定和防渗等要求。重力坝按结构分为实体重力坝，如图2.7所示、宽缝重力坝[将实体重力坝的各横缝的中间部分扩宽成为空腔，如图2.8 (b)、图2.8 (c) 所示]、空腹重力坝[沿坝轴线设有大型纵向空腔，如图2.8 (a) 所示]；重力坝按泄水条件可分为非溢流坝和溢流坝两种剖面，如图2.7 (b)、图2.7 (c) 所示。重力坝的优点是安全可靠、对地形和地质条件适应性强，坝身可溢流，便于施工导流，施工方便。缺点是坝体积大，耗用水泥多，材料强度未充分发挥，施工期对混凝土的温度控制要求较高。

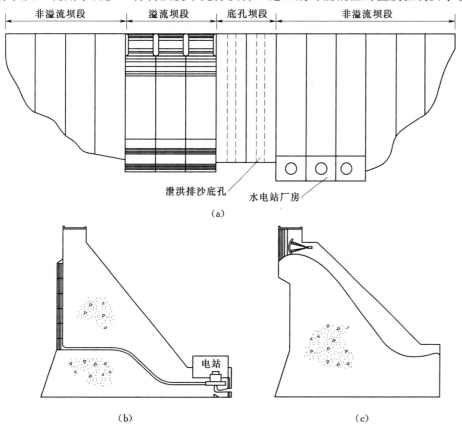

图 2.7　实体重力坝

（a）坝段平面图；（b）非溢流坝段（电站坝段）剖面图；（c）溢流坝段剖面图

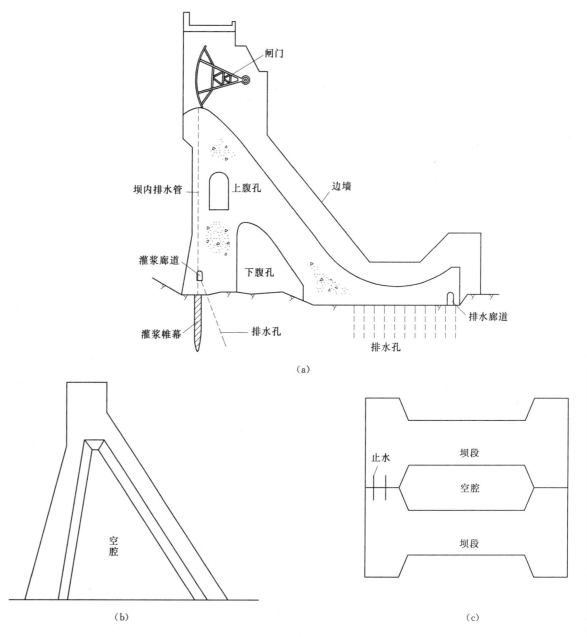

图 2.8　空腹重力坝和宽缝重力坝

（a）空腹重力坝断面图；（b）宽缝重力坝横剖面图；（c）宽缝重力坝水平断面图

(2)拱坝。拱坝是在平面上呈凸向上游的拱形挡水建筑物，通过拱的作用将大部分水平向荷载传给两岸岩体，并主要依靠拱端反力维持稳定的坝。拱坝在空间呈壳体状，在平面上呈拱形，如图2.9所示。当最大坝高处坝底厚度与坝高之比小于0.2时称为薄拱坝；大于0.35时称为厚拱坝，又称为重力拱坝。介于上述二者之间称为中厚拱坝，或称为一般拱坝。按坝体竖向曲率分为双曲拱坝和单曲拱坝。此外，沿坝轴线设有纵向大型空腔的拱坝称为空腹拱坝。根据实际工程习惯，一般拱坝常用分类是根据坝体竖向曲率分为单曲拱坝和双曲拱坝两种。

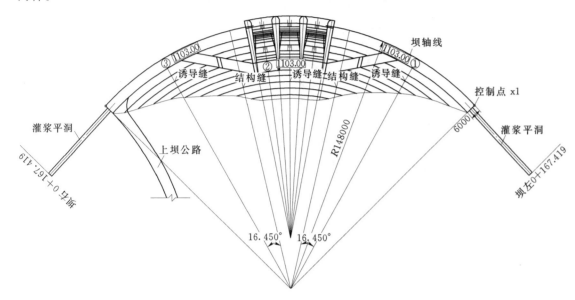

图 2.9 拱坝平面示意图

1) 单曲拱坝, 又称为定外半径定中心角拱坝, 如图 2.10 所示。对 U 形或矩形断面的河谷, 其宽度上下相差不大, 各高程中心角比较接近, 外半径可保持不变, 仅需下游半径变化以适应坝厚变化的要求。

单曲拱坝的特点: 施工简单, 直立的上游面便于布置进水孔和泄水孔及其设备, 但当河谷上宽下窄时, 下部拱的中心角必然会减小, 从而降低拱的作用, 要求加大坝体厚度, 不经济。对于底部狭窄的 "V" 字形河谷可考虑采用等外半径变中心角拱坝。

2) 双曲拱坝, 如图 2.10 所示。

a) 变外半径等中心角拱坝。对底部狭窄的 V 字形河谷, 宜将各层拱圈外半径, 上至下逐渐减小, 可大大减少坝体方量。

变外半径等中心角拱坝的特点: 拱坝应力条件较好, 梁呈弯曲形状, 兼有拱的作用, 更经济, 但有倒悬出现, 设计及施工较复杂, 对 V、U 形河谷都适用。

b) 变外半径变圆心拱坝。让梁截面也呈弯曲形状, 因此悬臂梁也具有拱的作用; 这种形式更能适应 V 形、梯形及其他形状的河谷, 布置更加灵活, 但结构复杂, 施工难度大。

变外半径变圆心拱坝的特点: 应力状态尽一步改善, 节省工程量, 结构更加复杂, 施工难度更大, 被广泛采用。

拱坝的优点是能发挥混凝土或石料抗压强度高的特点, 超载能力强, 抗震性能好, 坝身可以泄流。缺点是对地形地质要求较高。

(3) 支墩坝。支墩坝是由一系列倾斜的面板和支承面板的支墩 (扶壁) 组成的坝。面板直接承受上游水压力和泥沙压力等荷载, 通过支墩将荷载传给地基。面板和支墩连成整体, 或用缝分开。支墩坝可根据挡水面板的形状分为如下三种形式, 如图 2.11 所示。

1) 平板坝 [图 2.11 (a)]。面板为平板, 通常简支于支墩的托肩 (牛腿) 上, 面板和支墩为钢筋混凝土结构。

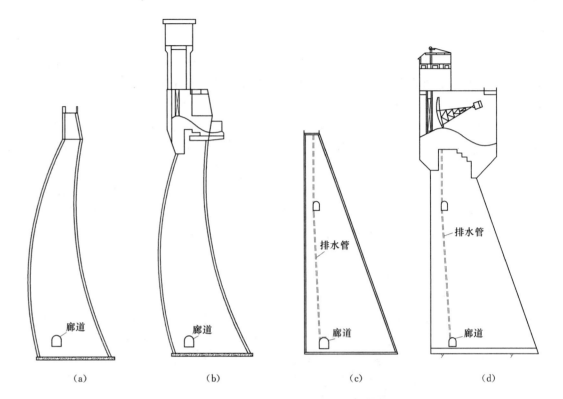

图 2.10 双曲拱坝和单曲拱坝横断面示意图
(a) 双曲拱坝, 非过流断面; (b) 双曲拱坝, 过流断面; (c) 单曲拱坝, 非过流断面; (d) 单曲拱坝, 过流断面

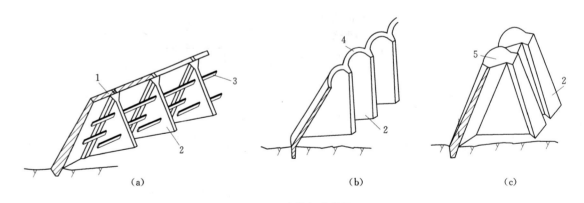

图 2.11 支墩坝的类型
1—平面盖板; 2—支墩; 3—加劲梁; 4—拱形盖板; 5—大头墩

2) 连拱坝 [图 2.11 (b)]。上游为拱形面板, 常采用圆拱, 与支墩连成整体, 一般为钢筋混凝土结构。

3) 大头墩 [图 2.11 (c)]。面板由支墩上游部分扩宽形成, 称为头部。相邻支墩的头部用伸缩缝分开, 为大体积混凝土结构。对于高度不大的支墩坝, 除平板坝的面板外, 也可用浆砌石建造。支墩坝混凝土用量较小, 但侧向稳定性差, 抗震抗冻性差, 对地基要求较高。

支墩的基本剖面呈三角形，按结构形式可分为以下两种类型。

1) 单支墩。支墩为一变厚的、上游边承压、下游边自由、底边嵌于弹性地基的受压板。为了提高其侧向劲度以抵抗侧向地震作用，并增强其上游承压时的纵向弯曲稳定性，必要时可在支墩侧面布设加劲肋、加劲梁（直梁或拱梁）或加劲墙。

2) 双支墩。支墩由两片受压板组成，中间可用隔墙连接。双支墩的侧向劲度大，适用于高坝。

2.2.2 土石坝图纸识读

1. 土石坝的平面图

前面讲过土石坝根据施工方式和防渗体位置分类可分为很多类，实际上我们日常工作中最常用的方法就是按照防渗体位置进行分类。在实际生产中均质土坝、黏土心墙坝、沥青心墙坝和面板堆石坝是比较常用的土石坝类型。下面就以这几种常用坝型为例，学习识读土石坝平面图。

土石坝结构形式除面板堆石坝外，其余坝型在平面图上几乎没什么区别，从大坝平面图中，可以得到的信息主要有大坝的结构形式、控制点坐标、上下游坡比、坝顶高程、大坝长度、马道数量及高程、坝址地形、上坝路、坝轴线、纵横桩号等。其他信息在平面图中也可以得到，但必须结合其他细部图纸或纵横断面图才能更详细的了解。

【例1】 如图2.12所示是某沥青心墙坝的平面图，下面对该图进行分析讲解。

读图先从坝轴线开始，前面学习了图纸识读的基本知识，知道轴线一般采用的线形为点划线。从图纸中找到点划线，即可找到图纸中涉及到的建筑物的轴线或中心线，一般大坝平面图的轴线与河道是垂直的，并且有文字标注"坝轴线"。另外，心墙坝坝顶还有一条很重要的中心线——心墙中心线，一般心墙中心线和坝轴线很接近，有些情况下可能出现重合，两条线同时出现时，一般用文字进行标注说明。如果心墙坝只出现一条轴线（或中心线），未进行文字标注时，必须结合横断面图进行识读。

从坝轴线向上下游方向的两条实线为上下游坝坡与坝顶平面的交线，两条实线之间为坝顶平面，坝顶平面标有坝顶高程，如"665.00"即坝顶高程为665.00m，在平面图中出现此类标注均可理解为数字所在位置的平面高程标注，另外，平面高程标注也采用"EL."的形式，如"EL.665.00"。

沿坝轴线向大坝上游首先看到上游坡比标识和数为1:2，坡比标识和数据可以明确上游坝坡的坡度，上游坝坡从坝顶向下的坡比依次是1:2、1:2.25、1:2.50。上一级坝坡1:20和下一级坝坡1:2.25在变坡线处发生改变，变坡线为上下两级坝坡的相交线，变坡线将上下级坝坡1:2与1:2.25坡面分割开来。变坡线上标注"654.00"，表示两个不同坡比平面在645.00m高程处相交。

再向上游是一平面，平面标注高程为628.00，中间还画出了轴线，一侧标注了"上游围堰轴线"，从这些信息，可以理解该平面原为上游围堰堰顶，而且此大坝是堰坝结合式大坝，平台上游标有坡比1:3，平台上下游坡比发生变化，也可以引申了解到原围堰上游坡比为1:3。

从轴线向大坝下游，同样标注有坡比1:2，再向下游是马道，马道下游坡比变为1:2.25，图中马道平面高程变为标注，此信息需要从大坝横断面图上查阅。再向下游为马道平面并进行了高程标注"625.00"，马道下游坡面坡比1:2.5，这些是图纸表现出的大坝下游主要信息。另外，还可看到下游"坝横0+107.00"和"坝横0+112.00"之间比较密集的线条，此线条为示意性线条，是上坝台阶，"坝横0+107.00"和"坝横0+112.00"分别表示台阶在大坝上的桩号位置，同时也可以根据此计算出台阶宽度为112-107=5m。

在读完坝坡信息后，开始对图纸内的其他信息进行识读，图2.13是图2.12大坝左岸坝肩放大图，首先看到坝肩轴线上有一点 A''，这是大坝轴线上的坐标点，同样还有一点在大坝右岸某处，图纸中将在适当位置列表给出两个点的坐标，也有图纸直接在坐标点（如 A'' 点）旁边给出坐标数据，工程建设中将以此坐标点控制大坝的空间位置。

从 A'' 点向上看，有一灌浆平洞的文字标注，依此，我们可以知道这段线条标示的是一条灌浆平洞，灌浆平洞右侧有一标注"坝横0-031.38"，可以看出标注下方横线延长，正好是灌浆平洞的末端，这就直接给出了灌浆平洞的长度，即灌浆平洞长度延伸至"坝横0-031.38"即可结束。

图2.12看到的主要信息还有开挖边线、坝脚线，开挖边线和坝脚线在图中基本属于示意性线条，一般不做进一步标注，实际工作中需要计算确定。两条线之间一般标有坡面符号和坡比，一些图纸未进行坡比标注但在开挖边线下标注岩石符号，标示该线条为开挖边线。

由于在图纸引用过程中图幅限制，本图未能全面地将上坝路标示出来，因此在左坝肩裁剪出如图2.14所示部分，在左坝肩看到两条相对平行的曲线，线间用箭头标示了行进方向，文字标注了"上坝公路"，这就是本工程的上坝道路，沿两岸坡蜿蜒上坝。一般图纸上坝标示的上坝公路都是大坝建成后到达坝顶的公路，对于两岸地形陡峭，大坝高度较大的土石坝，上坝公路布置的一个比较常用形式是把上坝公路沿下游坝坡布置，这种布置形式将在下面的面板堆石坝平面图中进行识读。

从图2.12可以识读到以下信息。

(1) 大坝坝顶高程。坝顶高程为665.00m。

(2) 大坝上下游坡比。上游三种不同坡比分别为1:2；1:2.25；1:3，下游三种不同坡比分别为1:2；1:2.25；1:2.5。

(3) 马道位置。上游有一条变坡线，高程为645.00m，一条马道，实际为上游围堰堰顶，高程为628.00m。

(4) 围堰位置。围堰堰线在坝纵0-083.75处，堰顶高程628.00m，围堰上游坡比为1:3。

(5) 灌浆平洞。左坝肩设有灌浆平洞，灌浆平洞从坝横0-009.38开始到坝横0-31.38结束，长度为22m。

(6) 下游踏步位置。下游踏步在"坝横0+107.00"和"坝横0+112.00"之间，宽度5m。

(7) 坝轴线坐标。坝左岸控制点 A'' 坐标为 $x=271863.38$，$y=501097.09$；右岸控制点 B'' 坐标为 $x=271665.23$，$y=501066.48$。

(8) 防渗心墙中心线位置。防渗墙中心线在大坝轴线上游，距离不确定。

(9) 大坝纵横桩号。从横桩号标注可以看出大坝长度为200.5m，从大坝纵向桩号计算大坝最大底宽227.73m。

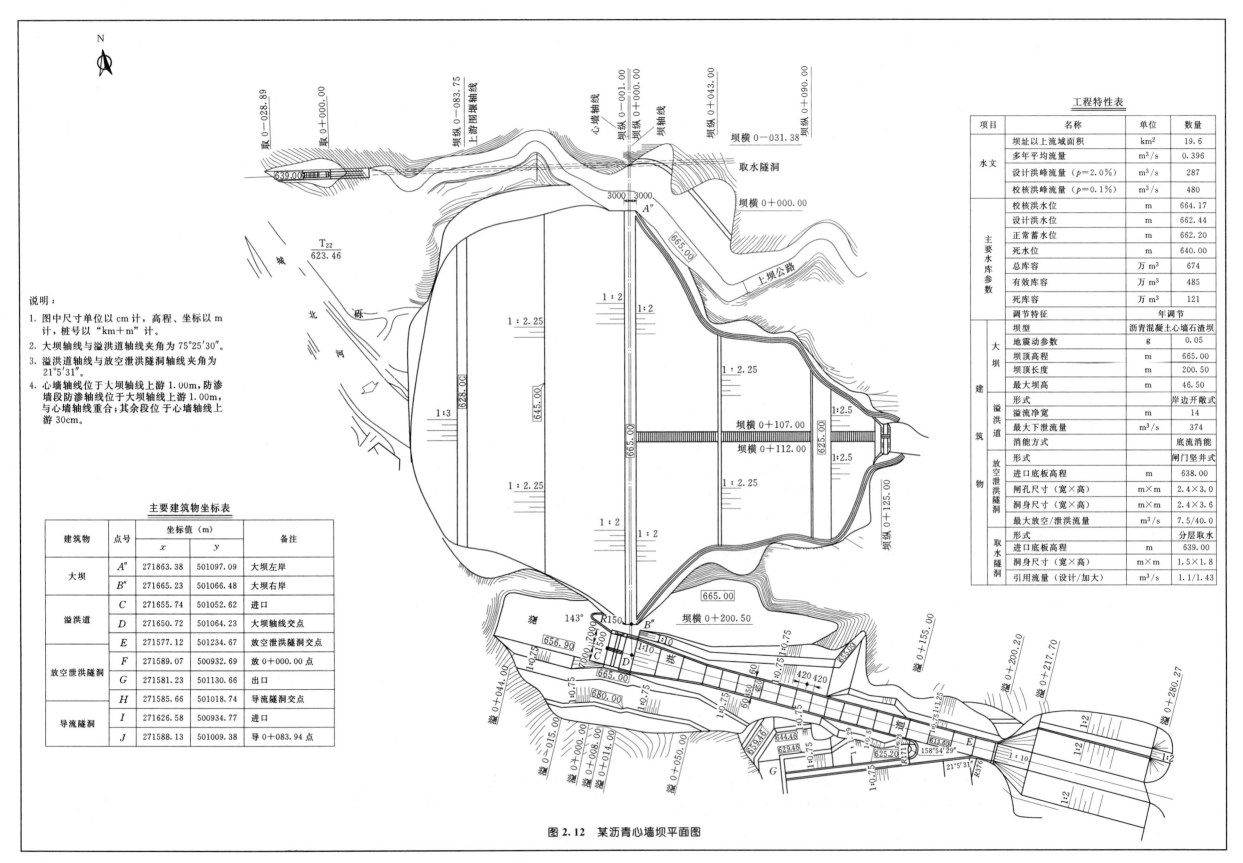

工程特性表

项目	名称	单位	数量
水文	坝址以上流域面积	km²	19.6
	多年平均流量	m³/s	0.396
	设计洪峰流量（$p=2.0\%$）	m³/s	287
	校核洪峰流量（$p=0.1\%$）	m³/s	480
主要水库参数	校核洪水位	m	664.17
	设计洪水位	m	662.44
	正常蓄水位	m	662.20
	死水位	m	640.00
	总库容	万 m³	674
	有效库容	万 m³	485
	死库容	万 m³	121
	调节特征		年调节
建筑物	大坝	坝型	沥青混凝土心墙石渣坝
		地震动参数	g	0.05
		坝顶高程	m	665.00
		坝顶长度	m	200.50
		最大坝高	m	46.50
	溢洪道	形式		岸边开敞式
		溢流净宽	m	14
		最大下泄流量	m³/s	374
		消能方式		底流消能
	放空泄洪隧洞	形式		闸门竖井式
		进口底板高程	m	638.00
		闸孔尺寸（宽×高）	m×m	2.4×3.0
		洞身尺寸（宽×高）	m×m	2.4×3.6
		最大放空/泄洪流量	m³/s	7.5/40.0
	取水隧洞	形式		分层取水
		进口底板高程	m	639.00
		洞身尺寸（宽×高）	m×m	1.5×1.8
		引用流量（设计/加大）	m³/s	1.1/1.43

说明：
1. 图中尺寸单位以 cm 计，高程、坐标以 m 计，桩号以"km+m"计。
2. 大坝轴线与溢洪道轴线夹角为 75°25′30″。
3. 溢洪道轴线与放空泄洪隧洞轴线夹角为 21°5′31″。
4. 心墙轴线位于大坝轴线上游 1.00m，防渗墙段防渗轴线位于大坝轴线上游 1.00m，与心墙轴线重合；其余段位于心墙轴线上游 30cm。

主要建筑物坐标表

建筑物	点号	坐标值（m）		备注
		x	y	
大坝	A″	271863.38	501097.09	大坝左岸
	B″	271665.23	501066.48	大坝右岸
溢洪道	C	271655.74	501052.62	进口
	D	271650.72	501064.23	大坝轴线交点
	E	271577.12	501234.67	放空泄洪隧洞交点
放空泄洪隧洞	F	271589.07	500932.69	放 0+000.00 点
	G	271581.23	501130.66	出口
	H	271585.66	501018.74	导流隧洞交点
导流隧洞	I	271626.58	500934.77	进口
	J	271588.13	501009.38	导 0+083.94 点

图 2.12　某沥青心墙坝平面图

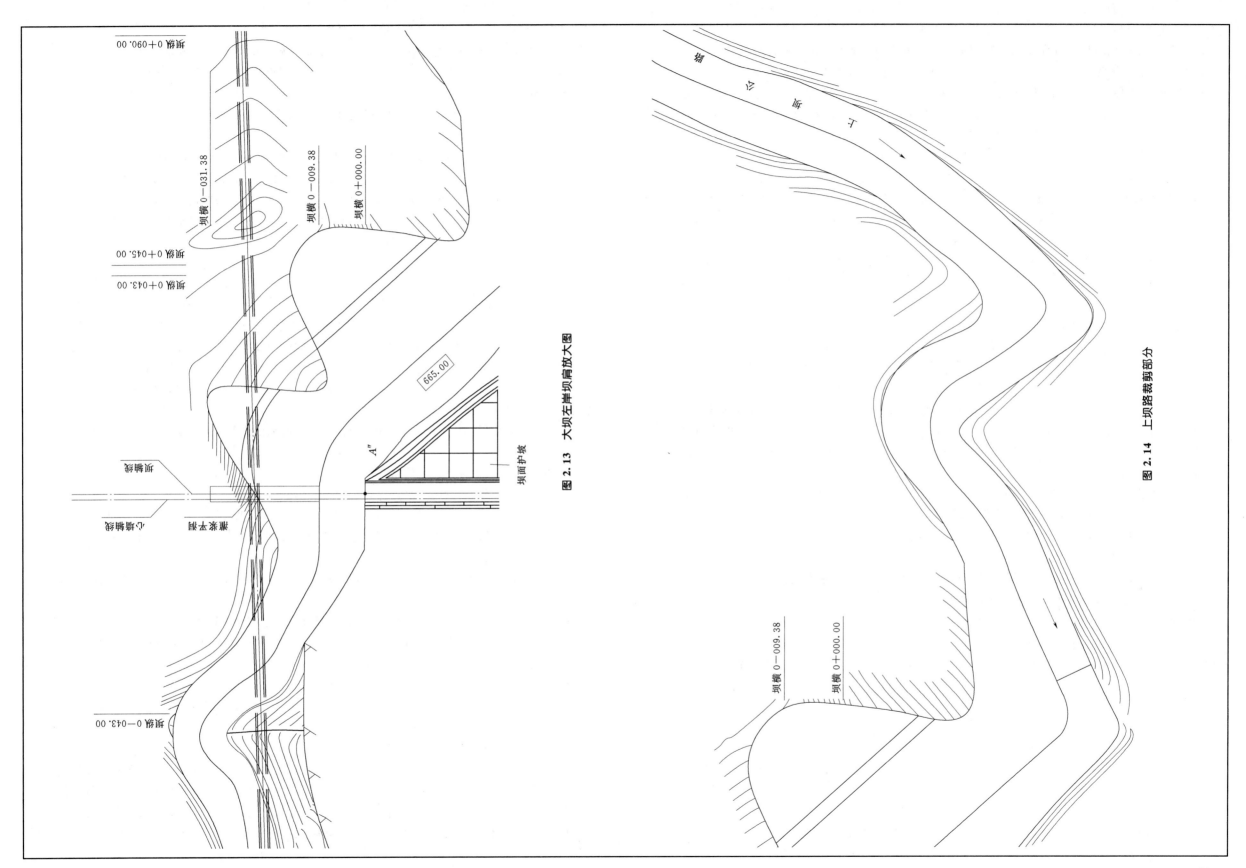

图 2.13 大坝左岸坝肩放大图

图 2.14 上坝路裁剪部分

【例2】 如图2.15所示是新疆某面板堆石坝平面图，下面对该图进行分析讲解。

面板堆石坝为目前最为常见的土石坝类型，同样首先从坝轴线识读开始。本设计图坝轴线两端分别标注了A和B两个点，并在该点引线标注A点x＝4856350.000，y＝582222.236；B点x＝4855985.128，y＝581850.000。这就是确定坝轴线位置的两个点，且在图中给出了两个点的大地坐标。

从坝轴线向上游，首先是一组编号①～㉜，还有31条垂直于坝轴线的线条，这是上游面板编号和面板分缝线，可知大坝共有32块面板，另外一个很明显的标注是上游坡比1：1.5，这说明面板堆石坝的上游坡比为1：1.5；再向上游看，在第10块和第27块面板上标注了6000mm，第20块面板上标注了12000mm，从第10块面板向左岸，从第27块面板向右岸各块面板宽度是一致的，从第11块到第26块面板宽度是一致的。

再向上游，出现两个平台高程为895.00m，宽度分别为5m和10m，平台上游坡比为1：2，面板分缝线从此平台处开始变为虚线，表明面板被覆盖。从此图只能看到平台的这些信息，对于平台具体是什么，可根据工程经验判断它是面板坝上游铺盖，在没有工程经验的情况下，可结合断面图识读平台。

在［例1］中讲到了大坝坡脚线，大坝坡脚线是大坝坡面与地面的交线，在图2.15中坝脚位置出现三条相互平行的线条，图中对中间的点划线进行了文字标注"趾板X线"，已经很明确，它就是趾板控制线。X线下游线条是趾板与面板接缝，一般称为"周边缝"，X线上游线条表示趾板上游边线。另外在趾板X线的各折点均标出了高程和桩号，并进行了编号。这些编号可以在图中对应找到"趾板拐点坐标表"（趾板拐点是指趾板"X"线的拐点，趾板桩号和坐标都是以X线为基础说明的），结合此表可以确定趾板各拐点的空间坐标，也就是确定了趾板的空间位置。

从轴线向下游，［例2］工程图与［例1］工程图的不同之处在于：此坝下游设马道；下游坡比为两种不同坡比，以上坝道路为分界线，坝顶第一道坡比为1：1.5，其余部分坡比为1：1.3；上坝道路设置于大坝下游坡面。道路标注上显示道路坡为8％，道路宽度为10m以及道路各拐点的高程等。

同样，图2.15中还标示出了大坝桩号、趾板桩号、灌浆平洞等信息。

通过以上对图纸的识读，可以了解到本工程以下主要信息。

（1）坝顶高程。坝顶高程为960.00m。

（2）坝长。坝长为300.066m。

（3）坝轴线坐标。左岸控制点x＝4856350.000，y＝58222.236；右岸控制点坐标x＝4855985.128，y＝581850.000。

（4）上下游坝坡。上游坝坡1：1.5，下游坝坡1：1.3。

（5）面板数量及宽度。面板共32块，6m宽14块，12m宽16块，两个边块。

（6）趾板长度。趾板长度为496.386m。

（7）趾板X线特性。X线共有8个拐点，各拐点空间坐标数据齐全，各段趾板宽度明确。

（8）上游铺盖部分特性。铺盖上游坡比1：2，铺盖顶高895.00m，铺盖顶宽10＋5＝15m。

（9）下游上坝路部分特性。路面宽度为10m，道路拐点高程明确。

（10）灌浆平洞部分信息。左右岸均设有灌浆平洞，左岸灌浆平洞起点为坝0－18.265，终点为坝0－70.000，洞长51.735m。右岸灌浆平洞起点坝0＋312.227，终点坝0＋330.066，洞长17.839m。

另外还可以根据图纸上附的坝体特性表以及说明等得知大坝的进一步相关信息。

2. 土石坝的断面图

【例3】 沥青心墙坝典型断面如图2.16所示，下面对该图进行分析讲解。

大坝断面图习惯由坝顶向下识读，首先看到坝顶一L形混凝土墙，此墙为防浪墙，在此处为示意性线条，仅对防浪墙顶部高程和结构形式进行了解，顶部高程标注为"▽666.00"，结构形式为L形。在本平面图中有两条重要轴线——大坝轴线和心墙轴线，但是只给出了大坝轴线的坐标，心墙轴线没有明确位置，在横断面图上坝顶明确地标注出两条轴线及其相对位置，两者结合即可确定心墙轴线的空间位置。

大坝上游坡面分别标示了护坡措施、坡比、边坡点等与平面图对应的细化，上游坡面面层采用8cm厚干砌C15混凝土预制块护坡，预制块下为水平厚度50cm的反滤料，布置了3道混凝土防滑墙。上游围堰相对坝轴线的位置，围堰断面结构信息可以通过图中标注获得。

大坝下游标明下游坝坡护坡措施"混凝土框格草皮护坡"，下游马道高程、宽度等信息。

坝体内标明了B1～B5坝壳料分区（B1～B5坝壳料技术要求将在设计文件中提出），沥青心墙及心墙两侧反滤过渡料区等，大坝底部标注了示意性的原地面线，混凝土防渗墙坝底地质结构，帷幕灌浆线等。

在图纸右侧高程标尺可用作对未标注高程位置标高的测算，从需要计算高程的位置画一条水平辅助线至标尺位置，所对应的标尺刻度即为该点标高。

从图2.16可以识读以下信息。

（1）大坝顶高程、宽度。大坝顶高程为665.00m，宽度为6m。

（2）上游护坡结构。上游护坡面面层采用8cm厚干砌C15混凝土预制块，预制块下放为50cm厚反滤过渡料；并设置了3道混凝土防滑墙。护坡高度从638.50m开始，低于水库死水位1.5m。

（3）沥青心墙厚度、轴线位置。心墙厚度为50cm，轴线位于大坝轴线上游，距大坝轴线1m。

（4）上游围堰轴线位置、结构形态。上游围堰轴线距离大坝轴线83.75m，采用黏土斜墙防渗，上游坡比1：3，下游坡比1：2，堰顶高程628.00m，堰顶宽度5m，其中石渣宽度4m，黏土宽度1m。

（5）大坝特征水位。设计水位、校核水位、正常水位、死水位等标注清楚。

（6）坝壳料分区。坝壳料共分5个区，分别编号B1～B5，坝壳料设计参数需要通过设计文件取得，图纸上一般不予以标注。

（7）心墙反滤料。心墙反滤料厚度1.5m。

（8）混凝土防渗墙及帷幕灌浆信息。混凝土防渗墙轴线与沥青心墙和帷幕灌浆轴线重合，防渗墙底部高程602.72m，采用大开挖方式施工，开挖坡比为1：1.5，帷幕灌浆采用单排帷幕。

（9）下游护坡措施。下游护坡采用混凝土框格草皮护坡，这与平面图上的框格相对应。

（10）马道高程、宽度、数量。下游马道共两道，第一道宽2m，高程645.00m，第二道

混凝土面板堆石坝平面布置图

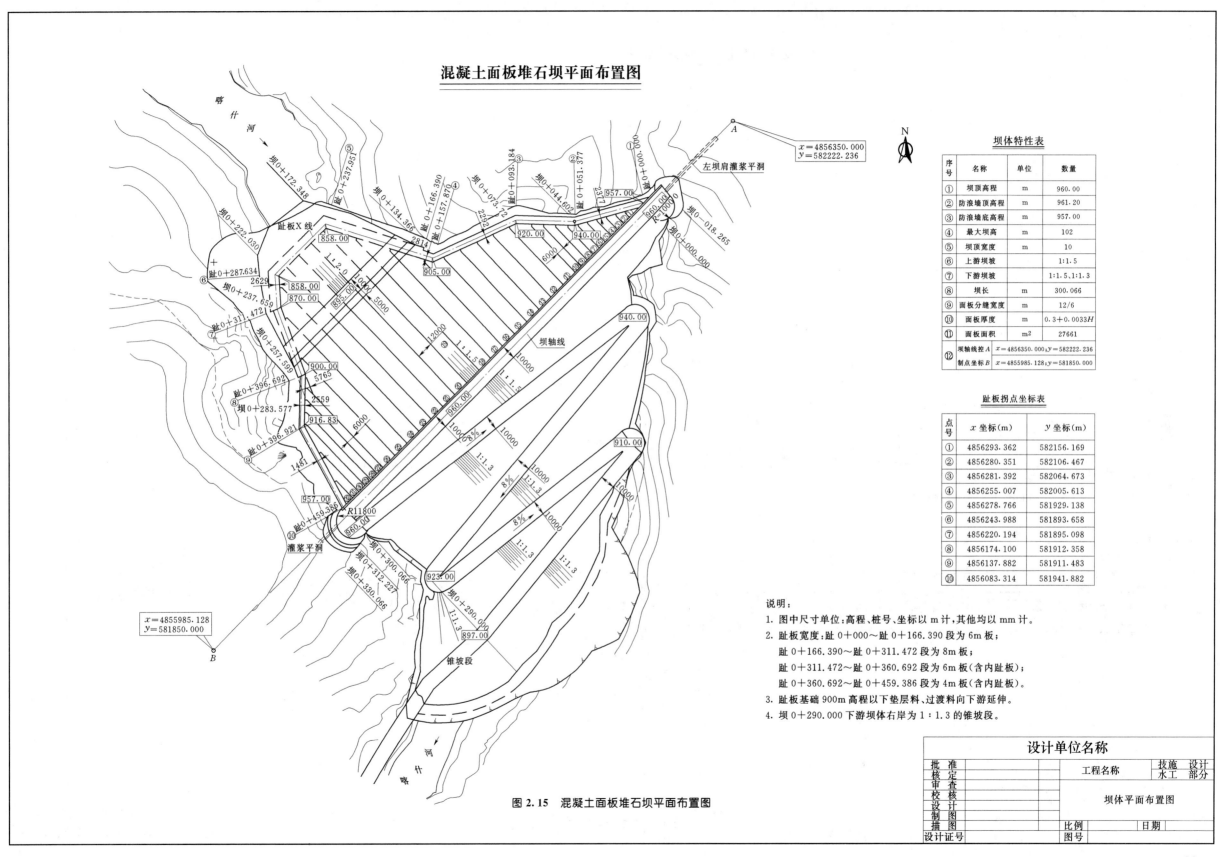

坝体特性表

序号	名称	单位	数量
①	坝顶高程	m	960.00
②	防浪墙顶高程	m	961.20
③	防浪墙底高程	m	957.00
④	最大坝高	m	102
⑤	坝顶宽度	m	10
⑥	上游坝坡		1:1.5
⑦	下游坝坡		1:1.5,1:1.3
⑧	坝长	m	300.066
⑨	面板分缝宽度	m	12/6
⑩	面板厚度	m	0.3+0.0033H
⑪	面板面积	m²	27661
⑫	坝轴线控A	x=4856350.000;y=582222.236		
	制点坐标B	x=4855985.128;y=581850.000		

趾板拐点坐标表

点号	x坐标(m)	y坐标(m)
①	4856293.362	582156.169
②	4856280.351	582106.467
③	4856281.392	582064.673
④	4856255.007	582005.613
⑤	4856278.766	581929.138
⑥	4856243.988	581893.658
⑦	4856220.194	581895.098
⑧	4856174.100	581912.358
⑨	4856137.882	581911.483
⑩	4856083.314	581941.882

说明:
1. 图中尺寸单位:高程、桩号、坐标以m计,其他均以mm计。
2. 趾板宽度:趾0+000~趾0+166.390段为6m板;
   趾0+166.390~趾0+311.472段为8m板;
   趾0+311.472~趾0+360.692段为6m板(含内趾板);
   趾0+360.692~趾0+459.386段为4m板(含内趾板)。
3. 趾板基础900m高程以下垫层料、过渡料向下游延伸。
4. 坝0+290.000下游坝体右岸为1:1.3的锥坡段。

设计单位名称				
批准			工程名称	技施 设计
核定				水工 部分
审查				
校核			坝体平面布置图	
设计				
制图				
描图			比例	日期
设计证号			图号	

图2.15 混凝土面板堆石坝平面布置图

2—2 横剖面图（坝横 0+122.80）

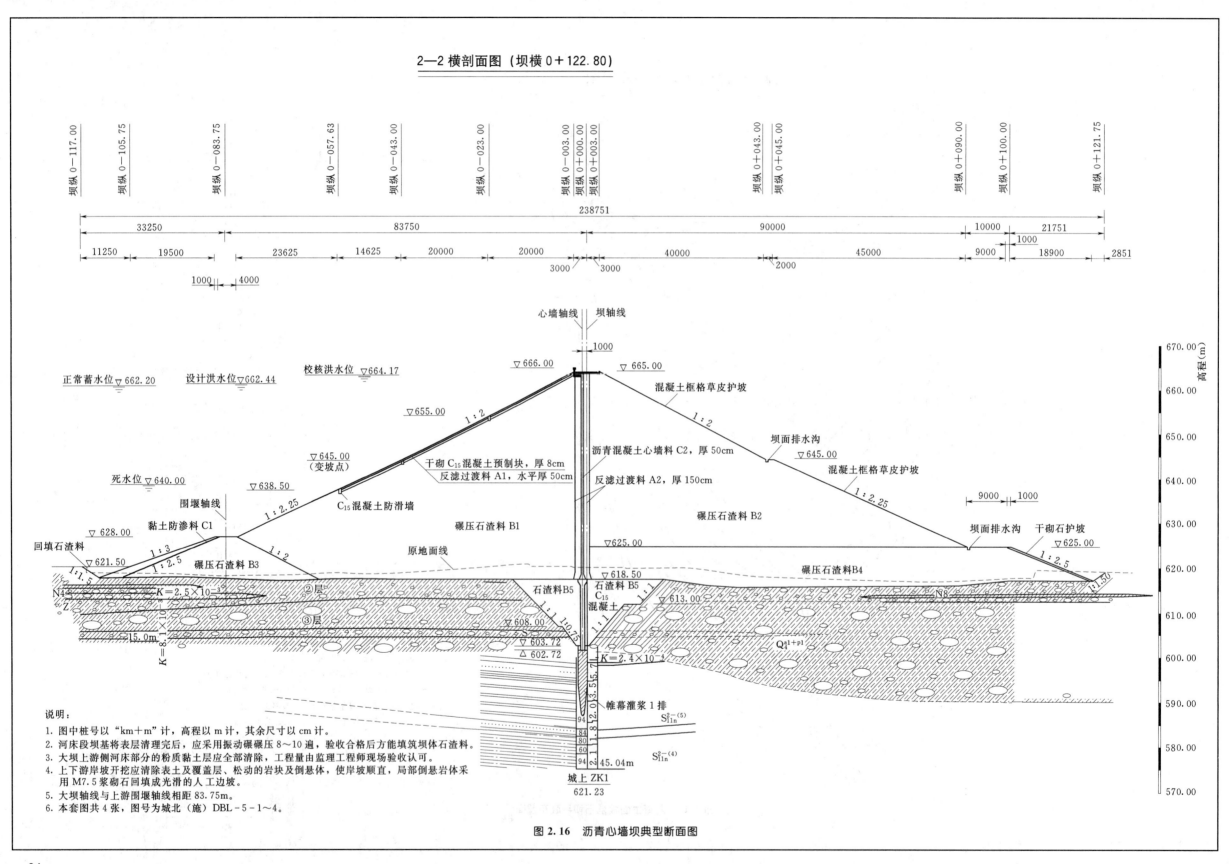

说明：
1. 图中桩号以"km+m"计，高程以 m 计，其余尺寸以 cm 计。
2. 河床段坝基将表层清理完后，应采用振动碾压 8～10 遍，验收合格后方能填筑坝体石渣料。
3. 大坝上游侧河床部分的粉质黏土层应全部清除，工程量由监理工程师现场验收认可。
4. 上下游岸坡开挖应清除表土及覆盖层、松动的岩块及倒悬体，使岸坡顺直，局部倒悬岩体采用 M7.5 浆砌石回填成光滑的人工边坡。
5. 大坝轴线与上游围堰轴线相距 83.75m。
6. 本套图共 4 张，图号为城北（施）DBL-5-1～4。

图 2.16 沥青心墙坝典型断面图

宽 10m，高程 625.00m。

（11）坝基高程。坝基高程为 618.50m。

结合图 2.14、图 2.16 可以了解到此沥青混凝土心墙坝坝高 46.5m，坝顶宽度 6m，坝顶高程 665.00m，坝长 200.5m，以及其他相关参数。可基本读懂此心墙坝图纸，结合其他细部图纸，可真正熟知此工程。

【例 4】 图 2.17 是图 2.15 面板坝对应的典型横断面图。

同样从坝顶开始读起，坝顶宽度 10m，防浪墙轴线距上游边线 80cm，坝顶高程 960.00m，混凝土面板厚度是随坝高变化的，厚度变化关系为 $t=0.3+0.0033H$，垫层料水平厚度 3m，过渡料水平厚度 5m。上游铺盖顶部高程 895.00m，铺盖由两种料组成，黏土料顶宽 5m，填筑坡比 1∶1.7，任意料顶宽 10m，填筑坡比 1∶2.0。上游河床土方开挖坡比为 1∶1.5，石方开挖坡比 1∶1.05。趾板底部高程 858.00m，可以计算出坝高为 102m。趾板下固结灌浆范围为 8m，孔排距为 2.5m，孔深 5m。帷幕灌浆为双排孔，间排距为 2m。坝底还示意性标出了基岩面线、强风化下限、弱风化下限。

大坝下游坡面除了坡比外，还标出了 4 道平台，结合平面图理解，平台是上坝公路，由于上坝公路随着断面位置的不同高程有所变化，所以，此处未标注平台高程。在坝轴线下游 10m 处有一区域标注了"利用料"，说明本大坝坝壳料由爆破堆石料和利用料两种料组成，利用料所占位置可以通过其距离坝轴线位置、坡比、上下面高程、下面宽度等数据计算得出。

另外通过图纸说明、表格、文字标注等内容，还可以得到水库特征水位、坝壳料技术要求、单位、比例等信息。

2.2.3 混凝土坝图纸识读

2.2.3.1 混凝土坝平面图、立面图

混凝土坝主要分为重力坝、拱坝和支墩坝，实际生产中重力坝、拱坝和重力拱坝是比较常见的坝型，这里将主要以重力坝和拱坝为例进行讲解。

1. 混凝土重力坝平面图和立面图

【例 5】 如图 2.18 所示是一混凝土重力坝平面布置图。

从左坝段读起，重力坝轴线一般与上游边线重合，此大坝左岸坝肩文字标注坝轴线，可以看到坝轴线与上游边线重合，从左坝肩向右，可以看到灌浆平洞，长度为 20m，坝轴线左岸坐标点 $x=8655.008$，$y=4837.212$，坝顶宽度 8m，坝顶高程 278.00m，下游坝坡比 1∶0.8，左岸非溢流坝段长 104m，左岸下游开挖边坡比 1∶0.75，设两层马道，马道高程分别为 242.00m 和 227.00m，河床开挖高度 212.00m。

从左坝段向右，是 30m 溢流坝段，从图中仅能看出共设两个溢流孔，其他线条均未进行标注，仅为示意性线条。

右坝段首先可以看到灌浆平洞长度为 36m，坝轴线左岸坐标点 $x=8521.884$，$y=4615.068$，右岸非溢流坝段长 125m，0+171.000m 处设置一临时放水洞，洞直径 1.6m。临时放水洞作用一般是在坝体施工期间为下游供水。

混凝土坝结构相对较为简单，在平面图上得到的信息相对土石坝较少。必须结合立面图和图中说明及表格对坝体结构进一步了解。

图 2.19 是图 2.18 工程的上下游立面图，上下游立面图明确给出了检查排水廊道、灌浆廊道位置与高程；原地面线、强风化下限、弱风化下限、透水率小于 3Lu 的包络线位置；灌浆平洞高程、长度及起点位置；坝基开挖坡比、马道的高程、宽度、闸孔宽度、墩墙厚度；导流洞的相对位置；临时放水管的进口高程；基础裂隙分布情况等信息。

2. 混凝土拱坝平面图

【例 6】 图 2.20 是一混凝土双曲拱坝。

从图 2.20 来看，图纸上仅标明了拱坝中心线、溢流坝段的中心角、坝顶弧线长度和一个坐标表。双曲拱坝平面布置图反映出的信息相对最少，要结合拱坝体形图进一步识读。图 2.21 是该拱坝的体形图及相关参数。

此拱坝是一抛物线型拱坝，抛物线是指任一高程拱圈的中心线是抛物线，其上下游面曲线为任意曲线，在图纸说明（图中未表示）中给出了抛物线方程为 $Y=X^2/2R_0$，其中 X 分别指向左右岸，Y 指向下游。抛物线定点为相对原点。R_0 为拱冠梁处的曲率半径，左右岸采用各自的 R_0，根据拱冠梁处左右岸的曲率中心曲线，可计算出任一高程拱冠梁处的曲率半径 R_0；任一高程抛物线上任一点 X_1 对应的径向角 ϕ：$\tan_1(\phi)=X_1/R_0$。

任一高程拱圈的厚度变化函数为 $T_1=T_0+(T_a-T_0)\times[1-\cos(\phi_1)]/[1-\cos(\phi_a)]$。

其中，T_0 为拱冠梁处厚度，T_a 为拱端处厚度，ϕ_a 为拱端径向角。

非计算高程的拱端厚度是按线性插值计算出来的，即按上一计算高程与下一计算高程的拱端厚度放大倍数（T_a/T_0）线性插值，计算该高程的拱端厚度放大倍数，再乘上拱冠梁厚度即可得该高程的拱端厚度。

任一高程拱端横坐标是按线性插值计算出来的，即按上一计算高程与下一计算高程的拱端横坐标线性插值。

下标符号定义：U 为上游面，D 为下游面，L 为左岸，R 为右岸，C 为拱冠，A 为拱端，图 2.21 表中拱端编号按自右岸向左岸由高向低的原则逐层编号。

依据这些数据和计算，此拱坝的空间位置和结构数据就得以确定。

3. 混凝土重力拱坝

【例 7】 图 2.22 是一混凝土重力拱坝的平面图。

重力拱坝与混凝土双曲拱坝从平面图上看来差别不大，所能得到的图纸信息也比较接近，其主要差别在于双曲拱坝拱冠中心在平面图上的投影是一条线，而重力拱坝拱冠中心在平面图上的投影是一个点。

对于混凝土重力拱坝和混凝土双曲拱坝平面图的识读，更多的信息来自于图中文字说明、表格，并需要配合设计文件中的计算获得。另外一个途径就是结合断面图获得工程信息。

混凝土拱坝立面图与重力坝立面图反映出的信息基本相似，可以采用与重力拱坝立面图识读的相同办法来获得混凝土拱坝的相关信息。

2.2.3.2 混凝土坝的断面图

混凝土坝的断面图分为横断面图和纵断面图，并根据剖取断面的位置不同，表达的信息有所不同，我们主要以典型横断面图为例进行断面图的识读学习。

1. 混凝土重力坝横断面图

【例 8】 图 2.23 是图 2.18 工程的典型横断面图，图 2.23（a）是溢流坝段典型断面，图 2.23（b）是非溢流坝段典型断面。

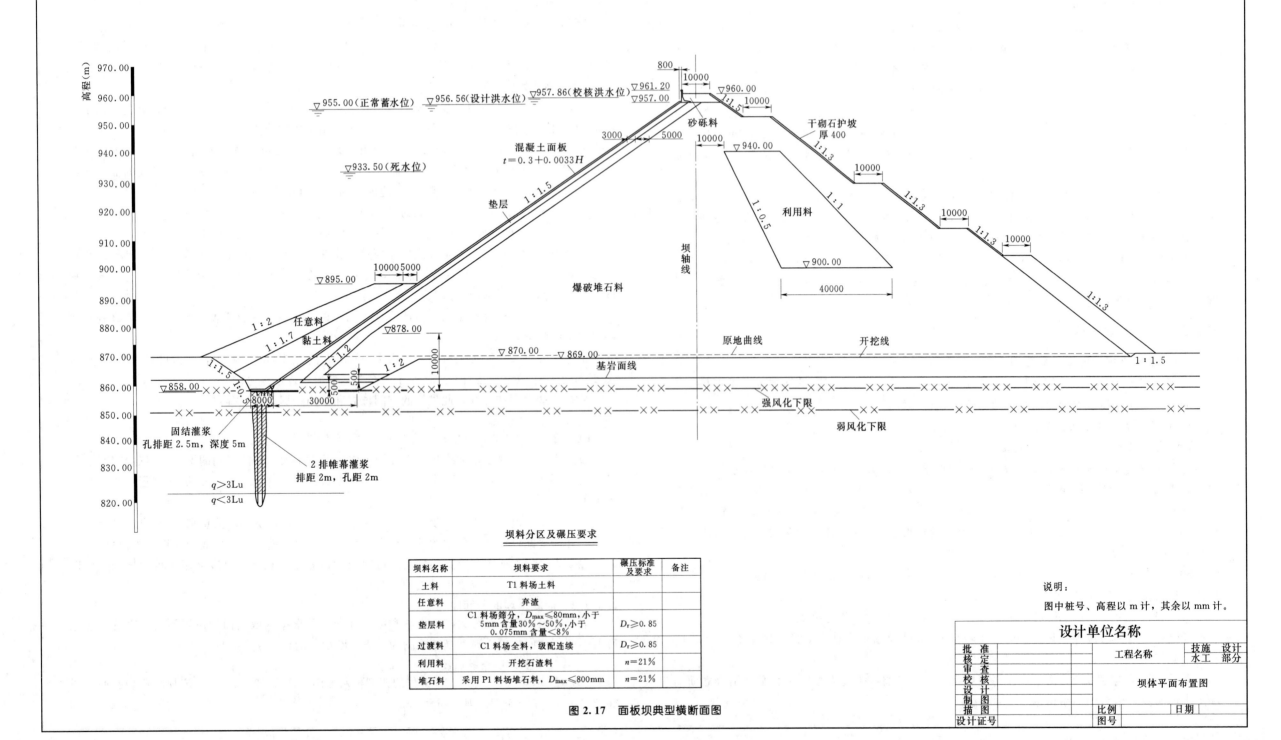

混凝土面板坝坝体标准横剖面图

坝料分区及碾压要求

坝料名称	坝料要求	碾压标准及要求	备注
土料	T1 料场土料		
任意料	弃渣		
垫层料	C1 料场筛分, $D_{max} \leqslant 80mm$, 小于 5mm含量30%~50%, 小于 0.075mm 含量<8%	$D_r \geqslant 0.85$	
过渡料	C1 料场全料, 级配连续	$D_r \geqslant 0.85$	
利用料	开挖石渣料	$n = 21\%$	
堆石料	采用 P1 料场堆石料, $D_{max} \leqslant 800mm$	$n = 21\%$	

说明:

图中桩号、高程以 m 计, 其余以 mm 计。

图 2.17　面板坝典型横断面图

设计单位名称			
批准		工程名称	技施　设计
核定			水工　部分
审查			
校核			坝体平面布置图
设计			
制图			
描图		比例	日期
设计证号		图号	

大坝平面布置图

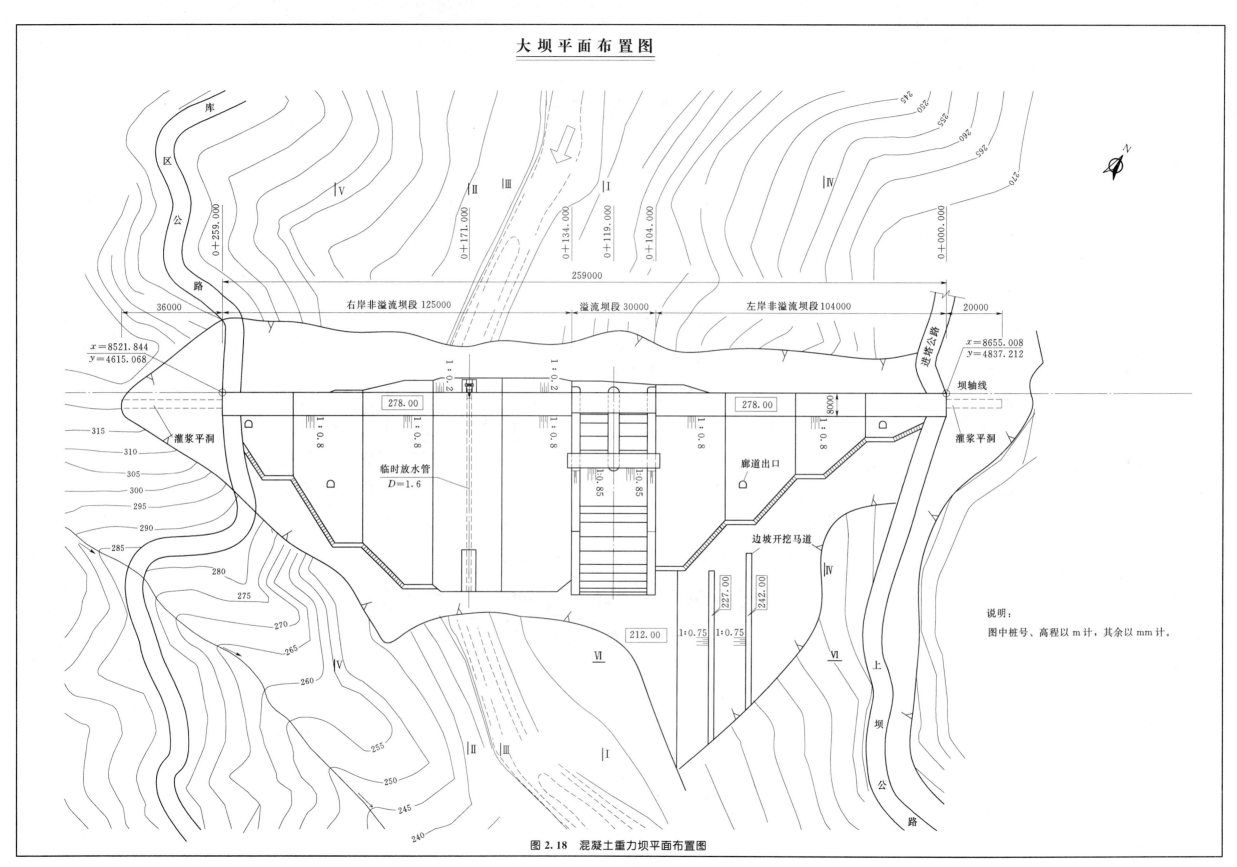

图 2.18 混凝土重力坝平面布置图

大 坝 上 游 立 视 图

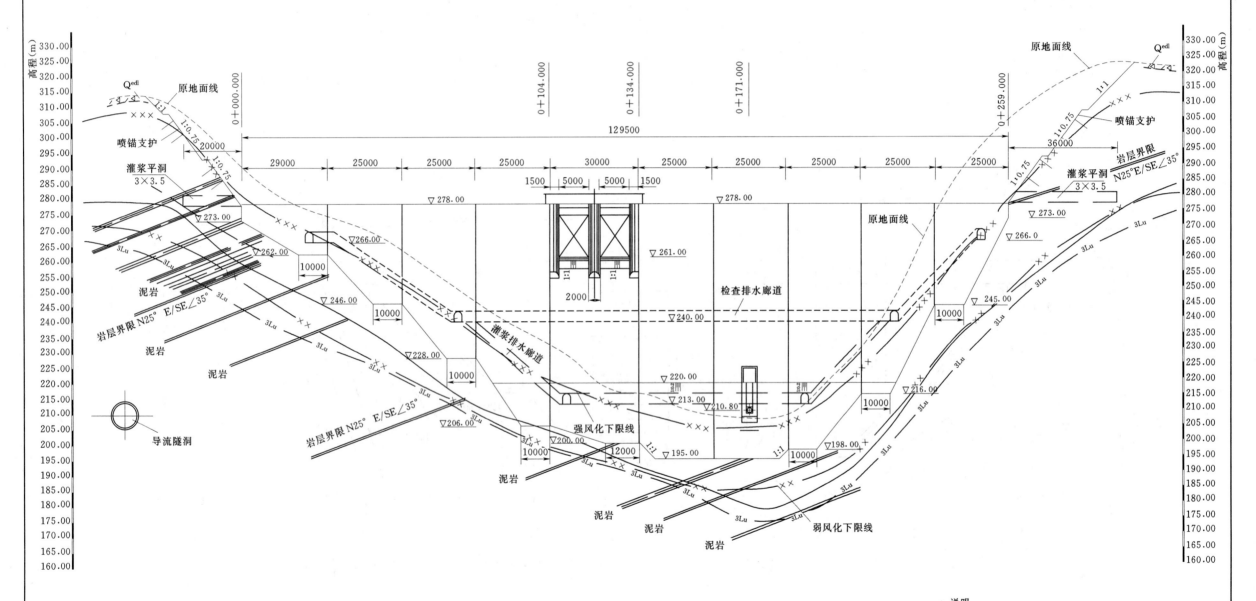

图 2.19 混凝土重力坝上下游立面图（一）

说明：
图中桩号、高程以 m 计，其余以 mm 计。

28

大坝下游立视图

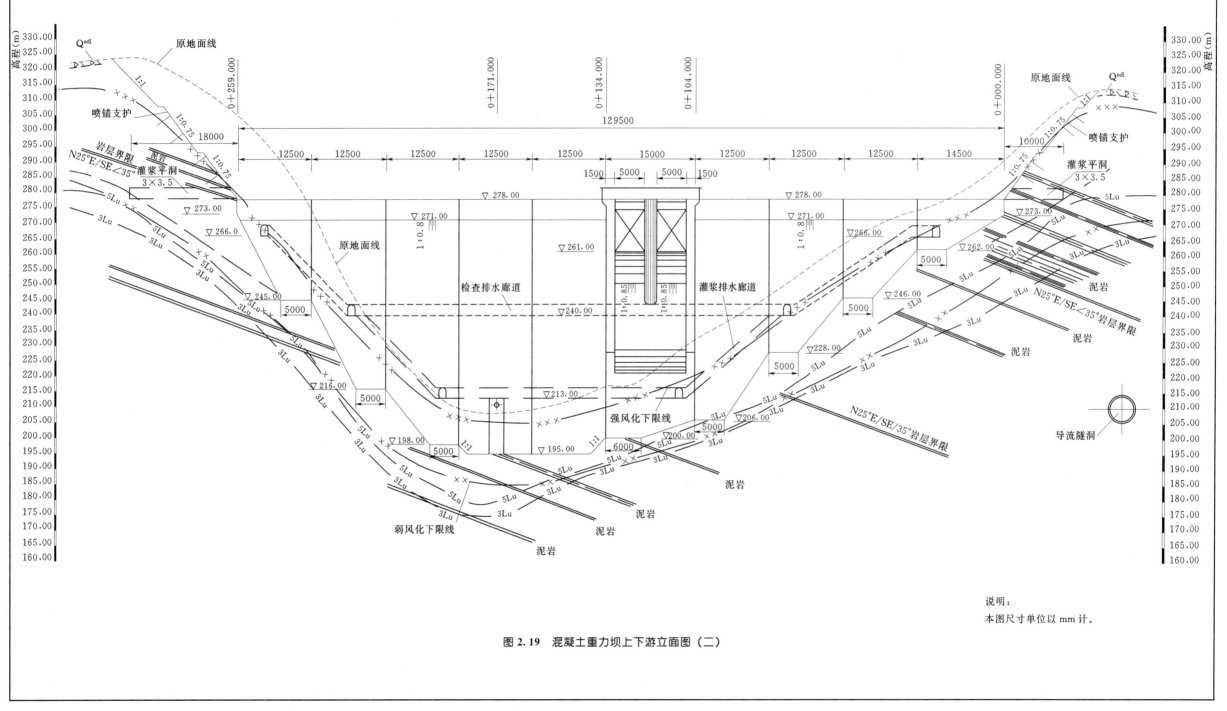

图 2.19 混凝土重力坝上下游立面图（二）

说明：
本图尺寸单位以 mm 计。

29

拱坝平面布置图

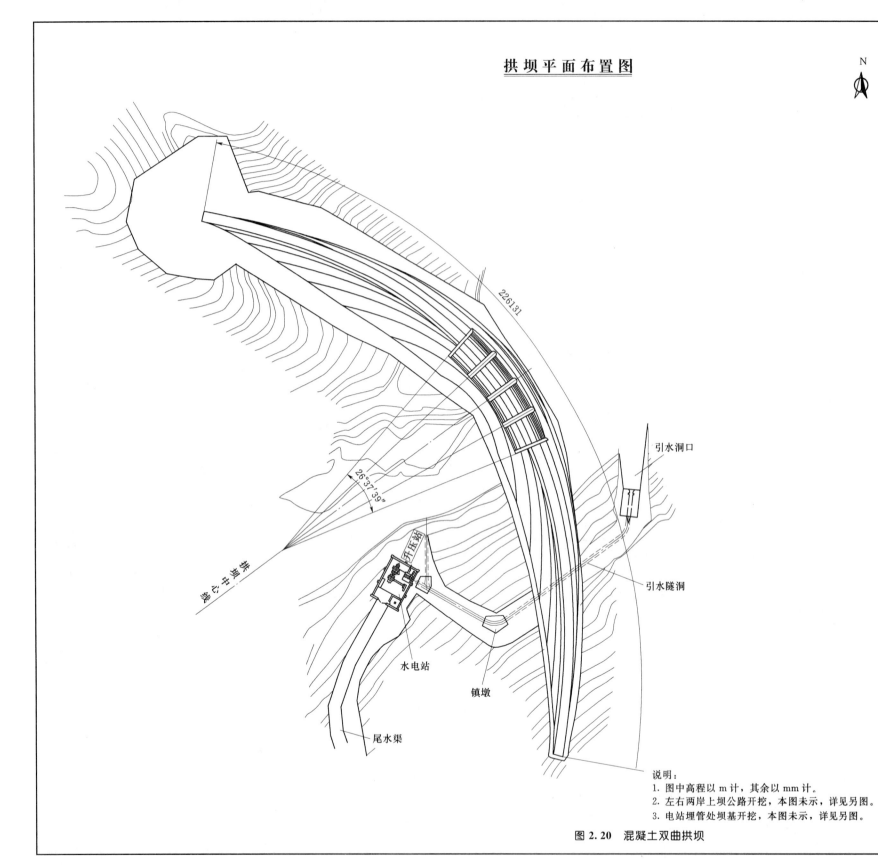

226ⁱ³¹

26°37'39"

引水洞口

引水隧洞

水电站

镇墩

尾水渠

升压站

拱心线中心线

说明:
1. 图中高程以 m 计, 其余以 mm 计。
2. 左右两岸上坝公路开挖, 本图未示, 详见另图。
3. 电站埋管处坝基开挖, 本图未示, 详见另图。

图 2.20   混凝土双曲拱坝

大坝控制层拱端坐标与高程

部位	点号	坐标 x(北)	y	设计拱端高程(m)
右岸	1u	2962165.574	39606229.313	190.50
	1d	2962162.041	39606228.626	
	2u	2962164.142	39606236.084	185.50
	2d	2962159.651	39606235.090	
	3u	2962162.594	39606244.433	180.00
	3d	2962155.468	39606242.849	
	4u	2962159.902	39606253.950	172.00
	4d	2962149.936	39606251.777	
	5u	2962156.311	39606264.201	164.00
	5d	2962143.629	39606261.344	
	6u	2962151.132	39606276.081	156.00
	6d	2962136.497	39606272.362	
	7u	2962143.166	39606293.115	148.00
	7d	2962126.875	39606287.295	
	8u	2962129.596	39606313.489	140.80
	8d	2962114.683	39606303.409	
拱冠梁	9u	2962114.381	39606327.552	140.80
	9d	2962105.338	39606314.596	
左岸	10u	2962095.706	39606336.062	140.80
	10d	2962091.843	39606320.433	
	11u	2962076.884	39606341.712	148.00
	11d	2962076.272	39606326.403	
	12u	2962060.089	39606344.485	156.00
	12d	2962060.822	39606330.503	
	13u	2962045.523	39606345.650	164.00
	13d	2962046.619	39606333.131	
	14u	2962032.161	39606345.481	172.00
	14d	2962033.369	39606335.477	
	15u	2962018.672	39606344.227	180.00
	15d	2962019.670	39606336.908	
	16u	2962008.247	39606342.275	185.50
	16d	2962008.918	39606337.724	
	17u	2961999.391	39606340.848	190.50
	17d	2962000.019	39606337.303	

设计单位名称		
批准	工程名称	水工 设计
核定		施工 阶段
审查		
校核		拱坝平面布置图
设计		
制图		
描图	比例	日期
设计证号	图号	

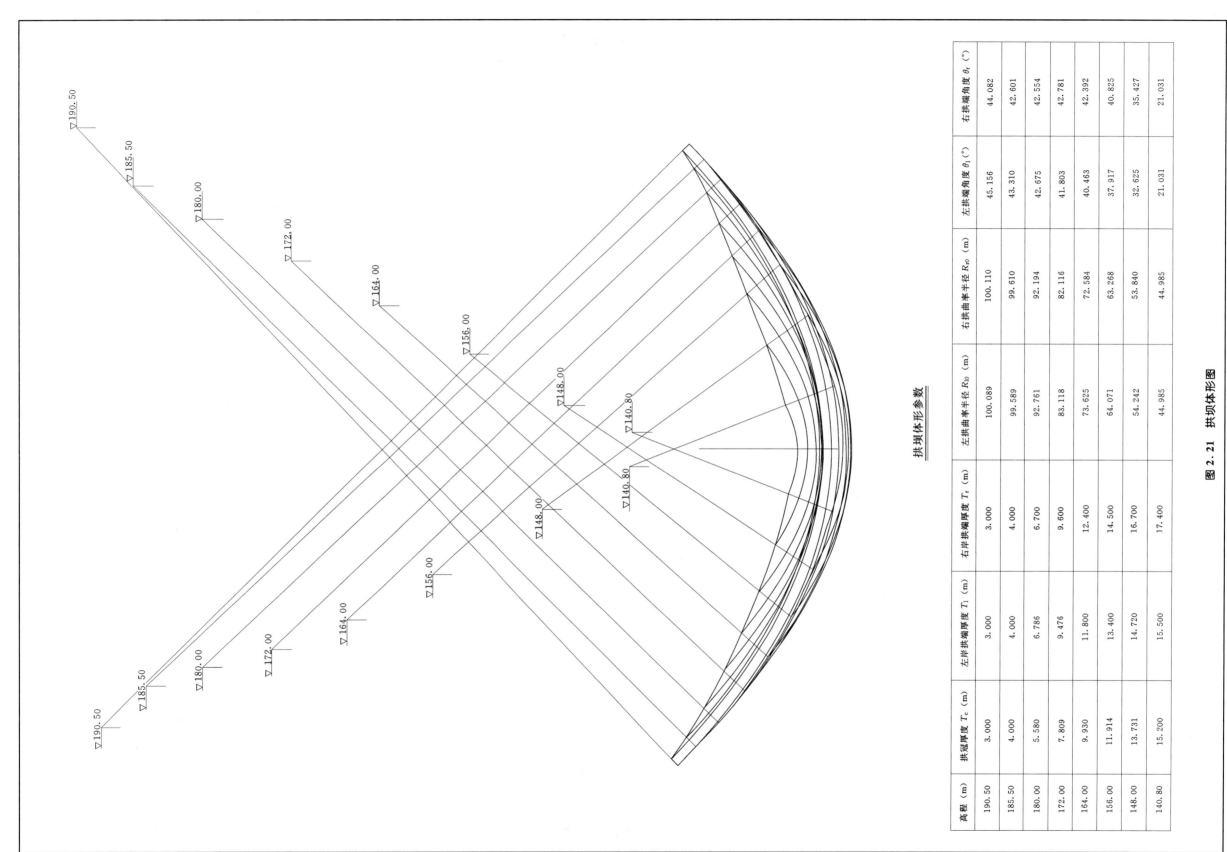

拱坝体形参数

高程 (m)	拱冠厚度 T_c (m)	左岸拱端厚度 T_1 (m)	右岸拱端厚度 T_r (m)	左拱曲率半径 R_{l0} (m)	右拱曲率半径 R_{r0} (m)	左拱端角度 θ_1 (°)	右拱端角度 θ_r (°)
190.50	3.000	3.000	3.000	100.089	100.110	45.156	44.082
185.50	4.000	4.000	4.000	99.589	99.610	43.310	42.601
180.00	5.580	6.786	6.700	92.761	92.194	42.675	42.554
172.00	7.809	9.476	9.600	83.118	82.116	41.803	42.781
164.00	9.930	11.800	12.400	73.625	72.584	40.463	42.392
156.00	11.914	13.400	14.500	64.071	63.268	37.917	40.825
148.00	13.731	14.720	16.700	54.242	53.840	32.625	35.427
140.80	15.200	15.500	17.400	44.985	44.985	21.031	21.031

图 2.21 拱坝体形图

31

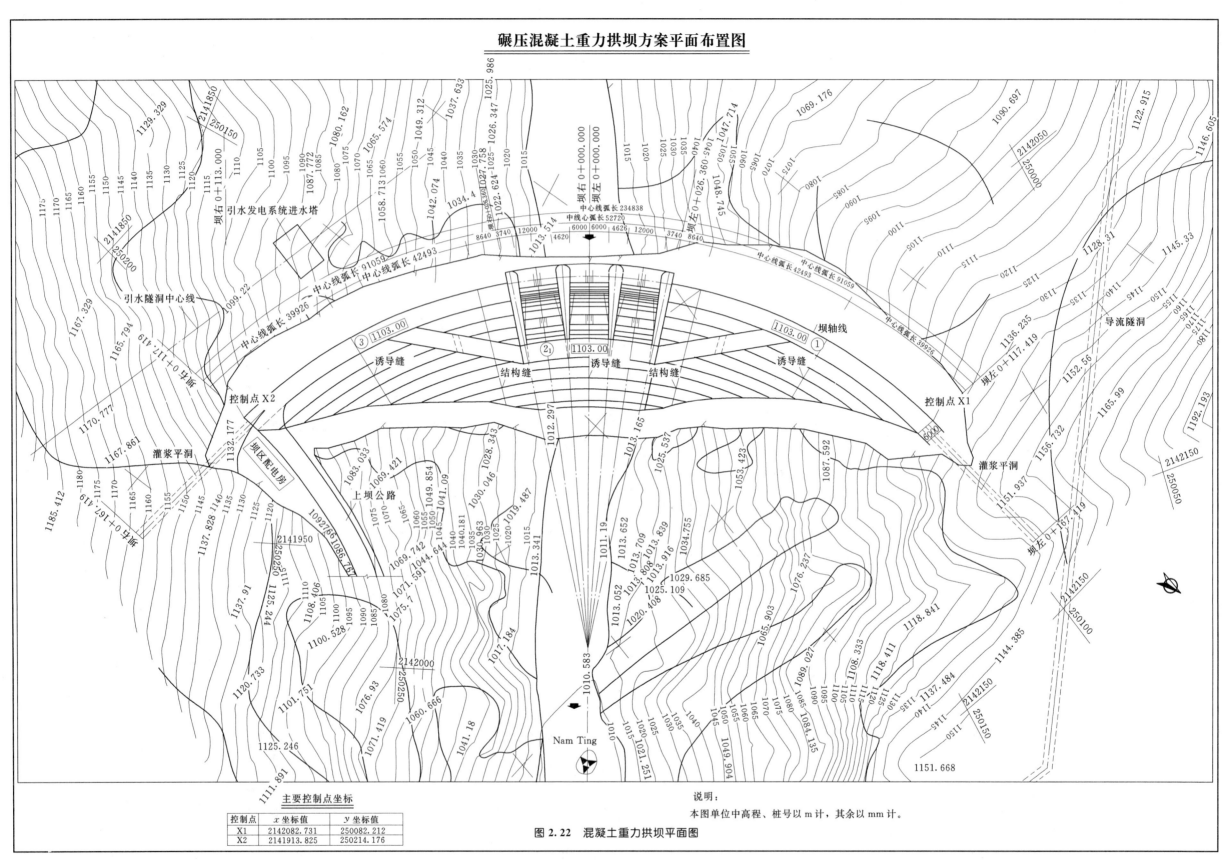

碾压混凝土重力拱坝方案平面布置图

图 2.22　混凝土重力拱坝平面图

说明：
本图单位中高程、桩号以 m 计，其余以 mm 计。

主要控制点坐标

控制点	x 坐标值	y 坐标值
X1	2142082.731	250082.212
X2	2141913.825	250214.176

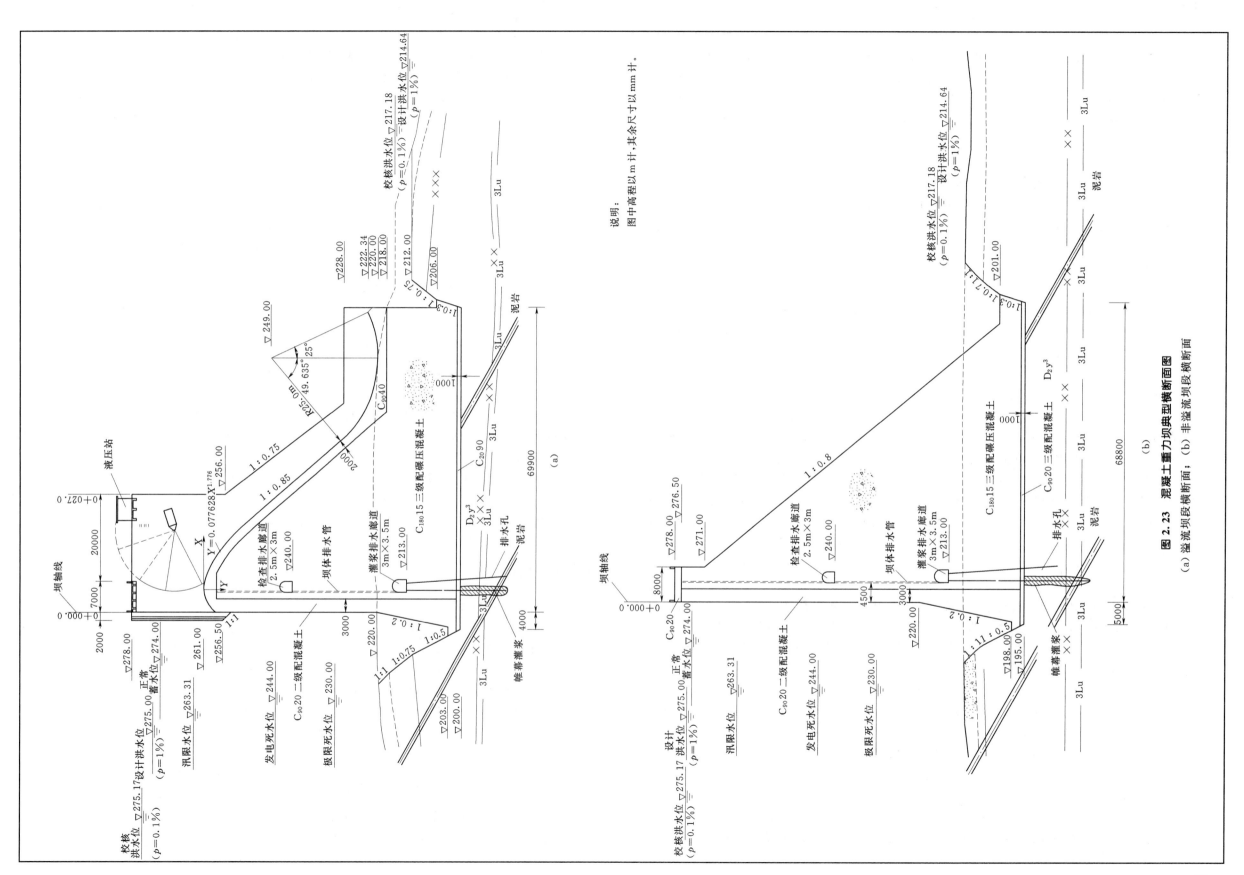

说明：
图中高程以 m 计，其余尺寸以 mm 计。

图 2.23 混凝土重力坝典型横断面图
(a) 溢流坝段横断面；(b) 非溢流坝段横断面

33

图 2.23（a）中首先标注出了坝轴线和桩号，0+000 桩号是指纵向桩号，上游为"一"，下游为"+"。从图中可以看出溢流堰闸墩的下游边线为 0+027m，从标注也可以看到闸墩下游边线距轴线距离为 7+20=27m；从标注和示意性交通桥可以看出堰顶交通桥宽度为 7m，另外，上游面还标出了坝顶高程和上游特征水位值；从闸墩内部标示出了闸门和液压站的示意图，可以看出本工程闸门为弧形闸门，液压启闭，闸门细部结构和液压站的细部结构将在细部图中设计。

堰顶部位给出了堰顶曲线的坐标原点和堰面曲线方程 $y=0.077628x^{1.776}$，可以看出此堰面为 WES 实用堰型，可以根据堰面曲线方程计算出堰面坐标，向下看堰面坡比为 1：0.85，检查排水廊道底部高程为 240.00m，断面尺寸为 2.5m×3.0m，城门洞型结构，上游面常态混凝土厚度为 3m，溢流面常态混凝土厚度为 2m，上游面混凝土等级为二级配 $C_{20}90$，溢流面混凝土强度等级为 $C_{40}90$，两种材料分界线在堰顶 Y 坐标处。碾压混凝土强度等级为三级配 $C_{15}180$，灌浆排水廊道底部高程为 213.00m，断面尺寸为 3.0m×3.5m，城门洞型结构，溢流段采用挑流式消能，挑流坎半径为 25m，挑流坎末端高程为 222.34m。

坝基开挖边坡在此图表现的比较清楚，覆盖层开挖坡比为 1：1，强风化层开挖坡比为 1：0.75，弱风化层开挖坡比为 1：0.5，帷幕灌浆深入到透水率小于 3Lu 的岩层。

2. 混凝土重力拱坝横断面图

【例 9】 图 2.24 是图 2.9 碾压混凝土重力拱坝的横断面图。

图 2.24（a）为溢流坝段典型断面图，溢流坝段典型断面图上游首先给出了各个设计特征水位高程，坝顶画出了启闭机室的示意图，并标注了坝顶高程 1103.00m，坝体上游向轴线上游伸出 4m，下游挑坎距坝轴线 26m，沿闸墩下游边线设置了 5m 宽的交通桥。

溢洪道共设置了两道闸门，第一道为平板检修闸，第二道为弧形工作闸，堰顶结构为 WES 曲线形式，曲线方程 $y=0.0690x^{1.85}$，堰顶高程 1089.00m，检修闸门底坝高程为 1087.80m，堰体前沿高程为 1085.50m。堰体下游反弧半径为 11.5m，堰体下游悬挑段上沿高程 1083.15m，下沿高程 1078.15m，堰体与坝体下游结合点高程 1070.11m。

在堰体内有一高程标注 1081.00，此标注下一实线与上下游连接，此线为材料分界线，上部属于堰体部分，采用常态混凝土，下部属于坝体部分，其材料为二级配碾压混凝土（RCC 二级配）和三级配碾压混凝土（RCC 三级配）。坝体内可以看到有两条虚线，结合大坝形体可以构成一梯形，上游虚线明显是碾压混凝土材料分界线，其上游标注了 RCC 二级配，下游标注了 RCC 三级配，下游与大坝形体边线重合的虚线则表示了非溢流坝段的形体结构，因为非溢流坝段的其他形体结构线与溢流坝段重合。

在碾压混凝土材料分界线上游标注了二级配碾压混凝土的强度等级为 $C_{20}180W8F50$，即 180 天强度为 20MPa，抗渗等级 8 级，抗冻等级 50 次。图上还标注了不同部位的厚度分别为：上部与堰体结合处宽 3.2m，中部观测廊道处宽度 4.25m，坝底部宽度 7m。

在下游三级配碾压混凝土区域，设置了两层廊道和排水孔，廊道底板高程分别为 1006.00m 和 1058.00m，排水孔在两层廊道之间向上游倾斜，斜度 $m=1：0.04$，上部排水孔为竖直孔，延伸到 1081.00m 高程处。另外在三级配碾压混凝土区域，以 1039.00m 高程为分界线，上下分别为不同强度等级的混凝土，上部材料为 $C_{15}180W4$，下部为 $C_{20}180W4$。

大坝基础采用 2m 厚常态混凝土垫层处理，垫层混凝土强度等级为 $C_{20}90W8F50$。坝底高

程 1004.00m，坝底宽度 42m。帷幕灌浆轴线距坝轴线 7m，坝基开挖边坡坡比为 1：1。

图 2.24（b）为非溢流坝段典型断面图，非溢流坝段结构比较简单，从坝顶读起，坝顶宽度 6m，二级配碾压混凝土区宽 1.8m，坝顶高程 1103.00m，三级配碾压混凝土材料分界线高程 1039.00m，各种材料分界线和混凝土强度等级均与溢流坝段相同。不同的是底板垫层混凝土厚度变为 50cm，基础高程和底部灌浆排水廊道高程有所变化，此图中标注的高程仅代表其所在断面坝右 0+033.965m 处的廊道高程和基础高程。其他位置将随着桩号的变化而变化。

3. 混凝土双曲拱坝横断面图

【例 10】 图 2.25 是图 2.20 工程双曲拱坝的横断面图。

图 2.25（a）为溢流坝段典型断面图，坝顶同样示意性的画出了启闭机室，坝顶高程 190.50m，坝顶宽度 7.92m，坝顶设有交通桥，堰顶高程 185.50m，堰顶设平板闸门，堰体采用混凝土结构，下游消能挑坎顶沿高程 182.65m，伸出坝体下游边线 3m，堰体总宽度 10.1m，堰体曲线混凝土标号等信息无详细标注，需要结合细部构造图对堰体进行进一步识读。

坝体水平分层为 8m 一层，图中标注了每层的分缝线高程，坝体上下游均采用 50cm 厚砂浆砌混凝土预制块，内部采用细石混凝土砌块石。坝底高程 148.00m，坝底宽度 15.2m，坝底设混凝土垫层。

图 2.25（b）是非溢流坝段典型断面图，该图各处的不同信息主要有坝顶宽度 3m，上游设 60cm 宽的防浪墙，防浪墙顶高程 191.70m，材料为 C20 钢筋混凝土，坝顶路面为 20cm 厚的混凝土路面。

控制拱坝形式的主要参数有拱弧的半径、中心角、圆弧中心沿高程的迹线和拱厚。在图 2.25（a）和图 2.25（b）中这些信息全部没有反应出来，图 2.25（c）给出了大家所需要的主要控制信息，图 2.25（c）标注各高程左右拱冠梁的曲率半径，并在说明中给出了各参数方程，可计算出需要的所有参数。

2.2.4 细部构造

2.2.4.1 重力坝的分缝

1. 横缝

横缝垂直于坝轴线，主要是为了减小沿坝轴方向的温度应力及自重引起的不均匀沉降，适应地基变形和适应施工浇筑能力等条件而设立的，横缝有永久横缝和临时横缝两种。

永久横缝经常做成竖直平面，不设键槽，表面不凿毛，缝内不灌浆，以使各坝段独立工作。横缝设有止水，中低坝一般只设金属止水片或橡胶止水片，中坝一般在金属止水片后设置橡胶或氯丁橡胶、雨水膨胀橡胶等材料的止水片，高坝在止水片后还设置排水井或检查井，如图 2.26 所示。

临时横缝因施工和温控需要而设置，在大坝充分降温收缩后，对横缝做灌浆处理，使大坝连成一整体，主要用于河谷狭窄、岸坡陡峭的情况，在软弱破碎带或强震区的坝体也使用临时横缝，将坝体凝结成整体，可增加坝体的刚度，提高抗震性能。临时横缝一般设有键槽和灌浆系统，如图 2.27 所示。

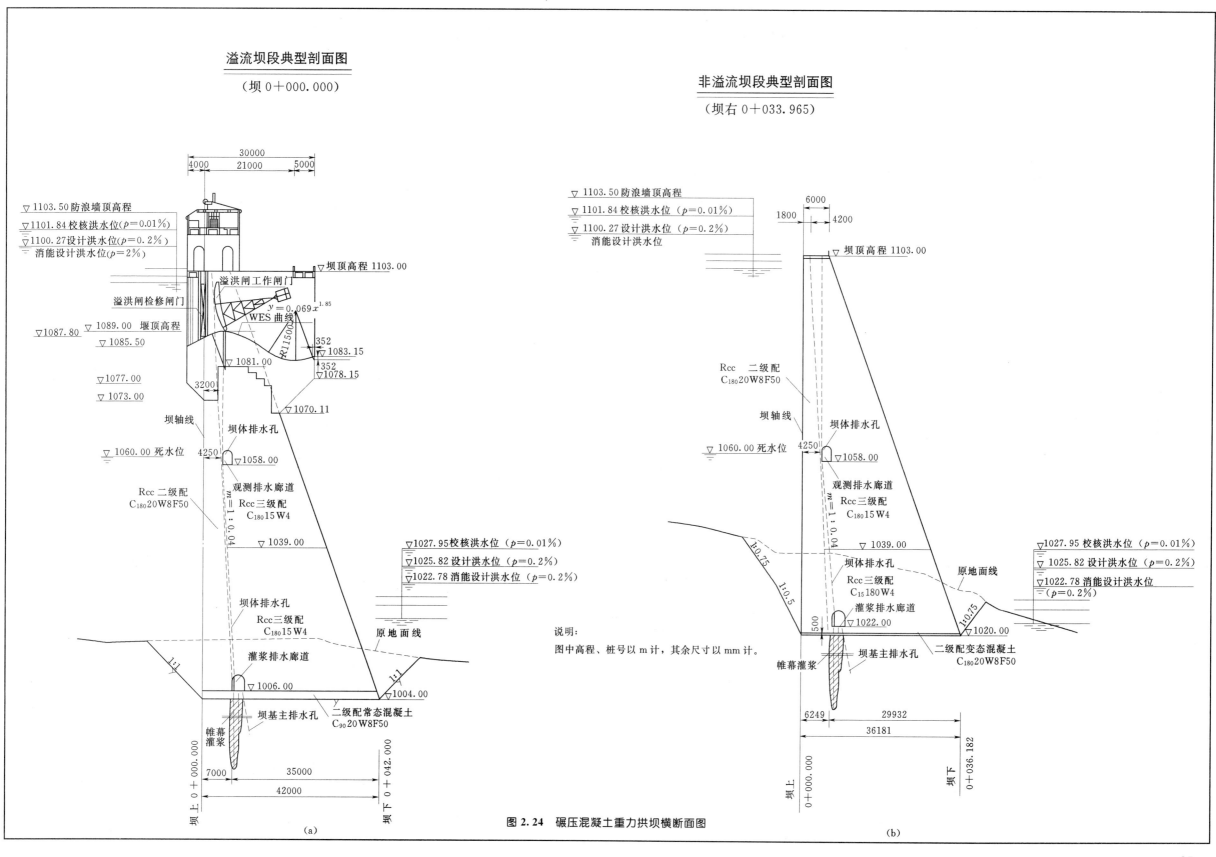

溢流坝段典型剖面图

（坝 0+000.000）

非溢流坝段典型剖面图

（坝右 0+033.965）

说明：

图中高程、桩号以 m 计，其余尺寸以 mm 计。

图 2.24 碾压混凝土重力拱坝横断面图

(a)　　　　　　　　　　　　(b)

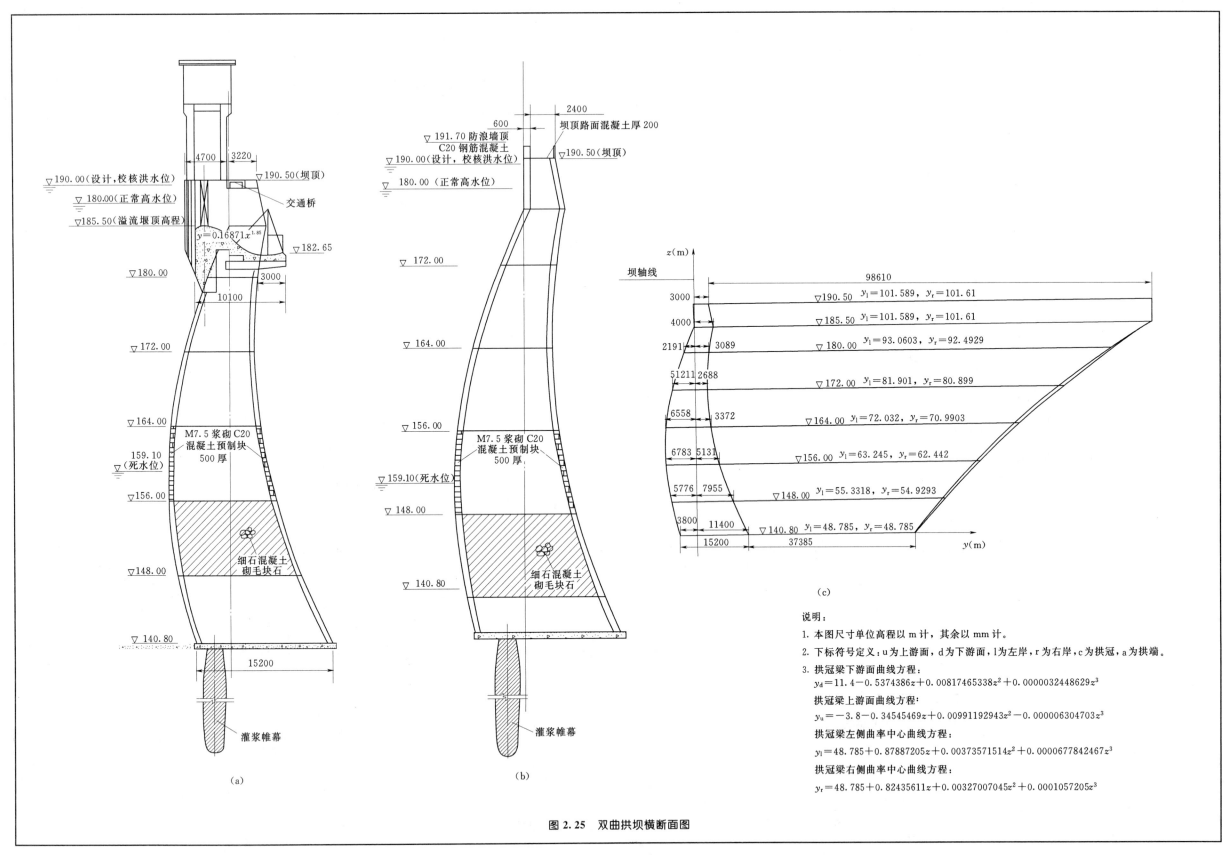

图 2.25 双曲拱坝横断面图

说明:
1. 本图尺寸单位高程以 m 计,其余以 mm 计。
2. 下标符号定义:u 为上游面,d 为下游面,l 为左岸,r 为右岸,c 为拱冠,a 为拱端。
3. 拱冠梁下游面曲线方程:
$$y_d=11.4-0.5374386z+0.00817465338z^2+0.0000032448629z^3$$
拱冠梁上游面曲线方程:
$$y_u=-3.8-0.34545469z+0.00991192943z^2-0.000006304703z^3$$
拱冠梁左侧曲率中心曲线方程:
$$y_l=48.785+0.87887205z+0.00373571514z^2+0.0000677842467z^3$$
拱冠梁右侧曲率中心曲线方程:
$$y_r=48.785+0.82435611z+0.00327007045z^2+0.0001057205z^3$$

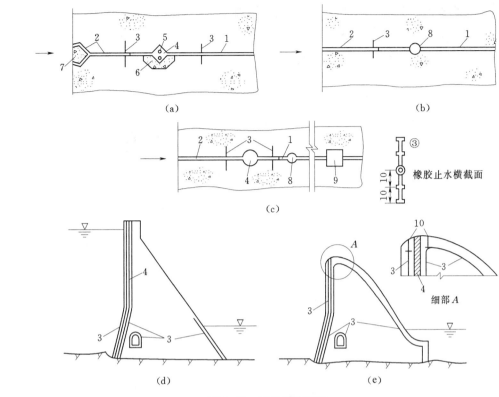

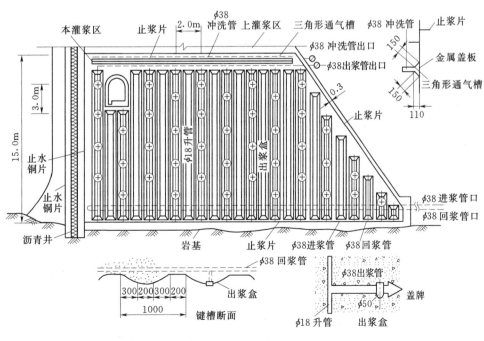

图 2.26 永久缝的构造

1—横缝；2—横缝填充物；3—止水片；4—沥青井；5—加热电极；6—预制块；
7—钢筋混凝土塞；8—排水井；9—检查井；10—闸门底槛预埋件

图 2.27 临时缝键槽和灌浆系统布置

2. 纵缝

为了减少施工期顺河方向的温度应力，并适应混凝土的浇筑能力，在平行坝轴线方向设置纵缝，待温度降到稳定温度后再进行接缝灌浆。纵缝分为铅直纵缝、斜缝和错缝三种，如图 2.28 所示。

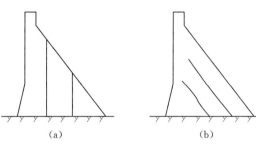

图 2.28 纵缝的形式

（a）铅直纵缝；（b）斜缝；（c）错缝

2.2.4.2 重力坝的坝体排水及廊道

一般在靠近混凝土坝体上游部位，大坝防渗体下游一侧设置排水管幕，排水管一般采用钻机钻孔或预制无砂混凝土管，渗水由排水管进入廊道，然后从廊道汇入集水井，经排水管自流或泵抽排至坝体下游，如图 2.29 所示。

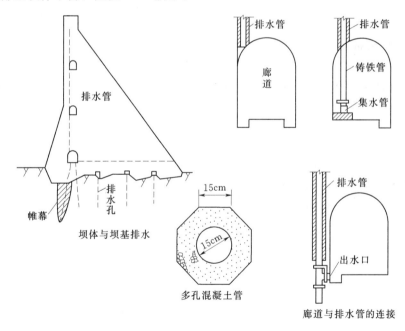

图 2.29 坝体排水管设置图

为了满足灌浆、排水、观测、检查和交通等要求，需要在坝体内设置不同用途的廊道，廊道的设置一般主要给出断面尺寸和地板高程，其作用和用途一般采用文字标注在图纸中详细给出，如图 2.30 所示。

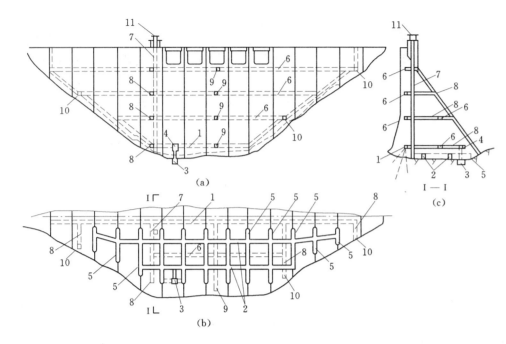

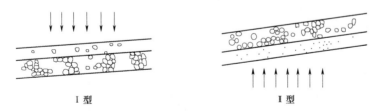

管由纵向和横向排水带组成，当渗流量较大可敷设排水管，如图2.32（d）所示。

（4）在实际工程中常根据具体情况将集中不同形式的排水方式组合使用，以兼取各种形式的优点，如图2.33所示。

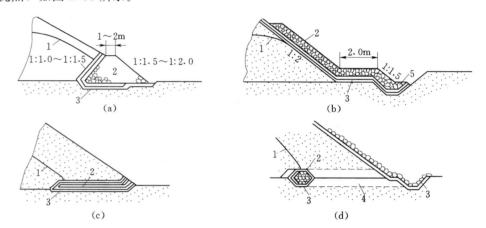

图 2.32　排水类型图

（a）棱体排水；（b）贴坡排水；（c）褥垫式排水；（d）管式排水

1—浸润线；2—排水；3—反滤层；4—横向排水带或排水管；5—排水沟

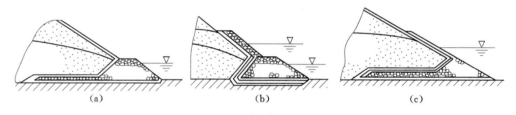

图 2.33　综合式排水

（a）褥垫＋棱体；（b）贴坡＋棱体；（c）褥垫＋贴坡

图 2.30　坝内廊道布置图

1—灌浆排水廊道；2—基面排水廊道；3—集水井；4—水泵室；5—横向排水廊道；6—检查廊道；

7—电梯井；8—交通廊道；9—观测廊道；10—进出口；11—电梯塔

2.2.4.3　土石坝的防渗体结构

1. 土质防渗体

土质防渗体的主要结构为心墙、斜墙和斜心墙，土质防渗体与坝壳之间都设有反滤层，反滤层根据其工作条件可分为Ⅰ型反滤层和Ⅱ型反滤层，反滤层一般有1~3层级配均匀，耐风化的砂、砾石、卵石或碎石构成，每层粒径随渗流方向而增大，如图2.31所示。

图 2.31　反滤层布置图

2. 土石坝坝体排水

坝体排水有以下几种排水方式。

（1）棱体排水。又称为滤水坝趾，是在下游坝脚处用块石堆砌成棱体，如图2.32所示。

（2）贴坡排水。又称为表面排水，是用一层或两层堆石或砌石加反滤层直接铺设在下游坝坡表面，不深入坝体的一种排水设施，如图2.32（b）所示。

（3）坝内排水。包括褥垫排水层、网状排水带、排水管、竖井排水体等。褥垫排水层是沿坝基平面平铺的由块石组成的水平排水层，外包反滤层，如图2.32（c）所示；网状排水

3. 土石坝的坝顶和护坡

坝顶可采用碎石、砌石、沥青或混凝土路面，坝顶上游侧设防浪墙，防浪墙底与坝体中的防渗体紧密连接，如图2.34所示。

上游护坡常用的形式是堆石或砌石，也可采用沥青混凝土、素混凝土或钢筋混凝土护坡。混凝土护坡应保留必要的缝隙或设置排水孔，如图2.35所示。

下游坝面通常采用干砌石、碎石或砾石护坡，其后适宜的地区也可采用草皮护坡。除砌石或堆石护坡外下游坝面要设置排水系统，如图2.35所示。

4. 面板堆石坝细部结构

面板堆石坝在坝顶一般设置L形或U形防浪墙。

趾板是混凝土面板堆石坝表面防渗体系与地基防渗体系的连接构件，其主要作用是防渗。趾板既是基础灌浆的工作平台，也是周边缝的依托，因此其作用是很特殊的。趾板的特殊地位决定了趾板的设计涉及的因素很多，如图2.36所示。

趾板结构尺寸，包括3个重要参数为趾板宽度、趾板厚度、翘头尺寸。

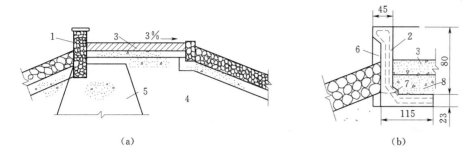

图 2.34　土石坝坝顶结构图（单位：cm）

（a）坝顶路面和浆砌石防浪墙；（b）钢筋混凝土防浪墙

1—浆砌石防浪墙；2—钢筋混凝土防浪墙；3—坝顶路面；4—砂砾坝壳；

5—心墙；6—方柱；7—排水管；8—回填土

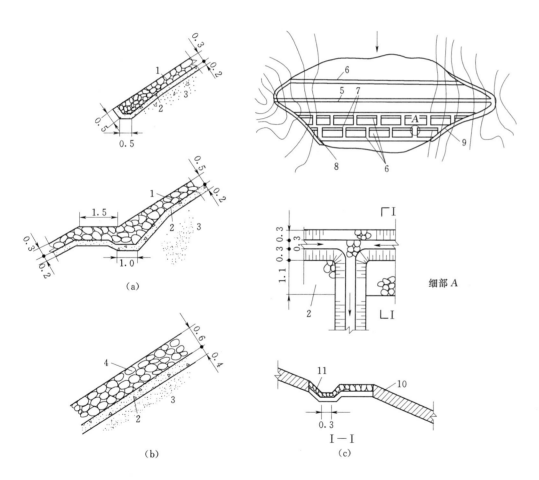

图 2.35　砌石、堆石护坡及坝坡排水

（a）砌石护坡；（b）堆石护坡；（c）坝坡排水

1—干砌石；2—垫层；3—坝体；4—堆石；5—坝顶；6—马道；7—纵向排水沟；8—横向排水沟；

9—岸坡排水沟；10—草皮护坡；11—浆砌石排水沟

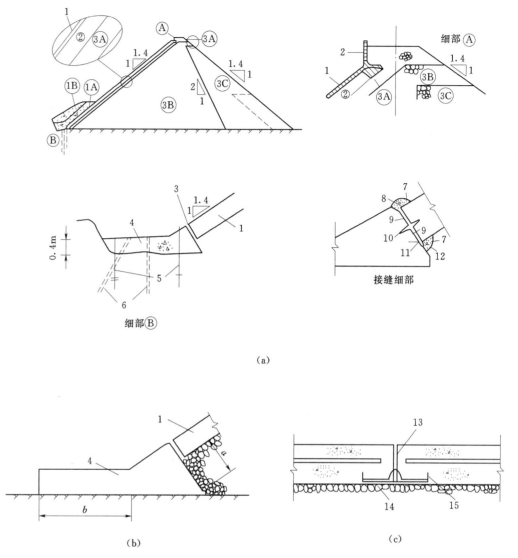

图 2.36　堆石面板坝剖面及主要构造图

（a）趾板与面板的连接；（b）趾板；（c）面板

1—面板；2—防浪墙；3—接缝；4—趾板；5—锚杆；6—帷幕灌浆孔；7—聚氯乙烯条带；

8—沥青马蹄脂填料；9—可压缩填料；10—聚氯乙烯止水；11—止水铜片；

12—沥青砂填料；13—沥青等防渗黏合剂；14—油毡；15—W形止水

习　题

根据以上所学内容，练习阅读以下图形，并说出图中的相关信息。

1. 干流导流平面布置图（图 2.37）。

2. 干流坝体填筑剖面图（图 2.38）。

3. 碾压混凝土重力拱坝上游立视图（图 2.39）。

4. 大坝典型剖面图（图 2.40）。

干流导流平面布置图

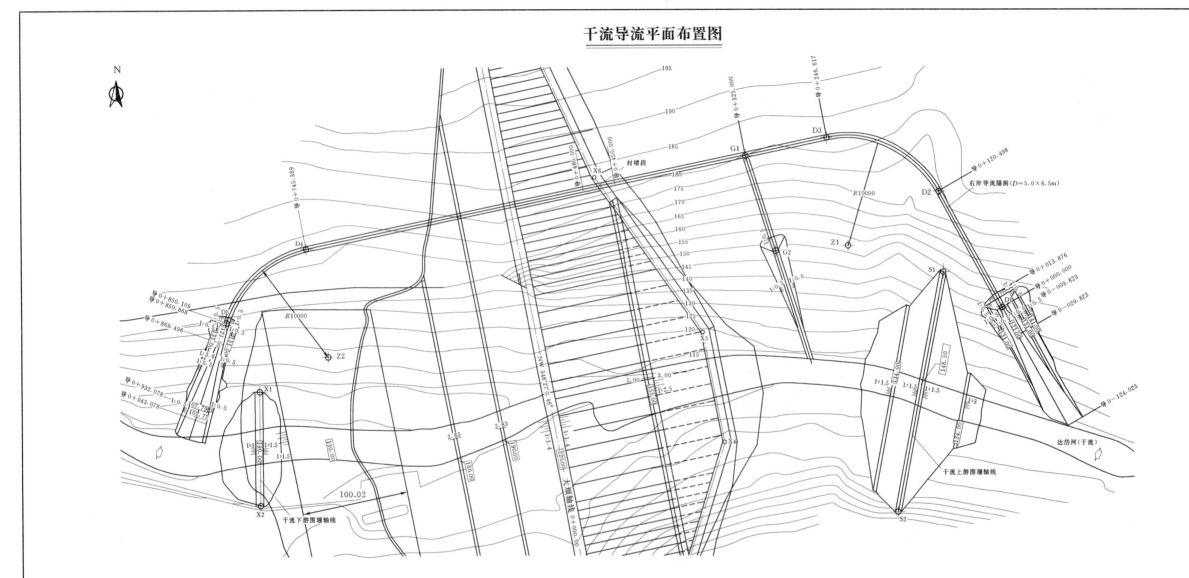

图 2.37 干流导流平面布置图

导流洞设计特性表

名称	序号	项目	单位	数量
导流洞	1	导流洞设计洪水标准	%	10
	2	导流设计流量	m³/s	450
	3	导流时段	—	枯水期
	4	导流建筑物等级	级	4
	5	断面形式		圆拱直墙形
	6	洞身总长度	m	850.668
	7	过水断面尺寸（直径）	m	5×6.5
	8	进水塔高度	m	30
	9	进口段衬砌长度	m	20
	10	出口段衬砌长度	m	61.8
	11	进口底板高程	m	121.00
	12	出口底板高程	m	115.00
	13	隧洞底坡	‰	7.053

控制点坐标表

控制点	x(E)	y(N)	备注
D1	1286493.9869	311236.6341	导流洞轴线
D2	1286599.0806	311177.6849	
D3	1286648.1343	311070.4465	
D4	1286548.2697	310581.7737	
D5	1286481.9425	310506.9359	
D6	1286481.4122	310506.7590	
Z1	1286550.1564	311090.4655	半径 R=100m
Z2	1286450.2946	310601.7958	半径 R=100m
S1	1286526.1342	311181.7493	上游围堰轴线
S2	1286308.1794	311138.6708	
X1	1286418.6927	310537.4457	下游围堰轴线
X2	1286315.2543	310537.9973	
G1	1285764.0577	310797.4183	干流施工支洞轴线
G2	1285677.8970	310826.2099	

导流洞施工支洞特性表

序号	项目	单位	数量	备注
1	支洞长度	m	88.5	
2	断面尺寸	m	5×6.5	
3	土石方明挖	m³	5300	
4	石方洞挖	m³	2685	
5	喷混凝土	m³	143	C20 混凝土喷 10cm 厚
6	挂网钢筋	t	6	
7	系统锚杆	根	310	Φ25，入岩 3.4m，外露 0.1m
8	长锚杆	根	20	Φ32，入岩 6.9m，外露 0.1m

导流洞工程量汇总表

序号	项目	单位	工程量	备注
1	土方明挖	万 m³	2.16	
2	石方明挖	万 m³	4.04	
3	石方洞挖	万 m³	3.44	
4	喷混凝土	m³	3152	C20 混凝土喷 10cm 厚
5	混凝土	万 m³	1.79	C20
6	毛石混凝土	m³	880	C15
7	系统锚杆	根	5343	Φ25，入岩 3.9m，外露 0.1m
8	钢支撑	t	26	进口 10m 范围内
9	插筋	根	2124	Φ25，入岩 3.0m，外露 0.5m
10	锚固钢筋	t	10	
11	钢管	m	120	Φ50，栏杆
12	固结灌浆	m	8932	入岩 3m，每排 7 孔，排距 2m
13	回填灌浆	m²	7767	
14	排水孔	m	1930	
15	BW 止水带	m	1892	
16	PVC 塑料管	m	435	
17	洞身及进出口钢筋	t	1031	

说明

1. 图中高程、桩号以 m 计，其余尺寸均以 cm 计。
2. 导流洞施工支洞位置及工程量仅供参考。
3. 本图中工程量不包括进口闸门、启闭机、下闸撤退道路等。

设计单位名称			
批准		工程名称	水工 设计
核定			施工 阶段
审查			
校核		导流平面布置图	
设计			
制图			
描图		比例	日期
设计证号		图号	

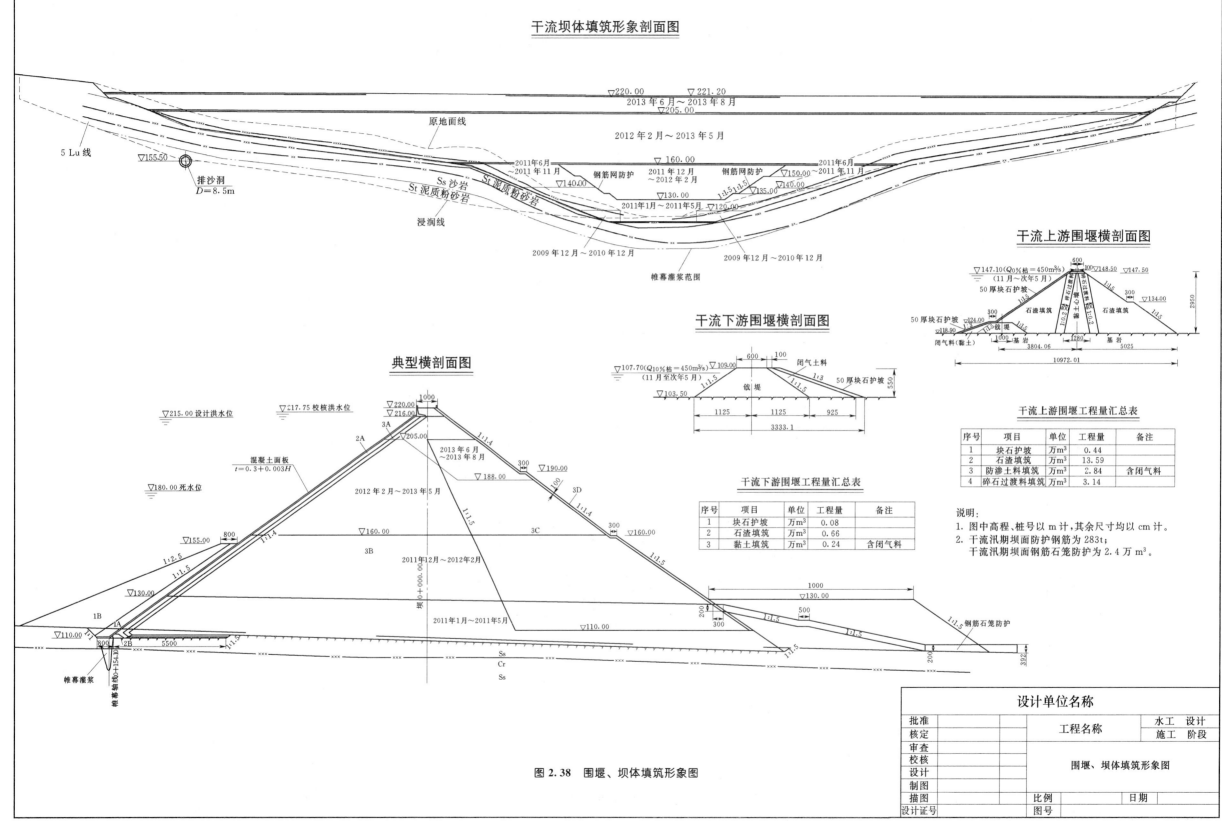

图 2.38 围堰、坝体填筑形象图

碾压混凝土重力拱坝方案上游立视图

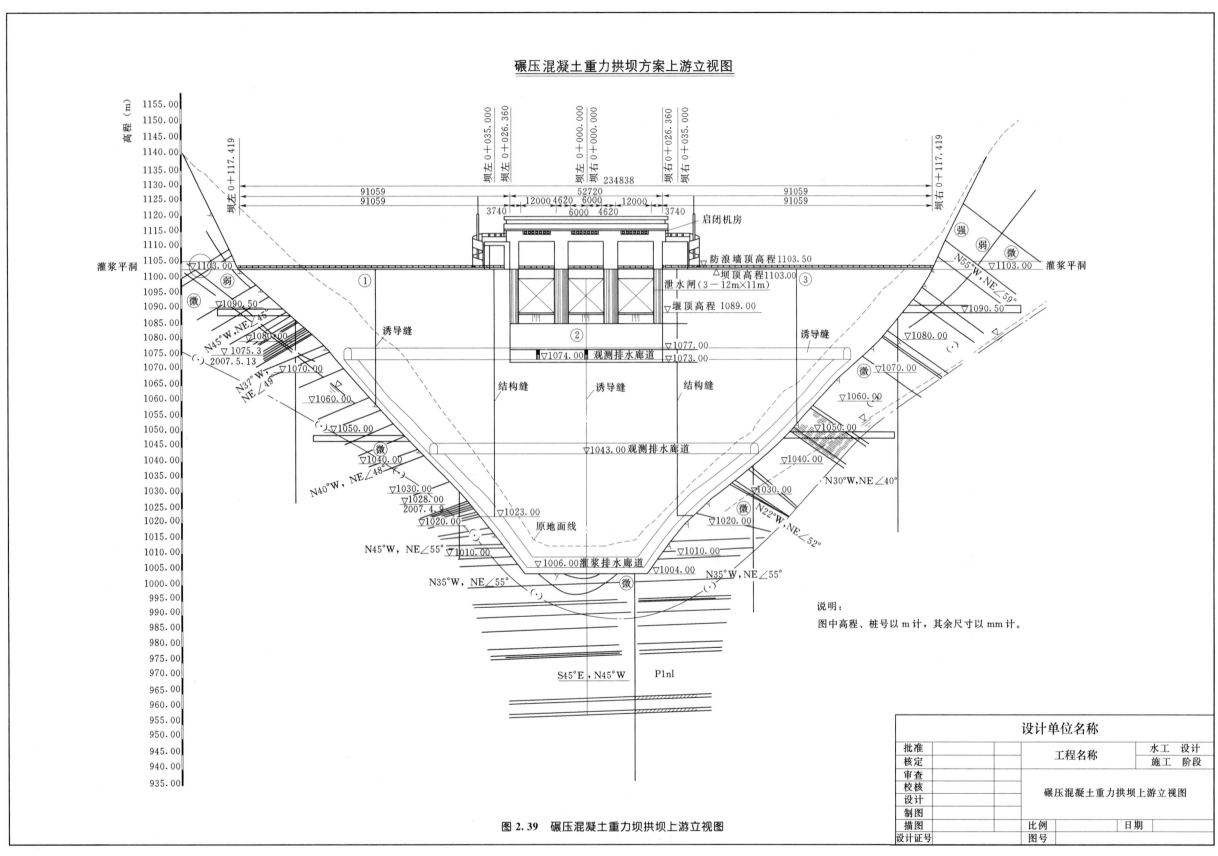

图 2.39　碾压混凝土重力坝拱坝上游立视图

说明:
图中高程、桩号以 m 计,其余尺寸以 mm 计。

设计单位名称			
批准		工程名称	水工　设计
核定			施工　阶段
审查			碾压混凝土重力拱坝上游立视图
校核			
设计			
制图			
描图		比例	日期
设计证号		图号	

溢流坝段典型剖面图

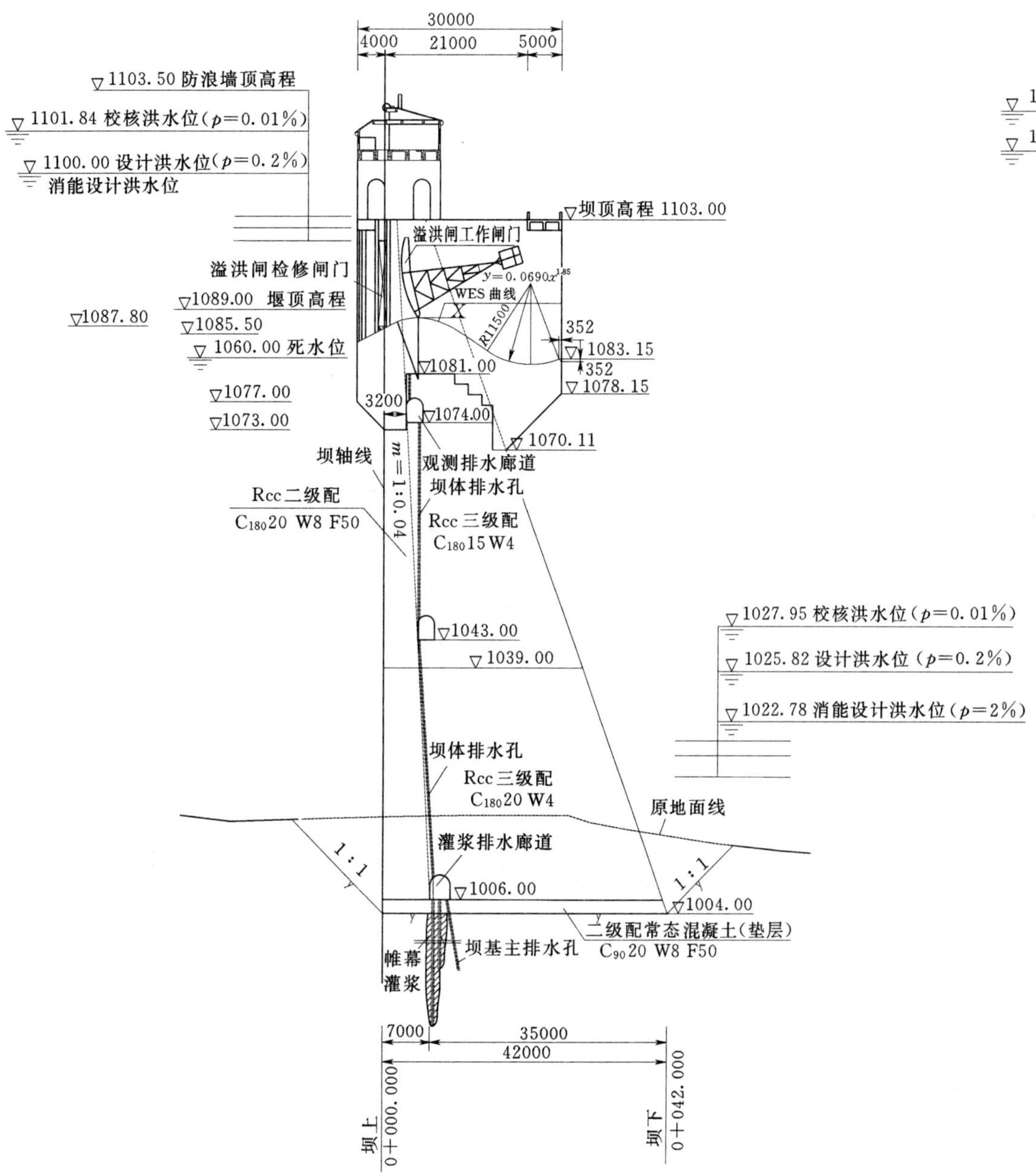

非溢流坝段典型剖面图

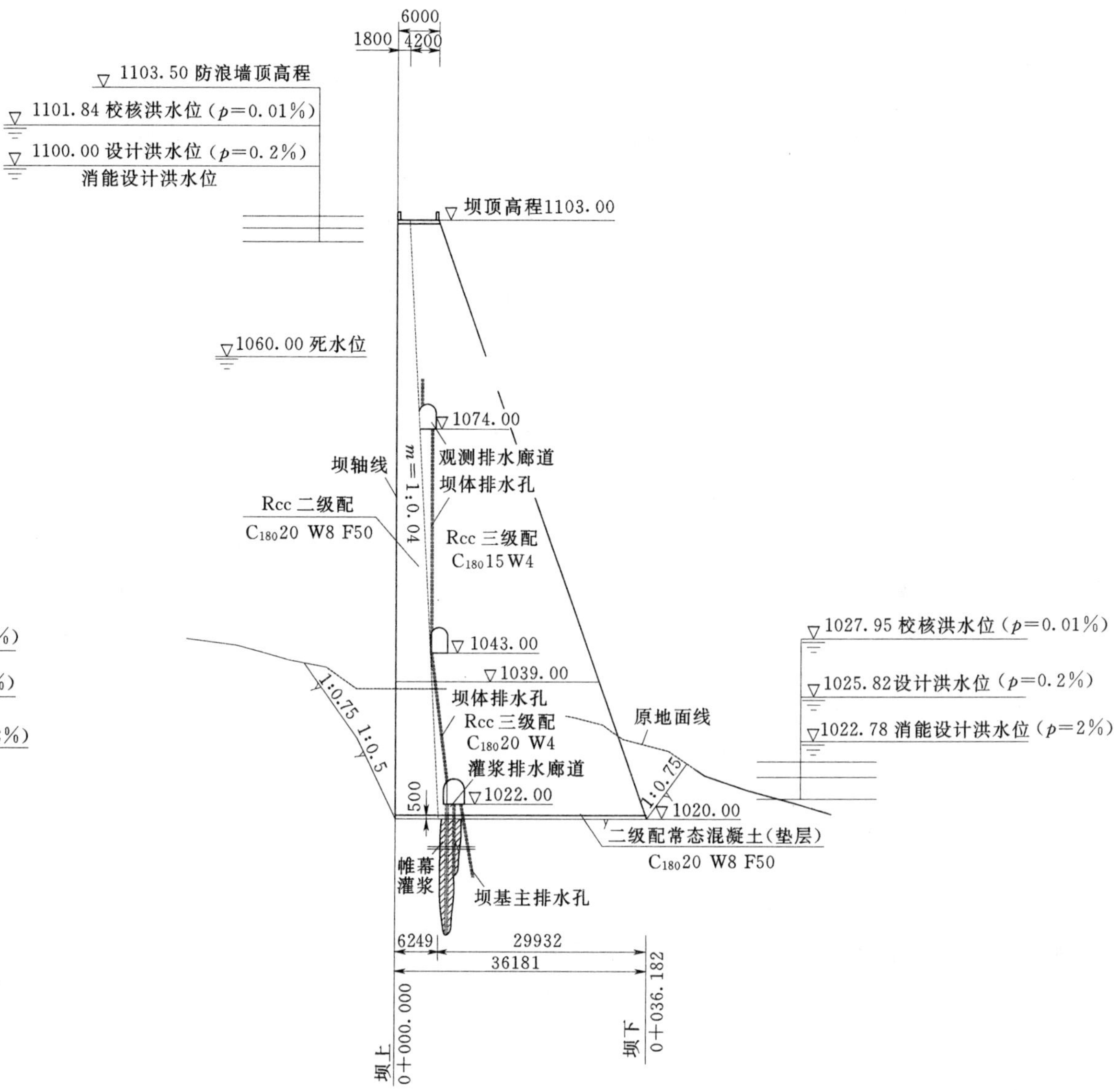

图 2.40　大坝典型剖面图

说明：
图中单位高程、桩号以 m 计，其余尺寸均以 mm 计。

设计单位名称				
批准			工程名称	水工　设计
核定				施工　阶段
审查				
校核			碾压混凝土重力拱坝典型剖面图	
设计				
制图				
描图		比例		日期
设计证号		图号		

2.3 水 闸 图 识 读

2.3.1 水闸分类、组成

1. 水闸的分类

(1) 按担负的任务（作用）分，有以下几种。

1）节制闸（拦河闸）。它用以调节上游水位，控制下泄流量。建于河道上的节制闸也称为拦河闸。

2）进水闸（渠首闸）。横隔渠道，在河、湖、水库的岸边兴建，常位于引水渠道首部，引取水流。

3）排水闸（排涝闸、泄水闸、退水闸）。它建于排水渠末端的江河沿岸堤防上，既可防止河水倒灌，又可排除洪涝渍水。当洼地内有灌溉要求时，也可关门蓄水或从江河引水。具有双向挡水，有时兼有双向过流的特点。

4）分洪闸。它在河道的一侧兴建，用以将超过下游河道安全泄量的洪水泄入湖泊、洼地等分洪区，及时削减洪峰。

5）挡潮闸。它建于河流入海河口上游地段，防止海潮倒灌。

6）冲沙闸。它在静水通航，动水冲沙，减少含沙量，防止淤积。用于排除进水闸或节制闸前淤积的泥沙，常建在进水闸一侧的河道上与节制闸并排布置，或建于引水渠内的进水闸旁。

7）排冰闸。它是在堤岸上建的闸，防止冬季冰凌堵塞。

(2) 按闸室结构分为以下几种。

1）开敞式。闸室露天，又分为有胸墙、无胸墙两种形式。

2）涵洞式。（有压、无压）闸室后部有洞身段，洞顶有填土覆盖。

(3) 按操作闸门的动力分为以下几种。

1）机械操作闸门的水闸。

2）水力操作闸门的水闸。

2. 水闸的组成及各部分的功用

如图 2.41 所示的水闸由闸室段、上游连接段和下游连接段组成。闸室是水闸的主体，设

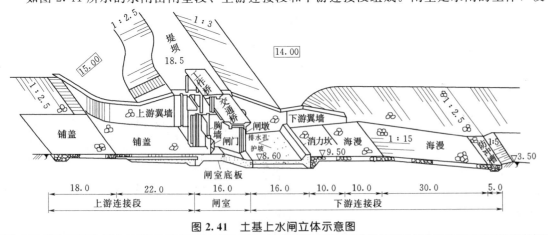

图 2.41 土基上水闸立体示意图

有底板、闸门、启闭机、闸墩、胸墙、工作桥、交通桥等。闸室分别与上、下游连接段和两岸或其他建筑物连接。闸门用来挡水和控制过闸流量，闸墩用以分隔闸孔和支承闸门、胸墙、工作桥、交通桥等。底板是闸室的基础，将闸室上部结构的重量及荷载向地基传递，兼有防渗和防冲作用。上游连接段由防冲槽、护底、铺盖、两岸翼墙和护坡组成，用以引导水流平顺地进入闸室，延长闸基及两岸的渗径长度，确保渗透水流沿两岸和闸基的抗渗稳定性。下游连接段一般由消坦、海漫、防冲槽、两岸翼墙、护坡等组成，用以引导出闸水流均匀扩散，消除水流剩余动能，防止水流对河床及岸坡的冲刷。

2.3.2 水闸平面图

水闸是一个独立的建筑物，其主要构造在闸室部分，其上游连接段和下游连接段与溢洪道结构比较相似，正槽溢洪道与一个完整的水闸几乎是一样的，我们主要对水闸的闸室段进行识图讲解。

【例 1】 如图 2.42 是某拦河闸平面图。

先从闸门进口读起，在平面图上首先找到水流标志，本图闸室轴线左侧标注了水流方向，水流从左向右流动，即左侧为闸门的进口段。

闸门上游连接段为一梯形渠道，渠道进口底部设有一条 30cm×50cm 的横向齿墙，两侧设置一 35cm×100cm 的齿墙，渠道底宽 8m，渠底高程 235.00m，两侧边坡为 1∶2.5，渠顶高程为 237.20m，渠顶宽度 2m，渠底为预制混凝土板砌护，边坡为干砌块石护坡。引渠与闸室连接处采用圆弧形翼墙连接。

闸室段底宽 8m，闸室平台顶高 238.18m，门槽宽度 70cm，深度 25cm，闸室顺水流方向长度 7.7m，在下游 2.5m 处开始变坡，坡比 1∶1.5，高程降至 234.50m。闸室顶部宽度 10.2m，交通桥长 8.79m。闸室右侧有一长 20m 的斜坡道路，坡比 1∶20，道路两侧采用 15cm×30cm 的混凝土道沿封边。

下游连接段渠道开始扩散，矩形渠道末端宽度 9m，并布置了间排距为 1m×1.5m 的排水孔，排水孔直径 5cm，该段渠道长度为 12m。通过圆弧翼墙转变成梯形断面渠道，圆弧半径为 2.61m，圆心角 88°，梯形渠道底宽 11m，两岸坡比 1∶2.5，两侧设置 0.4m×1.2m 的齿墙，全部采用干砌石防护，渠道末端设置一消能槽，消能槽上游坡比 1∶2，下游坡比为 1∶1.5。

【例 2】 如图 2.43 是某水利工程连接池上分水闸和节制闸平面布置图。

该闸室是建在某引水渠道上的建筑物，一般不设置上游连接段和下游连接段，只根据渠道的断面形式和宽度的不同采用八字墙、圆弧墙或者扭面，实现平缓过渡即可。对于枢纽工程中的溢洪道和导流建筑物闸室也属于这种形式。

该图实际表现出的闸室信息仅有闸室轴线的平面位置和闸室的长宽，节制闸的位置位于补 0+018.304 到补 0+21.784，进口段采用八字墙与原补水连接，宽度由 3.54m 缩小到 2.80m，出口段仍采用八字墙与补水连接。

分水闸也可以称为引水闸，布置在连 0+33.181 到连 0+37.181，其宽度与连接池宽度一致，所以上下游未设置连接段，闸室直接与上游连接池和下游建筑物连接。

【例 3】 如图 2.44 所示是某水利工程到引水洞闸室平面图和某工程溢洪道闸室平面图。

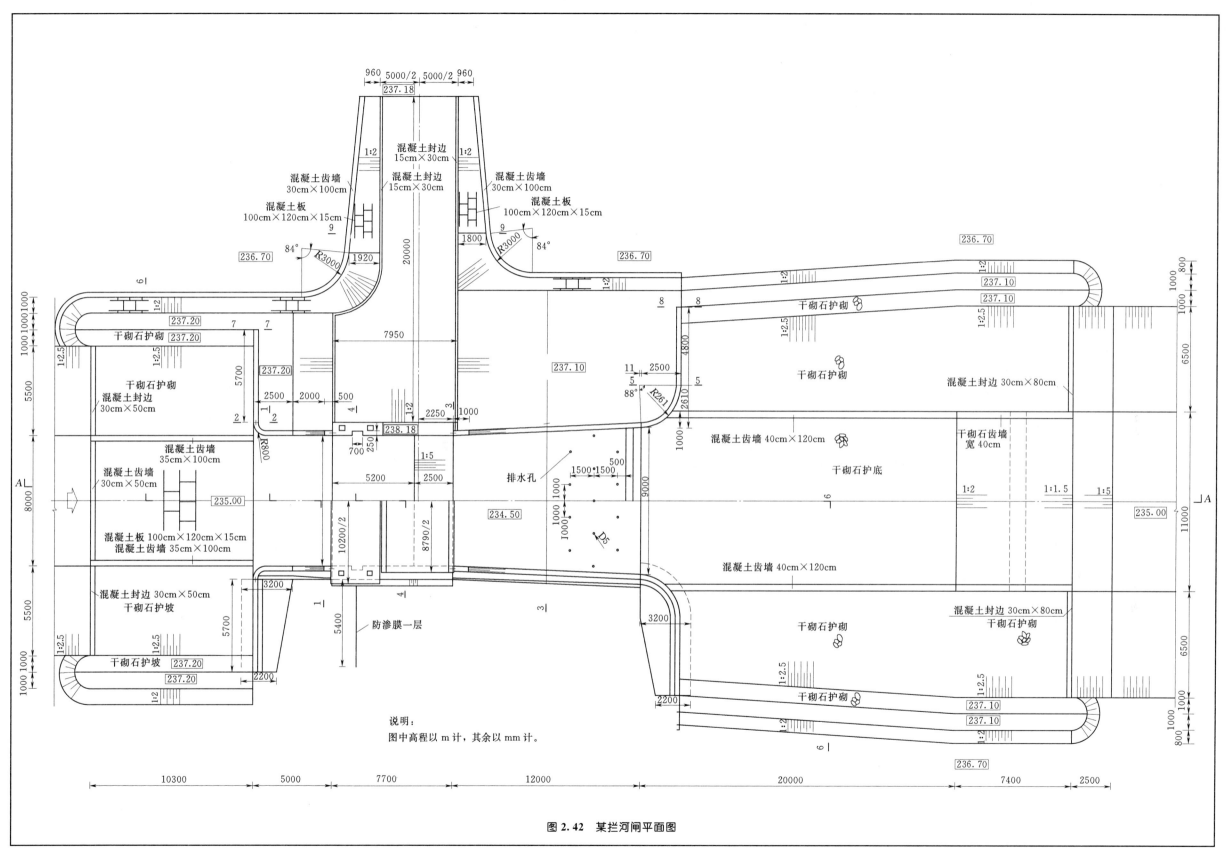

图 2.42　某拦河闸平面图

45

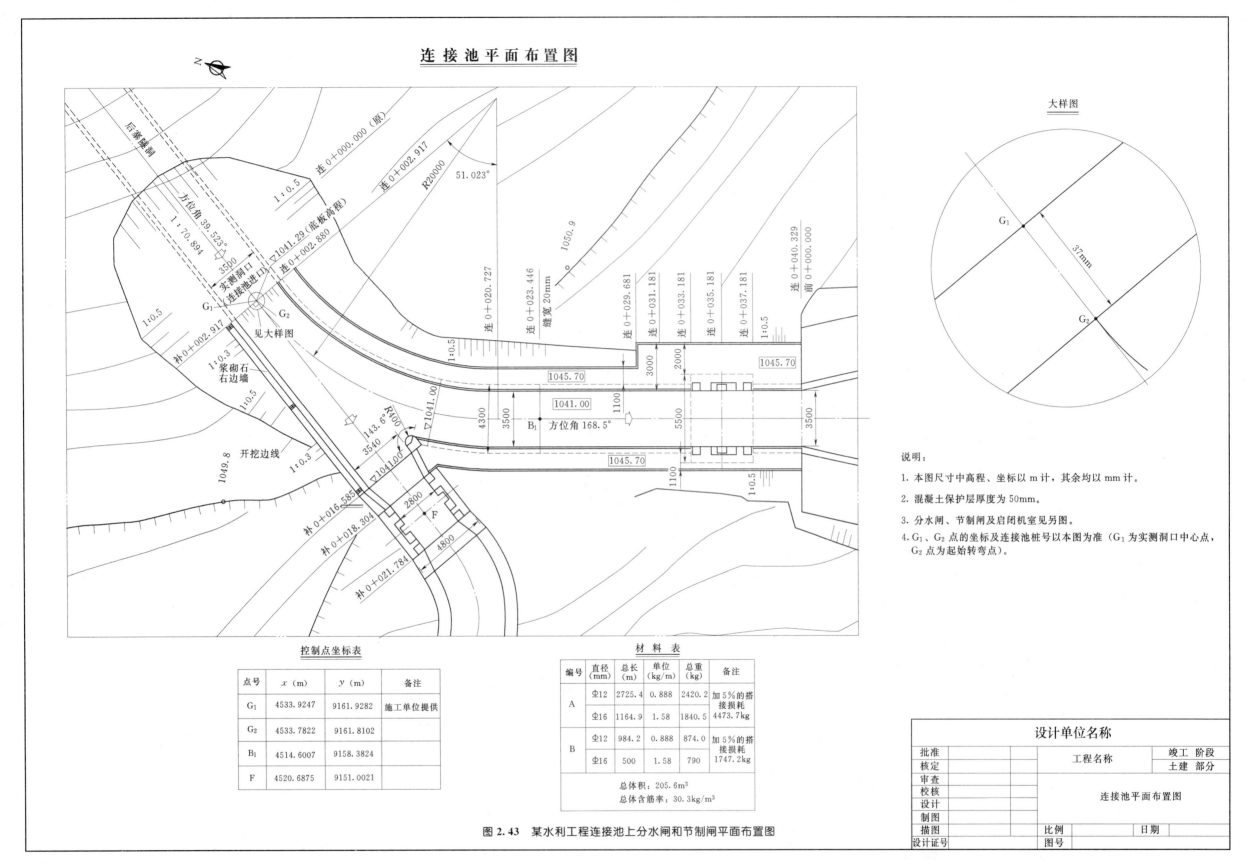

图 2.43 某水利工程连接池上分水闸和节制闸平面布置图

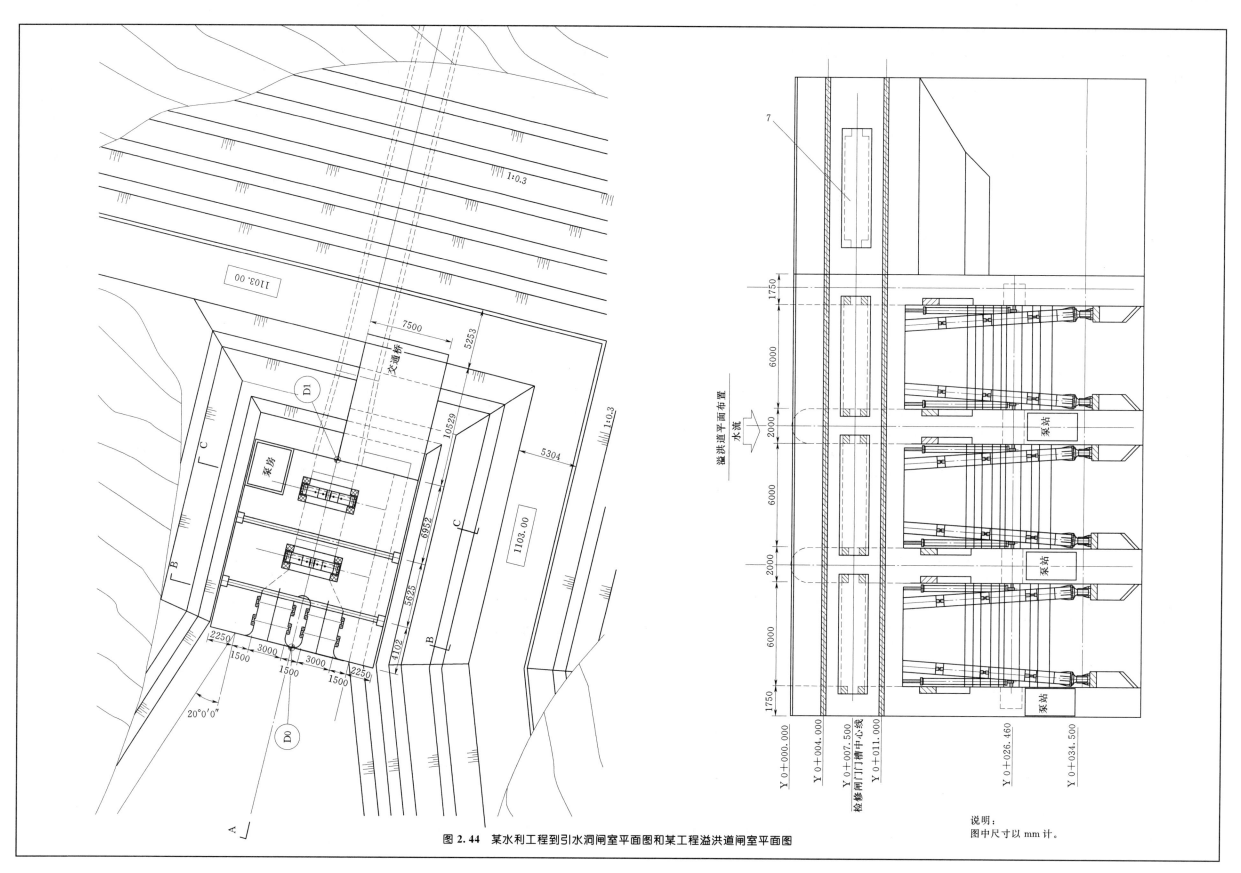

图 2.44　某水利工程到引水洞闸室平面图和某工程溢洪道闸室平面图

说明：
图中尺寸以 mm 计。

对于水利枢纽上的导流洞闸室和溢洪道闸室平面图相对比较简单，表现出的工程信息相对较少。

图 2.44（a）为导流洞进口闸室图，本图主要表现出了闸室处地形，开挖边线和开挖边坡信息，开挖边坡坡比为 1∶0.3，分级设马道，马道宽度和高程需参考其他图纸阅读。

从进口处读起，本闸室进口为两孔，孔口宽度为 4m，中、边墩宽度 2m，两进水孔长度为 5.55m，从 5.55m 处开始收缩合并成单孔，并布置了两孔闸门。另外闸室上还有两条梁，梁间距为 7.5m。

图 2.44（b）为溢洪道进口闸室图，此图只针对闸室部分绘制出了建筑物图，未涉及到地形及开挖等内容，闸室总共 3 孔，单孔宽度 12m，中墩宽度 4m，边墩宽度 3.5m，检修门槽布置在 Y0＋0007.500 处，在 0＋004.000 和 0＋011.000 处分别有一条混凝土梁，Y0＋026.460 处有一结构物，从平面上的闸门示意图看，可以认定该结构物为液压启闭机支点。弧形闸门支点在 Y0＋034.500 处。

2.3.3　水闸剖面图

水闸的形体信息主要表现在水闸的纵横断面图上，在识读水闸图纸过程中，对于复杂的闸室结构，一定要纵横断面结合，对照识读，才容易理解。

【例 4】　如图 2.45 所示是图 2.42 的纵剖面图，结合图 2.42 平面图一起识读。

在图 2.42 平面图中看到了闸室进口段首先有一道 30cm×50cm 的混凝土齿墙，在图 2.45 纵断面图中可以更进一步识读到，该齿墙宽 30cm，深 50cm，其下设置了 20cm 的砂垫层。两侧岸坡设置了 30cm×50cm 的封边混凝土，进口引渠段为梯型断面，边坡坡比为 1∶2.5，干砌石护坡，渠底防护在平面图中仅可以看到渠底防护方式为预制混凝土块防护。结合图 2.42，可以清楚地看到：渠底防护形式为三层，最底层 20cm 厚砂层，最上层为长 1.2m，宽 1m，厚 15cm 的混凝土预制板，中间一层是在混凝土预制板接缝下方铺设宽 30cm 的无纺布。从标注可以识读到引渠段长 10m，渠底高程 235.00m，渠顶高程 237.20m。

读完引渠段后，可以看到在连接段弧形翼墙底部设置一下宽 40cm，上宽 80cm，深 1.5m 的梯形齿墙，上下游对称，此连接段长度为 5m，底板厚为 60cm 的混凝土，混凝土底板下为水撼砂层，水撼砂层的厚度可以根据图纸数据计算获得（60cm），底板高程 235.00m 与引渠段相同，引水水面高程 236.60m，连接段渠顶结构结合平面图（图 2.42）识读，高程 237.20m 平台长 2.5m，斜坡段长 2m，高程 238.18m 平台长 0.5m，经过简单计算可知，该斜坡坡比约为 1∶2。

闸室段仍然设有齿墙，上游齿墙底宽 1m，顶宽 1.5m，深度为 2.5m，下游齿墙底宽 1m，顶宽 1.2m，深度 2.2m，闸室混凝土底板厚度为 1.2m，闸室底板为一变坡底板，前 5.2m 为水平底板，后 2.5m 坡比为 1∶1.5，闸门顶高 237.00m，闸室底部设有交通桥，桥宽 4m，桥梁结构为厚度 40cm 的混凝土板结构，启闭机室为混凝土框架结构，螺杆式启闭机，框架顶高 241.63m，顶宽 3.1m。

下游连接段可分为三段不同结构形式的渠道，第一段基本与上游连接区一致，该段长度为 6m，上下游设置对称齿墙，底宽 50cm，顶宽 1m，深度 1.7m，底板混凝土厚 70cm，底板高程 234.50m。第二段主要是反渗排水段，该段长度为 6m，齿墙结构形式与第一段相同，底

板厚度 60cm，底板上设置了排水孔，排水孔间距 1.5m，地板下设置了反滤层，反滤层由一层无纺布和一层 10cm 厚的砾石组成。该段边墙上也设置了一层排水孔，排水孔间距为 1.5m，设置高程通过图中数据计算为 240m，该段渠顶高程 237.10m，底板末端设置了一消能坎，消能坎高 50cm，顶宽 50cm，底宽 1m。第三段主要为扩散消能段，该段长度为 27.4m，前 3m 为防冲刷段，底板为四层防冲刷结构，从下向上依次为 50cm 厚砂垫层，无纺布一层，30cm 厚砾石一层，60cm 厚干砌石一层。接下来的 17m 为一般降坡扩散段，渠底坡比为 1∶40，底板结构为四层放冲刷结构，从下向上依次为 20cm 厚砂垫层，无纺布一层，10cm 厚砾石一层，30cm 厚干砌石一层。渠道岸坡为 1∶2.5，干砌石防护。该段剩余的 9.9m 为消能段，地板上设置一梯形坑槽，坑槽上游坡比 1∶2，下游坡比 1∶1.5，坑槽底宽 1m，深度 2m，坑内铺设无纺布一层，抛石填平，厚度为 2m。其后以 1∶5 的反坡与河道连接。

本图中其他横断面图分别代表了不同部位的水闸结构形式及详图，可结合细部结构内容在课后进行自学。

【例 5】　图 2.46 节制闸视图是图 2.43 中节制闸的侧视图和正视图，结合此节制闸的正视图和侧视图对此节制闸进行识读。

从下向上看，首先闸室的开挖高度为 1040.00m，底板一期混凝土厚度 50cm，浇筑至 1040.50m，二期混凝土厚度 50cm，底板高程 1041.00m，渠道宽度 3.5m，闸门宽度 4.28m，闸室混凝土侧墙厚度图中未标注，混凝土侧墙外为 M7.5 浆砌石梯形断面墙，左侧浆砌石墙顶宽 1m，右侧浆砌石顶宽 2m，挡墙外边坡比为 1∶0.5，挡墙高度为 2.571m＋0.743m。渠顶高程 1045.70m，渠顶部位标了一 15cm 厚的结构物，结合侧视图，可以看到这 15cm 厚的结构物为交通桥，位于闸门轴线上游 4.75m 处，渠顶以上为启闭机室结构图，本图纸闸室结构比较简单，为框架结构，闸门采用螺杆启闭机启闭，启闭机螺杆直径 6cm，框架柱截面尺寸无明确标示，可结合细部图纸识读，踏步为 250mm×167mm，踏步底板厚 10cm，在高程 1048.36m 处设一休息平台，其上部踏步标示为虚线条，说明上半部分踏步在闸室的背面，结合侧视图可清楚地看到踏步上半段和下半段分别位于闸室的上下游侧，在闸室的右侧有一平台连接踏步的上下部。平台下挑梁伸出长度为 1.2m。

启闭机室顶部为现浇混凝土梁板结构，梁断面尺寸为 0.5m×0.7m，主梁断面尺寸为 50cm×40cm，次梁断面尺寸为 50cm×30cm，混凝土板厚 10cm。

2.3.4　细部构造

水闸设计图中，一般都要对水闸的闸基及边墩和翼墙进行防渗和排水处理。防渗设施是指构成地下轮廓的铺盖、板桩及齿墙；排水设施是指铺设在护坦、海漫底部或闸板下游段起导渗反滤作用的砂砾石层，在适当部位设置排水孔。

（1）铺盖。铺盖主要用来延长渗径，应具有相对的不透水性，也要有一定的柔性，铺盖常用黏土、黏壤土或沥青混凝土做成，有时也可以用钢筋混凝土做成铺盖材料。

1）黏土和黏壤土铺盖。黏土铺盖与底板连接处为一薄弱部位，通常在该处将铺盖加厚，将底板做成倾斜面，使黏土与地板紧黏。在连接处铺设油毛毡等止水材料，一端固定在斜面上，另一端埋入黏土中。为了防止铺盖在施工中受到破坏和运行期间被水冲刷，在其表面铺设砂层，然后在砂层上铺设块石护面，如图 2.47 所示。

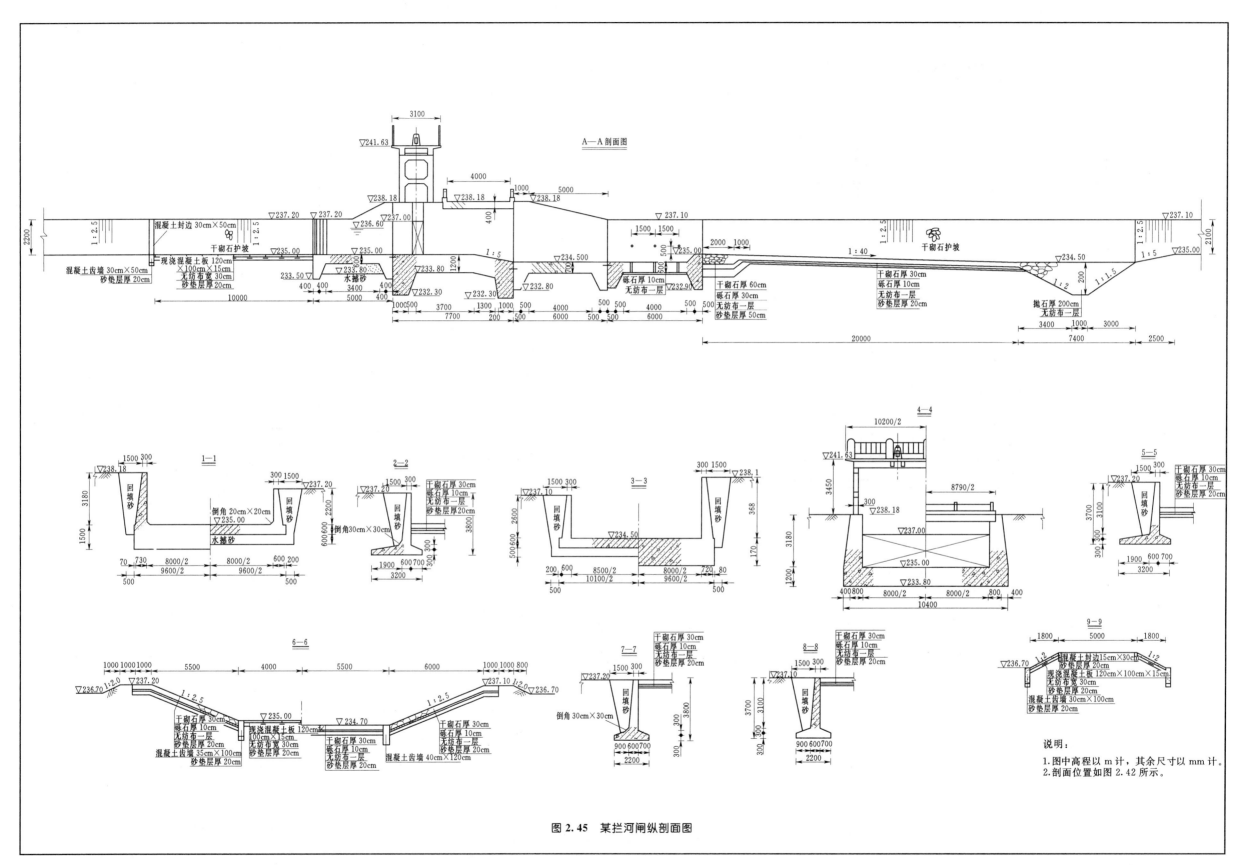

图 2.45 某拦河闸纵剖面图

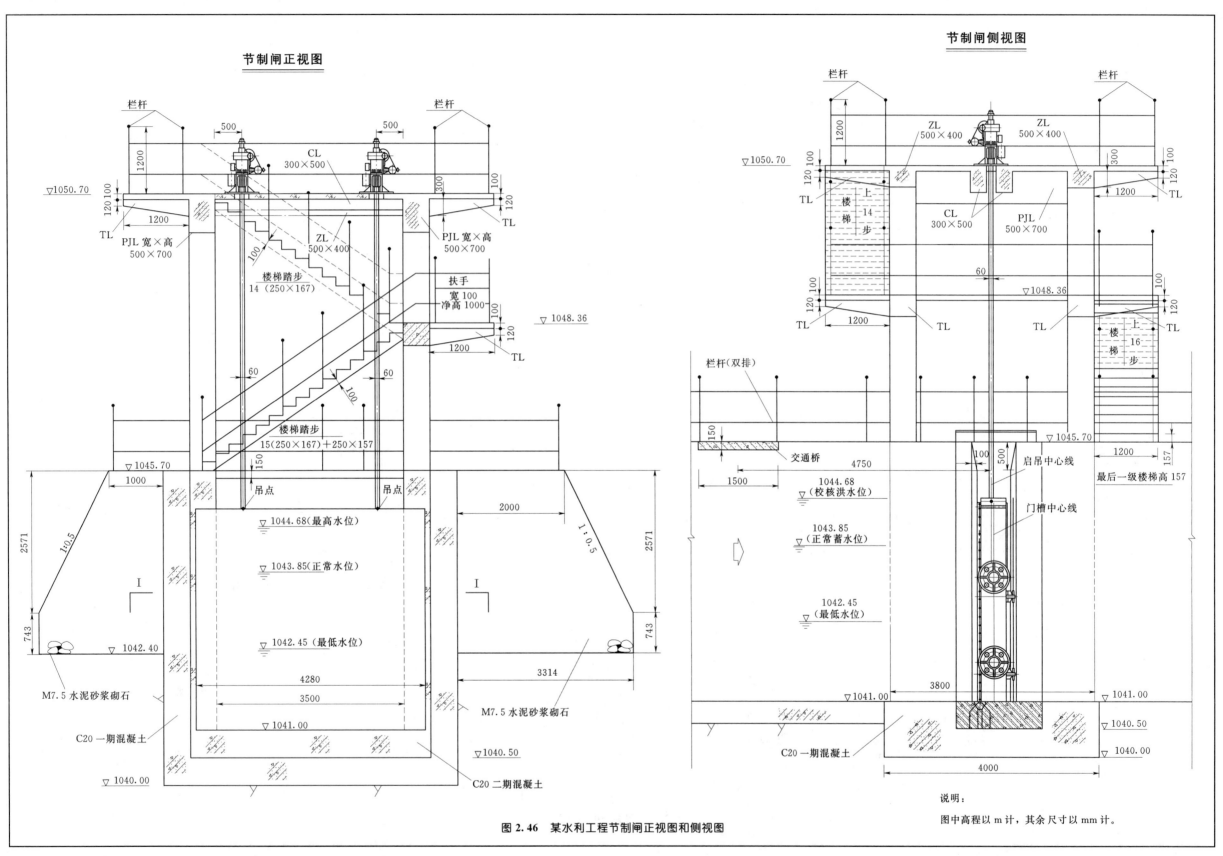

图 2.46　某水利工程节制闸正视图和侧视图

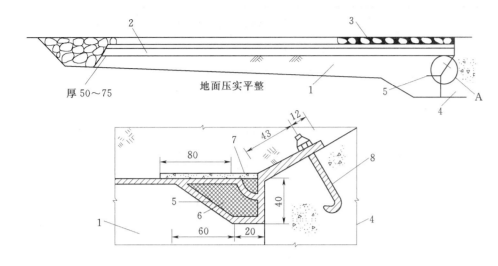

图 2.47 黏土铺盖的细部构造（单位：cm）

1—黏土铺盖；2—垫层；3—浆砌石（或混凝土）保护层；4—闸室底板；5—沥青麻袋；
6—沥青填料；7—木盖板；8—斜面上螺栓

2）沥青混凝土铺盖。在缺少适宜做铺盖的黏性土料的地区，可采用沥青混凝土铺盖，沥青混凝土与地板连接处一般采用加厚处理，接缝为搭接形式。为提高铺盖与混凝土的黏结力，首先在地板上涂一层沥青乳胶，然后再涂一层较厚的纯沥青，最后上面再铺设沥青铺盖，沥青混凝土铺盖不分缝。

3）钢筋混凝土铺盖。当缺少以黏性土料或需要铺盖兼做阻滑板时采用钢筋混凝土铺盖。钢筋混凝土铺盖在顺水流方向和垂直水流方向均设置沉降缝，并设止水。在利用铺盖兼做阻滑板时，铺盖与闸室底板接缝处设置有铰接轴向受拉筋，如图 2.48 所示。

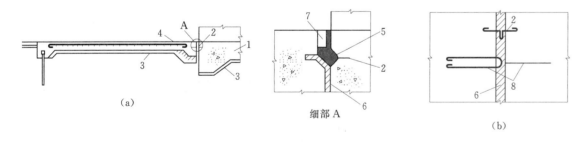

图 2.48 钢筋混凝土铺盖

1—闸底板；2—止水片；3—混凝土垫层；4—钢筋混凝土铺盖；5—沥青马琋脂；
6—油毛毡两层；7—水泥砂浆；8—铰接钢筋

（2）板桩。板桩在我国较少使用，板桩与闸室的连接有两种形式：一是把板桩紧靠底板前缘，顶部嵌入黏土铺盖一定深度，如图 2.49（a）；另一种是把板桩顶部嵌入底板特设的凹槽内，如图 2.49（b）所示。

（3）排水及反滤层。排水及反滤层设置在护坦和海漫部位，其结构形式和土石坝排水和反滤基本一致。

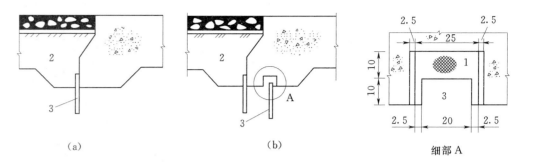

图 2.49 板状与地板的连接（单位：cm）

1—沥青；2—铺盖；3—板桩

2.3.5 水闸的消能防冲

1. 消力池

平原水闸水头较低，一般采用底流式消能，其消力池结构主要参数为池长、池宽、池深、尾坎、消力墩等。

2. 海漫

海漫的作用是消除消力池未消除完的余能。按结构形式海漫主要有以下几种：

（1）干砌石海漫。常用在海漫后段。

（2）浆砌石海漫。浆砌石内设置排水孔，下面设置反滤层及垫层。

（3）混凝土板海漫。混凝土板上设有排水孔，下面设置反滤层及垫层，有时为了增加混凝土表面糙率，可采用斜面式或城垛式混凝土块体。

（4）钢筋混凝土板海漫。钢筋混凝土板上设有排水孔，下面设置反滤层及垫层。

（5）其他形式海漫。如铅丝块石笼海漫等。

3. 防冲槽

防冲槽位于海漫的末端以保护海漫，常见形式有堆石体、齿墙、板桩、沉井等形式。

2.3.6 水闸与两岸的连接建筑物

1. 边墩和岸墙

建在较为坚实的地基上，高度不大的水闸，可用边墩直接与两岸坡或土坝连接。边墩与闸室底板的连接可以是整体式也可以是分离式，边墩可以做成重力式、悬臂式或扶壁式。重力式常采用混凝土或浆砌石材料，扶壁式常采用钢筋混凝土材料，扶壁之间的空腔采用土石料回填。

若闸身较高且地基软弱，在边墩背后设置岸墙，边墩与岸墙之间用沉降缝分开，缝中设置止水。岸墙形式可以是悬臂式、扶壁式或箱式，如图 2.50 所示。

2. 翼墙

根据地质条件，翼墙可以做成重力式、悬臂式、扶壁式，或空箱式等形式，常用的翼墙布置形式有以下几种。

（1）反翼墙。翼墙向上下游延伸一端距离后，转弯 90°插入河岸，向上游延伸至铺盖，如

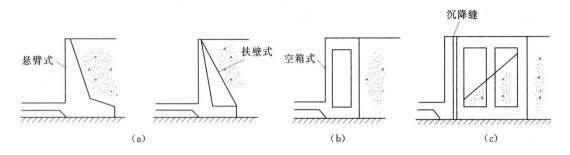

图 2.50 边墩常用结构形式

图 2.51（a）所示。

（2）圆弧式或曲线式翼墙。翼墙从边墩开始，向上下游用圆弧或 1/4 椭圆弧的铅直面与岸边连接，如图 2.51（b）所示。

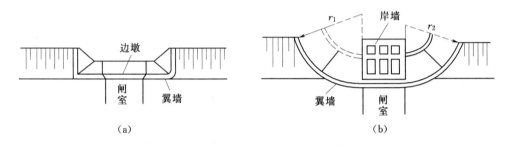

图 2.51 反翼墙和圆弧（或曲线）式翼墙

（3）扭面式翼墙。从边墩端部的铅直面开始，向上下游延伸渐变为与其相连的河岸或渠道坡度为止，将翼墙做成扭面，如图 2.52 所示。

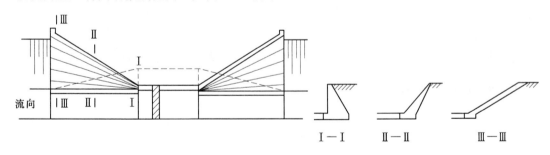

图 2.52 扭面式翼墙

3. 刺墙

当侧向防渗长度难以满足要求时，在边墩后设置插入边坡的防渗刺墙，以达到延长渗径，降低渗流梯度。刺墙一般采用混凝土结构，多采用矩形断面。

习　　题

根据以上学习内容，练习阅读以下图形。

分层式取水闸剖面图（图 2.53）。

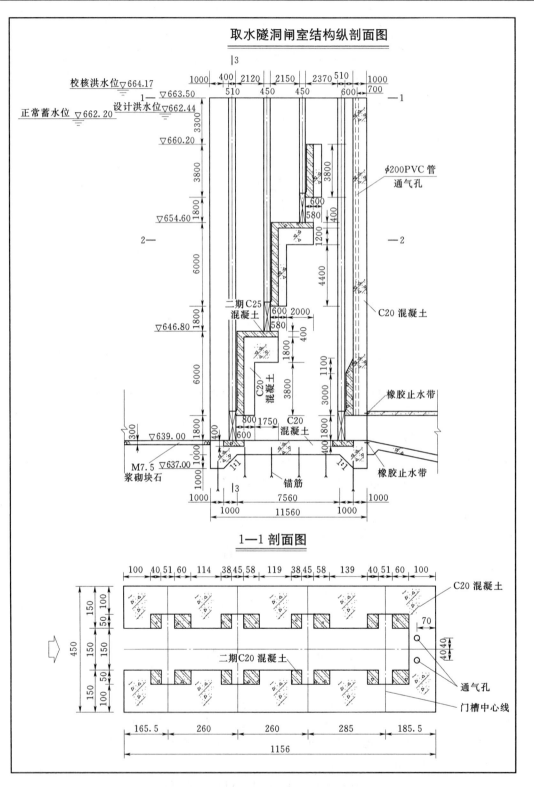

图 2.53　分层式取水闸剖面图（一）

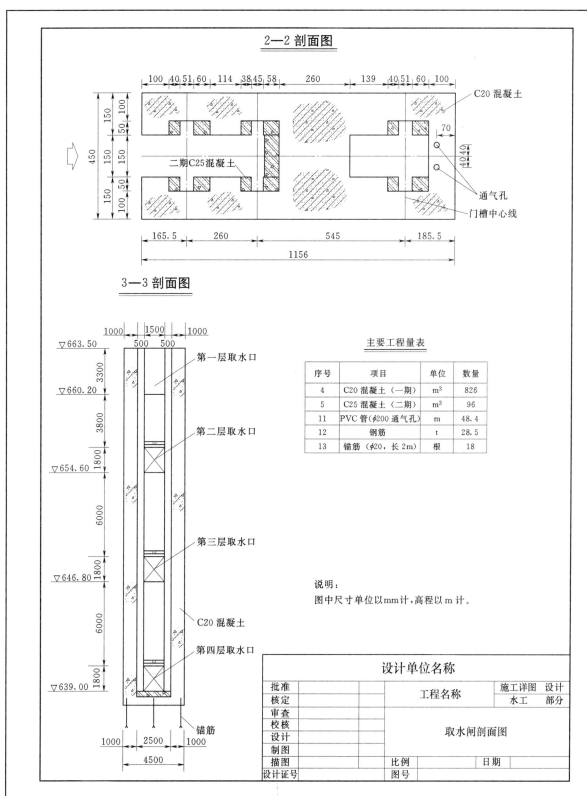

2—2 剖面图

C20 混凝土

二期C25混凝土

通气孔

门槽中心线

3—3 剖面图

▽663.50
▽660.20
▽654.60
▽646.80
▽639.00

第一层取水口
第二层取水口
第三层取水口
C20 混凝土
第四层取水口
锚筋

主要工程量表

序号	项目	单位	数量
4	C20 混凝土（一期）	m³	826
5	C25 混凝土（二期）	m³	96
11	PVC 管（φ200 通气孔）	m	48.4
12	钢筋	t	28.5
13	锚筋（φ20，长 2m）	根	18

说明：
图中尺寸单位以mm计，高程以m计。

设计单位名称				
批准		工程名称	施工详图	设计
核定			水工	部分
审查				
校核		取水闸剖面图		
设计				
制图				
描图		比例		日期
设计证号		图号		

图 2.53　分层式取水闸剖面图（二）

2.4　溢洪道图识读

2.4.1　溢洪道分类

溢洪道按泄洪标准和运用情况，分为正常溢洪道和非常溢洪道。前者用以宣泄设计洪水，后者用于宣泄非常洪水。按其所在位置，分为河床式溢洪道和岸边溢洪道。河床式溢洪道经由坝身溢洪，多为混凝土坝使用，岸边溢洪道为土石坝使用。

1. 岸边溢洪道

岸边溢洪道按结构形式可分为以下几种。

（1）正槽溢洪道。如图 2.54 所示，泄槽与溢流堰正交，过堰水流与泄槽轴线方向一致，是应用最广的形式。

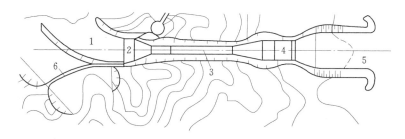

图 2.54　正槽溢洪道
1—引水渠；2—溢流堰；3—泄槽；4—出口消能段；5—尾水渠；6—非常溢洪道

（2）侧槽溢洪道。如图 2.55 所示，溢洪道的泄槽与溢流堰轴线接近平行，水流过堰后，在侧槽段的极短距离内转弯约 90°，再经泄槽或斜井、隧洞泄入下游。

（3）井式溢洪道。洪水流过环形溢流堰，经竖井和隧洞泄入下游，如图 2.56 所示。

（4）虹吸溢洪道。利用虹吸作用泄水，水流出虹吸管后，经泄槽流向下游，可建在岸边，也可建在坝内，如图 2.57 所示。

岸边溢洪道通常由进水渠、控制段、泄水段、消能段组成。进水渠起进水与调整水流的作用。控制段常用实用堰或宽顶堰，堰顶可设或不设闸门。泄水段有泄槽和隧洞两种形式。为保护泄槽免遭冲刷和岩石不被风化，一般都用混凝土衬砌。消能段多用挑流消能或水跃消能。当下泄水流不能直接归入原河道时，还需另设尾水渠，以便与下游河道妥善衔接。

溢洪道的选型和布置，应根据坝址地形、地质、枢纽布置及施工条件等，通过技术经济比较后确定。

2. 非常溢洪道

非常溢洪道是当遭遇非常洪水，为确保大坝安全方才启用的泄水建筑物。非常溢洪道常见形式有漫流式、自溃式、爆破引溃式三种，如图 2.58 所示。

（1）漫流式非常溢洪道。漫流式非常溢洪道的布置与正槽溢洪道类似，堰顶高程应选用与非常溢洪道启用标准相应的水位高程。控制段（溢流堰）通常采用混凝土或浆砌石衬砌，

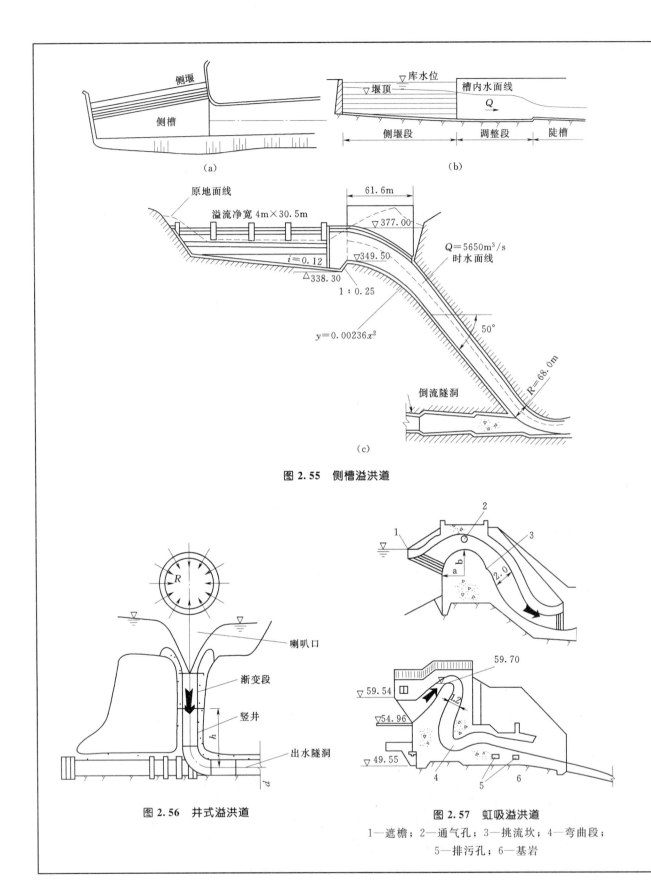

图 2.55 侧槽溢洪道

图 2.56 井式溢洪道

图 2.57 虹吸溢洪道
1—遮檐；2—通气孔；3—挑流坎；4—弯曲段；
5—排污孔；6—基岩

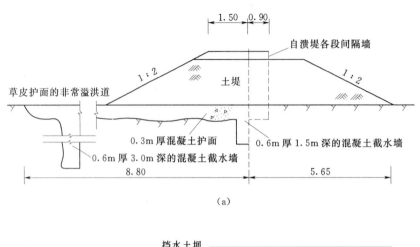

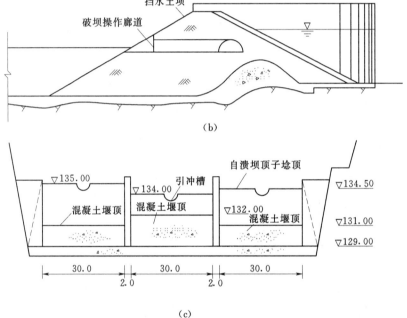

图 2.58 不同形式的非常溢洪道
(a) 漫顶自溃式非常溢洪道；(b) 爆破副坝非常溢洪道；(c) 引冲自溃式非常溢洪道

设计标准应与正槽溢洪道控制段相同，以保证泄洪安全。控制段下游的泄槽和消能防冲设施，如行洪过后修复费用不高时可简化布置，甚至可以不做消能设施。控制段可不设闸门控制，任凭水流自由宣泄。溢流堰过水断面通常做成宽浅式，故溢流前缘长度一般较长。因此，这种溢洪道一般布置在高程适宜、地势平坦的山坳处，以减少土石方开挖量。

（2）自溃式非常溢洪道。自溃式非常溢洪道有漫顶溢流自溃式和引冲自溃式两种型式。漫顶溢流自溃式溢洪道由自溃坝（或堤）、溢流堰和泄槽组成。自溃坝布置在溢流堰顶部，坝体自溃后露出溢流堰，由溢流堰控制泄流量，自溃坝平时起挡水作用，但当库水位达到一定的高程时应能迅速自溃行洪。为此，坝体材料宜选择无黏性细砂土，压实标准不高，易被水流漫顶冲溃。当溢流前缘较长时，可设隔墙将自溃坝分隔为若干段，各段坝顶高程应有差异，形成分级分段启用的布置方式，以满足库区出现不同频率稀遇洪水的泄洪要求。浙江南山水库自溃式非常溢洪道，采用 2m 宽的混凝土隔墙将自溃坝分为三段，各段坝顶高程均不同，形成三级启用形式，除遇特大洪水时需三级投入使用外，其他稀遇洪水情况只需启用一级或二级，则行洪后的修复工程量亦可减少。

自溃式非常溢洪道的优点是结构简单，施工方便，造价低廉；缺点是运用的灵活性较差，溃坝时具有偶然性，可能造成自溃时间的提前或滞后。所以，自溃坝的高度常有一定的限制，国内已建工程一般在 6m 以下。

引冲自溃式也是由自溃坝、溢流堰和泄槽组成，在坝顶中部或分段中部设引冲槽，当库水位超过引冲槽底部高程后，水流经引冲槽向下游泄放，并把引冲槽冲刷扩大，使坝体自溃泄洪。这种自溃方式在溃决过程中流量逐渐加大，对下游防护较有利，故自溃坝体高度可以适当提高。对于溢流前缘较长的坝，也可以按分级分段布置。引冲槽槽底高程、尺寸和纵向坡度可参照已建工程拟定。

（3）爆破引溃式非常溢洪道。爆破引溃式非常溢洪道也叫爆破副坝式非常溢洪道，与自溃式类似，爆破引溃式非常溢洪道是由溢洪道进口的副坝、溢流堰和泄槽组成。当溢洪道启用时，引爆预先埋设在副坝廊道或药室的炸药，利用爆破的能量把布置在溢洪道进口的副坝强行炸开决口，并炸松决口以外坝体，通过快速水流的冲刷，使副坝迅速溃决而泄洪。如果这种溢流措施副坝较大时，也可分段爆破。爆破的方式、时间可灵活、主动掌握。由于这种引溃方式是由人工操作的，因而使坝体溃决有可靠的保证。

应当指出，非常溢洪道由于设计理论不完善，实践经验不足，在运用中还存着不少问题，所以非常溢洪道在实际工程中应用较少，本章主要以最常见的正槽溢洪道进行溢洪道图纸识读。

2.4.2　溢洪道平面图

【例 1】　如图 2.59 所示是某水利工程的溢洪道平面图。

该溢洪道引渠长度 151.96m，右侧首先为一半径 70m 的圆弧形翼墙，圆弧翼墙接一扭面，实现断面形式转换，与闸室段形成顺接，引渠左侧为一椭圆弧竖直翼墙，直接与闸室段连接。进口引渠底板高程 330.00m，设置 3 孔闸门，每孔闸门净宽 20m，中墩厚度 4.5m，溢洪道总宽度 69m，进口段开挖边坡为 1：0.75～1：0.5，每 20m 高程设一马道，底部马道与右岸上坝道路结合，成为上坝道路的一部分。

在溢洪道 0＋000.000 处首先布置了一道平板闸门，其后为弧形门，闸墩顶部高程 362.00m，3 孔闸门上设置了交通桥，交通桥具体参数此图未明确表示，闸墩下游标注显示了各孔闸门中线与溢洪道中线、边线的关系，中孔闸门中线与溢洪道中线重合，其他两边孔闸门中线距溢洪道中线 24.5m，距边线 10m。

泄槽段框格线标示出了溢洪道底板分缝情况，13 个中部分块宽度为 13.8m，两个边块宽度为 12.8m，泄槽纵向坡比 $i＝0.15$。

溢洪道出口消能段从溢 0＋330.000 处开始，0＋330.000 到 0＋337.417 为一弧形曲面，0＋337.417 到 0＋377.625 段为平面，平面高程为 280.329m，消能挑坎在溢洪道中线 0＋377.625 处以溢洪道斜交，交角为 55°，挑坎与左侧边墙相交于 0＋352.704 处，与右边墙相交于 0＋405.288 处。

溢洪道最大长度为 437m。溢洪道左右岸坡开挖坡比为 1：0.5，并分别在高程 331.00m 处和 311.00m 处设置两道马道，马道宽 2m，并在不同开挖坡比的坡面之间设置边坡（扭面）连接各不同坡比的坡面。在闸室段左右岸坡对开挖边坡与混凝土直墙之间的空间采用砂砾石回填，并在上下游设置两道梯形断面的混凝土截渗墙。

【例 2】　如图 2.60 所示是某水库开敞式溢洪道平面图。

开敞式溢洪道无闸室，与大型渠道结构比较相似，溢洪道进口为圆弧形喇叭口结构，圆弧半径为 4m，翼渠宽 1.4m，进口喇叭口宽度 20m，两侧各向外延伸 3m，进口底板高程 2492.30m，引渠宽度 12m，长 12m，下游接 6m 长降坡收缩段，坡比未标示，0＋018.000 处坡比发生变化，0＋023.000 处底板又变为水平，大坝轴线与溢洪道轴线相交于 0＋031.000 处，在 0＋48.763 处溢洪道转弯，转弯半径为 30m，急转弯角度为 6°，转弯结束处桩号为 0＋051.774，转弯结束后，图纸标注了溢洪道泄槽宽度为 5m，边墙底宽为 1.5m。在 0＋086.775 到 0＋091.775 处底板变为弧面，从 0＋091.775 开始，底板开始降坡到 0＋137.390 处，期间溢洪道内有诸多横向线条，未明确标注，可根据工程实际经验判断，其中一条为分缝线，其余为结构特征线，必须结合断面图进行进一步识读。从 0＋137.390 开始，溢洪道结构开始变化，进入消能段，0＋159.005 到 0＋171.005 段为 12m 长的扭面，实现矩形渠道与河道平顺过渡。

此图中仍有一些数据标注很清楚但根据本图内容还不能确定这些数据的含义，需要结合断面图或详图来识读。

【例 3】　识读如图 2.61 所示的溢洪道工程图。

溢洪道进口采用了圆弧形喇叭口结构，左侧圆弧半径 20m，圆心角 34°3′36.6″；右侧圆弧半径 40m，圆心角 24°42′10.3″，进口底板高程 2058.27m，喇叭口连接一个 17m 长的水平段，标注显示该段宽度为 6m，边墙宽 80cm，底板高程 2059.02m，并标注了 0＋000.000 处溢洪道轴线控制点"A"，可以在图纸中找到 A 点坐标（其他各标示坐标点与之相同），从 0＋005.000 到 0＋046.500 段为 1‰ 坡度的缓坡段，从 0＋14.500 处开始转弯，转弯半径为 25m，转弯角度圆心角为 52°07′30″，本段标注边墙厚度 50cm，泄槽宽 6m。

从 0＋46.500 开始，泄槽进入陡坡段，坡比为 1：2.5，陡坡段泄槽宽度为 6m，边墙宽度为 40cm，同时陡坡段还标示了 30cm×30cm 的排水暗沟。从 0＋146.500 到 0＋153.352 为消能段，从图中线条看此段为弧面，可以看出此溢洪道消能措施为挑流式消能。

混凝土坝的溢洪道，一般布置在坝体上，与坝体结合，称为溢流坝段，混凝土溢流坝段图纸的识读在大坝识图中讲解。

2.4.3　溢洪道纵剖面图

【例 4】　图 2.62 是一结构比较齐全的水利工程溢洪道纵剖面图。

进口引渠翼墙从桩号 0－82.00 处开始，翼墙高度为 347.00－342.00＝5.00m，引渠底板从 0－64.50 处开始，翼墙顶部反坡坡比 $i＝0.1$，引渠底板反坡坡比 $i＝0.148$，引渠底板设有齿墙及防滑槽，防滑槽和齿槽详细结构需结合其他细部图纸了解，底板结构为 100mm 素垫层混凝土一层，400mm 钢筋混凝土一层。引渠段在 0－012.00 处结束，进入水流控制段（闸室段）。该处引渠底板高程 335.90m，翼墙顶部高程 354.70m。

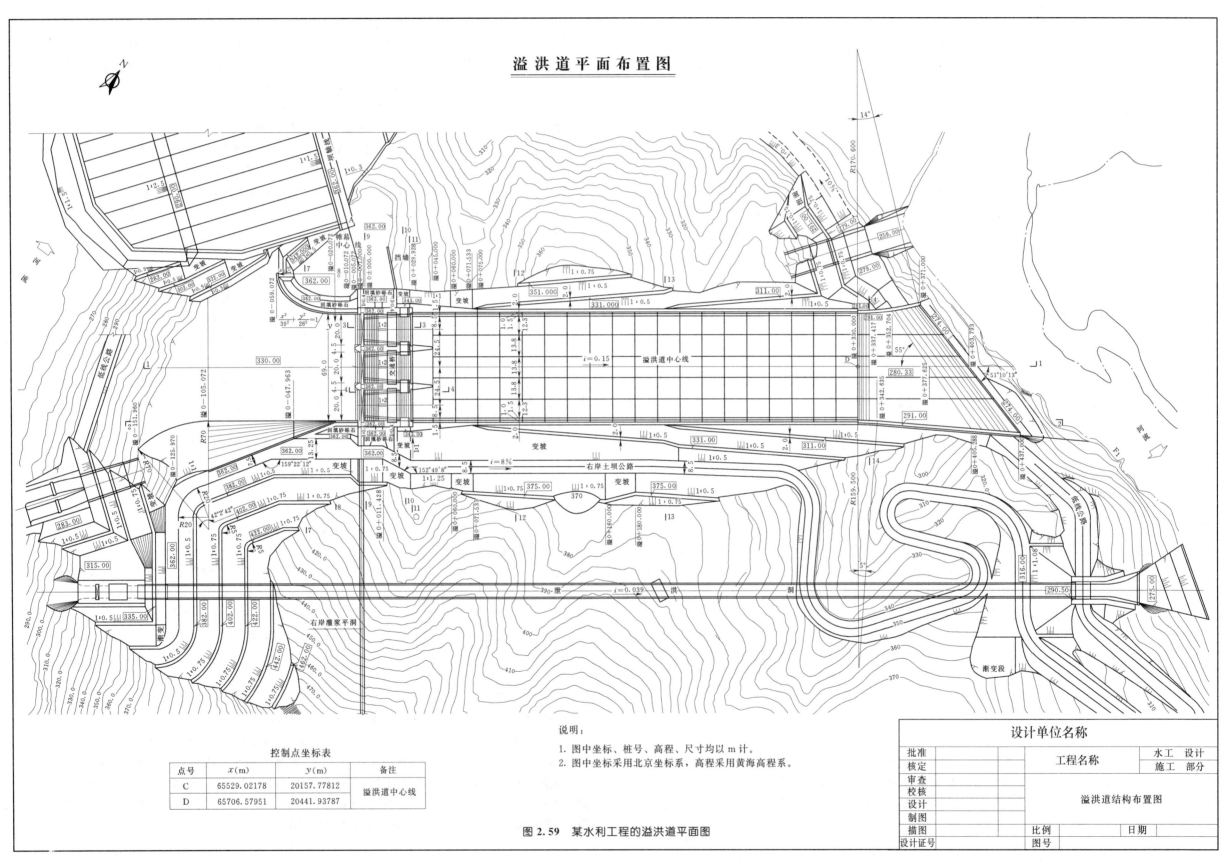

溢 洪 道 平 面 布 置 图

说明:

1. 图中坐标、桩号、高程、尺寸均以 m 计。
2. 图中坐标采用北京坐标系,高程采用黄海高程系。

控制点坐标表

点号	x(m)	y(m)	备注
C	65529.02178	20157.77812	溢洪道中心线
D	65706.57951	20441.93787	

图 2.59 某水利工程的溢洪道平面图

设计单位名称			
批准		工程名称	水工 设计
核定			施工 部分
审查			
校核		溢洪道结构布置图	
设计			
制图			
描图		比例	日期
设计证号		图号	

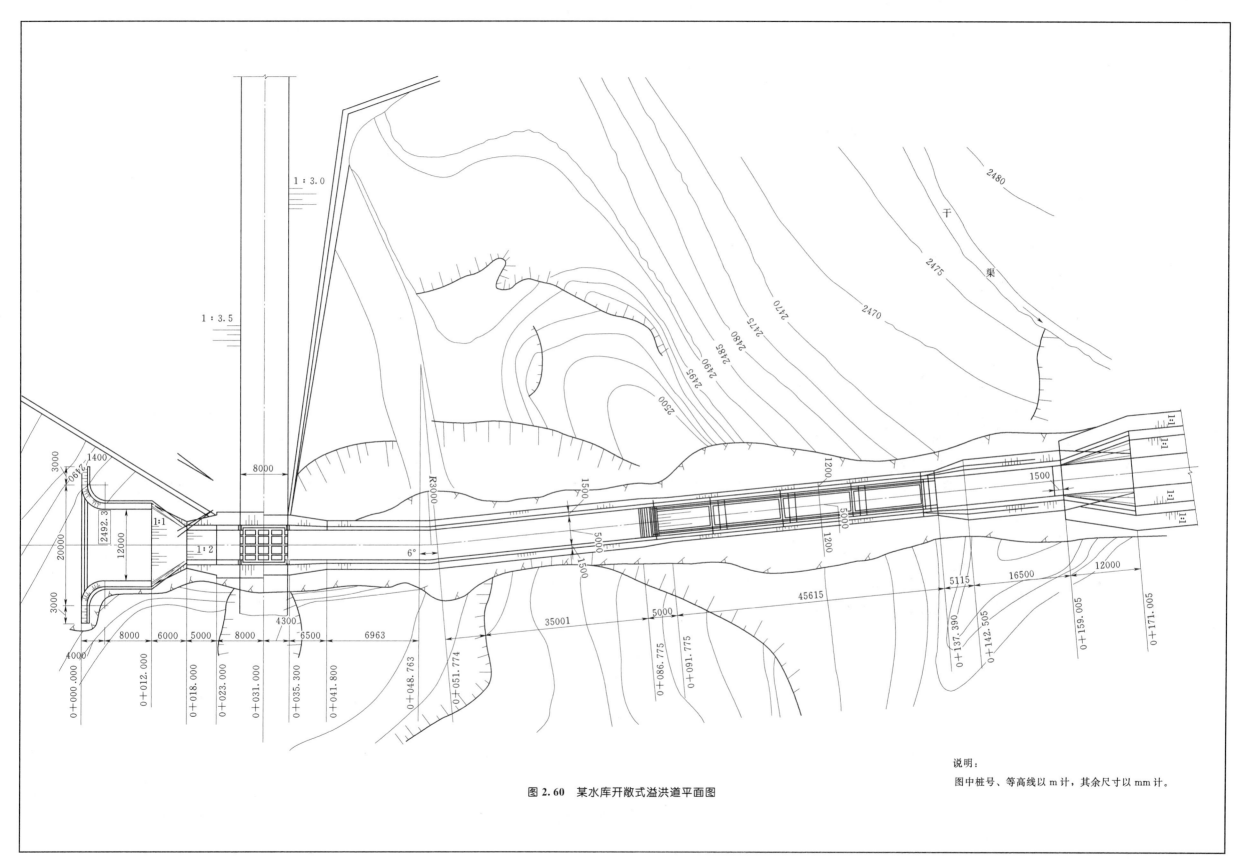

图 2.60 某水库开敞式溢洪道平面图

说明：

图中桩号、等高线以 m 计，其余尺寸以 mm 计。

57

溢 洪 道 平 面 图

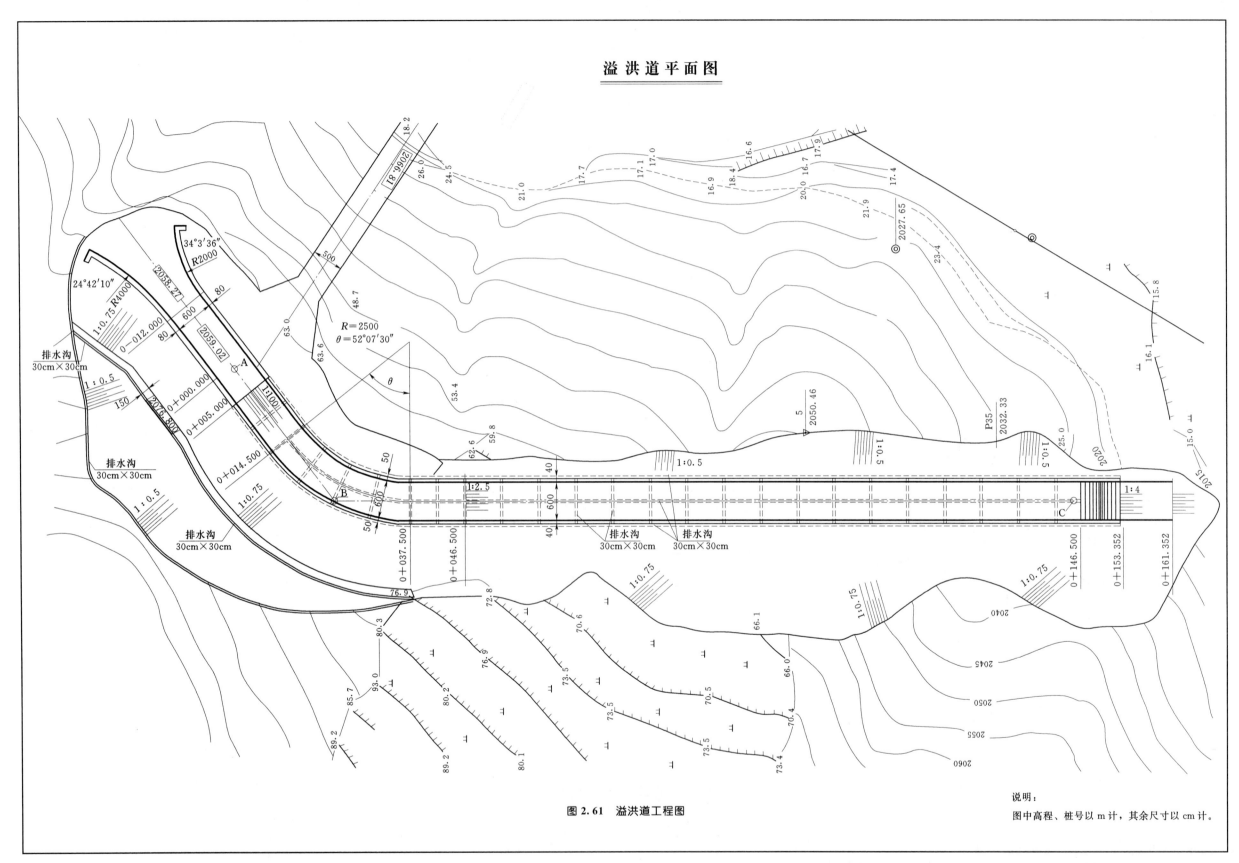

图 2.61　溢洪道工程图

说明：
图中高程、桩号以 m 计，其余尺寸以 cm 计。

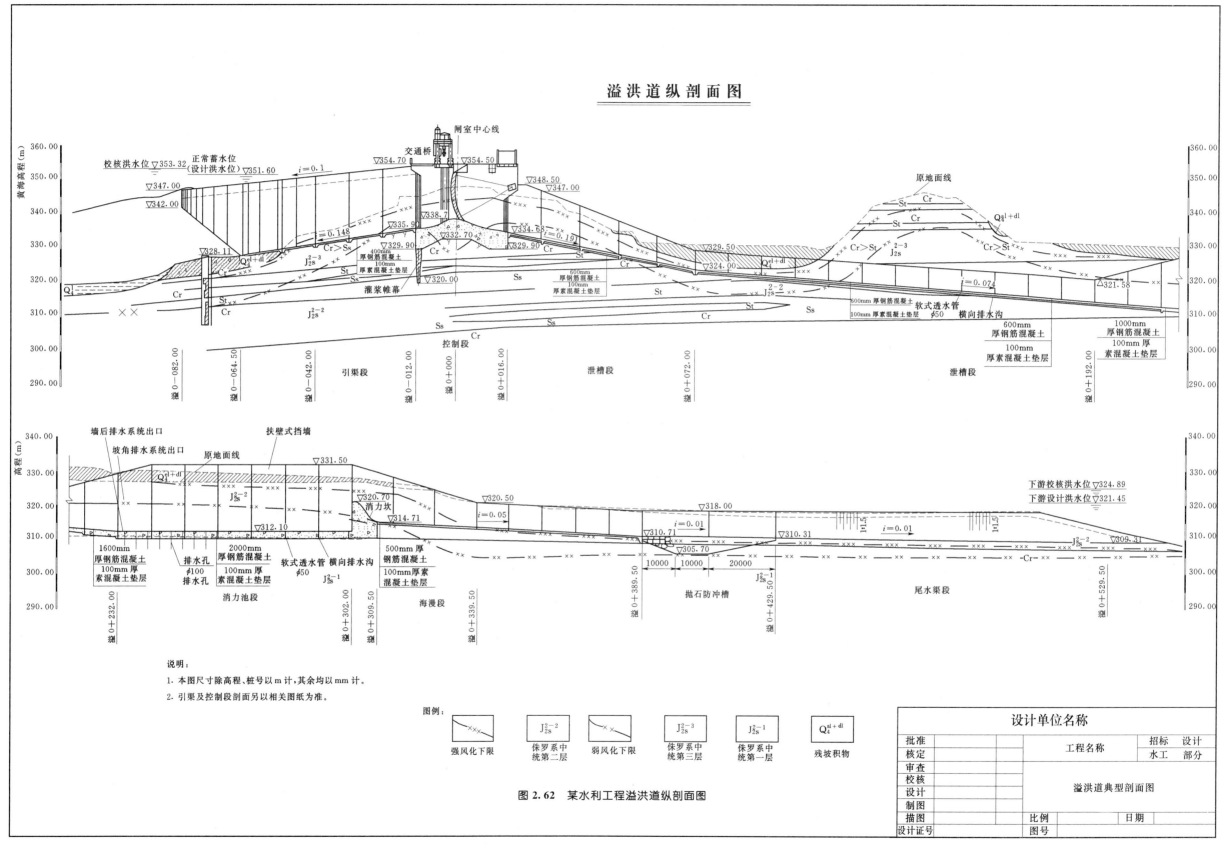

图 2.62 某水利工程溢洪道纵剖面图

控制段堰体为驼峰堰，堰顶高程 338.70m，堰体开挖高程中间为 332.70m，上下游均为 329.90m，帷幕底线 320.00m，闸墩顶高 354.50m，控制段设两道闸门，上游检修门采用平板闸门，下游工作门采用弧形闸门。堰体下游到 0+016.00 处结束，进入泄槽段。

泄槽段底坡 $i=0.191$，底板上设置了防滑齿墙和排水盲渠，底板结构为 100mm 厚垫层混凝土和 600mm 厚钢筋混凝土。泄槽段在 0+072.00 处开始变坡，此处边墙顶高为 329.50m，从 0+016.00 到 0+072.00 段泄槽边墙高度随桩号的增加而变化，起点处（0+016.00）边墙顶高程 348.50m，墙高 348.50－334.68＝13.82m，终点处（0+072.00）边墙顶部高程 329.50m，底板高程 324.00m，边墙高 329.50－324.00＝5.50m。

从 0+072.00 向下游到 0+192.00，泄槽段底坡 $i=0.074$，底板结构为 100mm 厚垫层混凝土和 600mm 厚钢筋混凝土。边墙等高，高度为 5.5m，从 0+192.00 向下游到 0+232.00，泄槽底板厚度和边墙高度开始变化，从 0+192.00m 向下游第三块底板钢筋混凝土厚度变为 1m，在与消能段连接的最后一块泄槽底板钢筋混凝土厚度增加到了 1.6m。在 0+232.00 处泄槽段结束，进入消能段。

本工程消能采用了底流消能措施，底板钢筋混凝土厚度为 2m，底板设置了直径 100mm 的排水孔，底板底部还设置了排水暗沟和排水管，起点处边墙上设置了排水系统出水口。消力池底板高程 312.10m，在 0+302.00 处设置了消力坎。消力坎顶部高程 320.70m，消力坎末端桩号 0+309.50，高程 314.71m。消力池边墙采用扶壁式挡墙，墙顶高程 331.50m。

消能段下游为海漫段，海漫段坡比 $i=0.05$，底板结构为 100mm 厚垫层混凝土和 500mm 厚钢筋混凝土。海漫段到高程 389.50m 处结束，其后接尾水渠，尾水渠底坡 $i=0.01$，尾水渠前段设置一个抛石防冲槽，防冲槽长度为 40m，防冲槽深 5m，梯形断面，底宽 10m，下游坡比 1：5，可经过简单计算得出上游坡比为 1：2.5，槽内采用块石回填。尾水渠两边岸坡坡比为 1：1.5，渠堤顶高 318.00m。

【例5】 图 2.63 是图 2.60 平面图的纵断面。

开敞式溢洪道结构相对比较简单，进口处首先设置一条齿墙，直接与 12m 长的堰体素混凝土底板连接成一体，堰顶高程为 2492.30m，翼墙顶部高程 2494.10m。从 0+000 到 0+12.000 处堰体结束，堰后接 6m 长的缓坡和 5m 长的陡坡，底板高程降至 2490.10m，成水平底板，水平底板长 7m，底板厚连接 40cm 高，1m 宽的底坎到坝轴线（桩号 0+31.000），该段为一钢筋混凝土整体底板。

从坝轴线（桩号 0+31.000）向下游，底板为素混凝土底板，起点高程 2490.50m，坡比 $i=1：250$，结合平面图可知，在 0+048.763 到 0+051.774 之间溢洪道横向转弯，转弯半径及圆心角在平面图中显示，在竖向上还保持原来 1：250 的坡比。从 0+079.275 到 0+082.245 之间溢洪道底板变坡，变坡的细部构造由 A 大样图给出，A 大样图将在后面的细部构造中讲解。在边坡点上游标示出了地板厚度为 40cm，边墙高度为 2.5m。从 0+082.245 向下游，底板设置了防滑墙和排水盲渠，防滑墙和排水盲渠结构由 B 大样图给出，渠道纵坡变为 1：2.5，底板垂直厚度变为 37.14cm，边墙垂直高度变为 2m。

从变坡点向下第三块底板开始，底板混凝土变成钢筋混凝土。排水盲渠从陡槽的最后一块地板中部引出，结合平面图，在平面图的消力池边墙外坡面上有一线条，在平面图识读时

未解读，此处我们可以明确此线条标示的是排水道。

消力池段从 0+142.505 开始，底板高程 2466.25m，底板厚度为 80cm，边墙高为 4.2m，消能坎高度经计算为 6.5m，宽度为 1.5m。从 0+159.005 开始进入浆砌石海漫段，海漫段长 12m，其砌石厚度、标号等信息未标示。

【例6】 如图 2.64 所示是图 2.61 工程平面图的纵断面图。

此断面图与其他断面图不同之处是图下方列出了特性表，使图纸表达的信息更明了、更丰富。

进口段底板高程 2058.27m，为素混凝土底板，翼墙前端高度为 4.5m，翼墙墙顶高程 2066.80m。进口段在 0－12.000 处结束，进入闸室段，闸室进口处有齿墙，齿墙宽度 50cm，深入闸室底板以下 2m，闸室底板高程 2059.02m，底板为钢筋混凝土结构，底板厚度未标示。闸墩顶部高出翼墙 2m，高程为 2068.80m，闸室下游端设有工作桥，工作桥宽度为 6m。启闭机房为两层，第二层底板高程 2071.30m，屋顶高程 2074.30m。闸室段设有帷幕灌浆孔，孔深 12m，孔距 2m。

从 0+005.000 处进入泄槽直线段，直线段长 9.5m，直线段比 $i=1：100$，侧墙高 6m，上游端齿墙深 1.5m，齿墙宽 50cm，设有一通往闸墩顶部的踏步，踏步步长 30cm，步高 20cm。直线段结束后从参数表中看到进入转弯段，本段泄槽水平转弯，转弯角度 52°07′30″，转弯半径 25m。转弯段除水平转弯外，其余结构与直线段相同，值得注意的是直线段和转弯段底板均设置了防滑墙，防滑墙尺寸由 A 大样图给出，在具体读图时需要注意，大样图将在细部结构部分解读。

从 0+37.232 处开始泄槽进入缓坡与陡坡的连接段，连接段采用圆弧过渡，圆弧半径为 25m，圆心角为 22°13′42.5″，连接段起点边墙高度为 5m，终点处边墙高度为 3.3m。

进入陡槽段后，底板坡比 $i=1：2.5$，底板上同样设置了防滑墙，还设置了 30cm×30cm 排水沟，陡槽后连接反弧段和护坡段，这三段图纸标注都相对简单，参数表中给出数据也只能反映一些特征部位的桩号、高程等数据，不能完全反应建筑物实物形态。要进一步了解实物形态，需要结合细部构造图来识读。

2.4.4 细部构造

【例7】 如图 2.65 所示是图 2.62 所示溢洪道工程的闸室段典型断面图。

本工程溢洪道总宽度为 53m，共设置了 3 孔闸门，每孔闸门净宽 12m，中墩和右边墩宽 4m，左边墩为梯形断面，底宽 4m，顶宽 1.5m。外侧墙面坡比为 1：0.2，闸室底板基础高程 332.70m，底板厚度 6m，在左侧第一孔闸室底板处，底板局部高出强风化层，图纸标示出处理办法为开挖出宽 5m，深 1.5m 梯形槽，采用素混凝土回填。闸室左侧边墙外采用混凝土回填至 351.90m，351.90m 以上部分采用石渣回填，在闸室右侧，距边墩 2m 处设置一检修闸门库，闸门库净宽 13.2m，底板高程 338.00m。

闸槽开挖底宽 53m，检修门段开挖底宽 16m，右侧开挖坡比为 1：0.5，左侧开挖坡比为 1：0.75。左侧边墩和中墩上分别设置一液压启闭机房，图中为示意性结构。

【例8】 如图 2.66 所示是图 2.62 和图 2.65 所示溢洪道工程闸室的纵剖面图，图 2.65 也是图 2.66 的 1—1 剖面图。

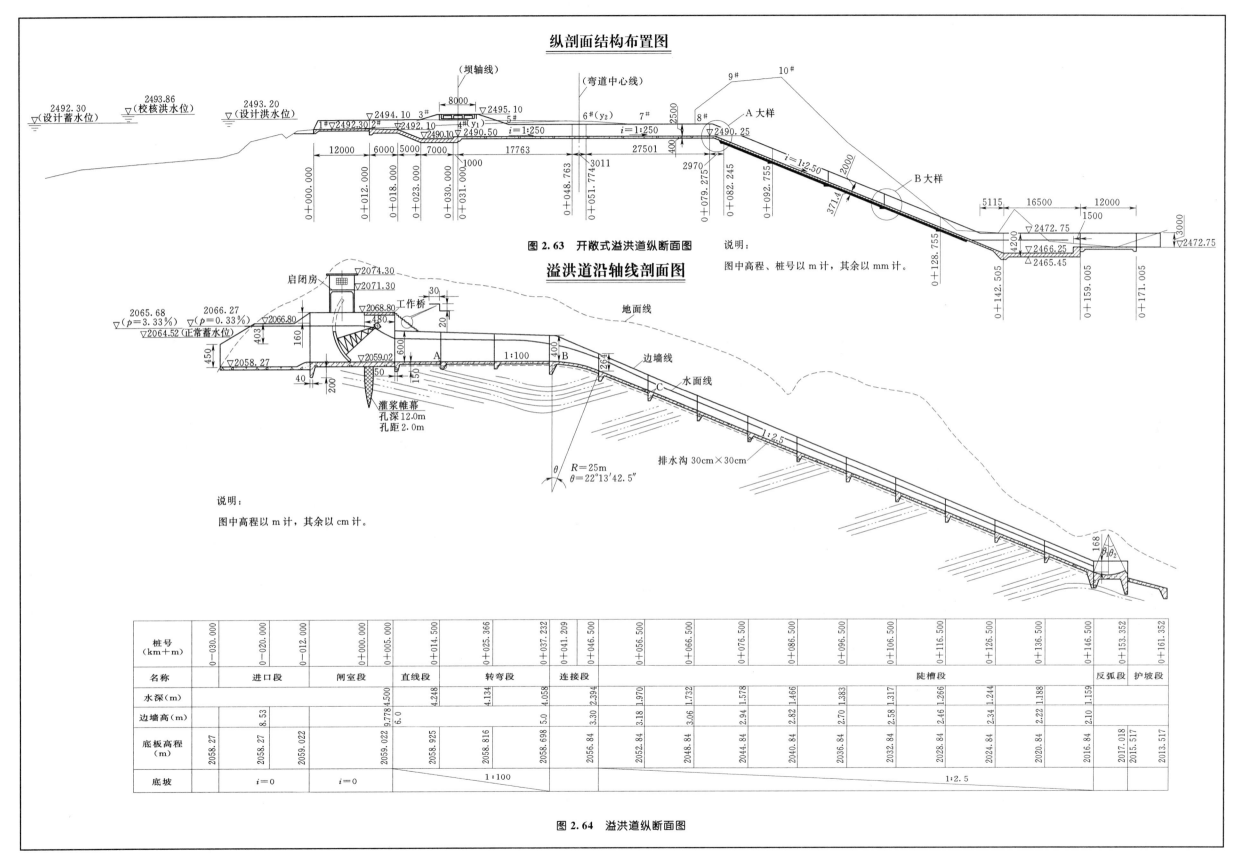

纵剖面结构布置图

图 2.63　开敞式溢洪道纵断面图

说明：

图中高程、桩号以 m 计，其余以 mm 计。

溢洪道沿轴线剖面图

说明：

图中高程以 m 计，其余以 cm 计。

$R=25\text{m}$
$\theta=22°13'42.5''$

灌浆帷幕
孔深 12.0m
孔距 2.0m

排水沟 30cm×30cm

桩号(km+m)	0-030.000	0-020.000	0-012.000	0+000.000	0+005.000	0+014.500	0+025.366	0+037.232	0+041.209	0+046.500	0+056.500	0+066.500	0+076.500	0+086.500	0+096.500	0+106.500	0+116.500	0+126.500	0+136.500	0+146.500	0+153.352	0+161.352
名称		进口段		闸室段		直线段	转弯段		连接段		陡槽段										反弧段	护坡段
水深(m)						4.500	4.248	4.134	4.058	2.394	1.970	1.732	1.578	1.466	1.383	1.317	1.266	1.244	1.188	1.159		
边墙高(m)		8.53		3.778 4.500	6.0		5.0		3.30	3.18	3.06	2.94	2.82	2.70	2.58	2.46	2.34	2.22	2.10			
底板高程(m)	2058.27	2058.27	2059.022	2059.022		2058.925	2058.816	2058.698	2056.84	2052.84	2048.84	2044.84	2040.84	2036.84	2032.84	2028.84	2024.84	2020.84	2016.84		2017.018	2015.517	2013.517
底坡		$i=0$		$i=0$			1:100							1:2.5								

图 2.64　溢洪道纵断面图

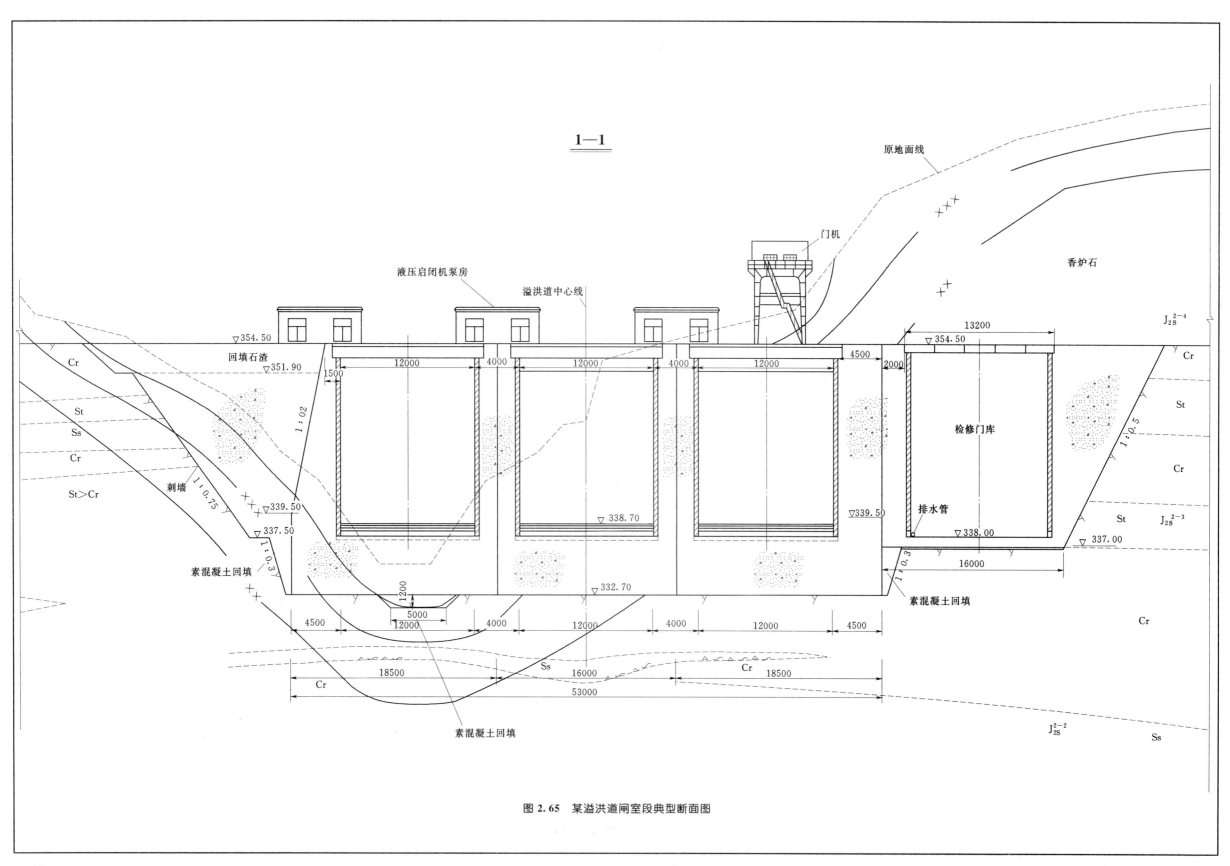

图 2.65 某溢洪道闸室段典型断面图

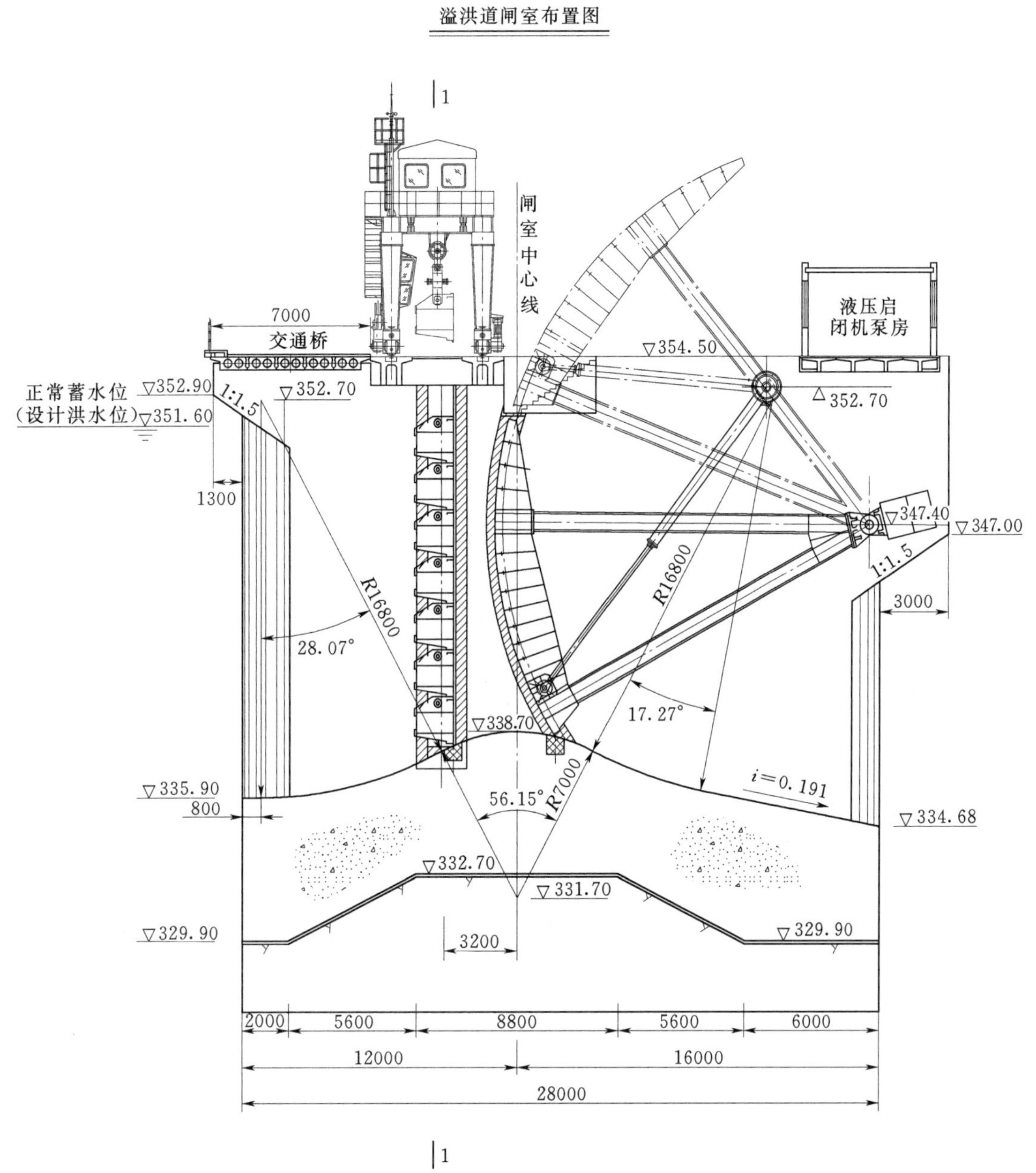

溢洪道闸室布置图

▽354.50

液压启闭机泵房

正常蓄水位
（设计洪水位）▽352.90
▽351.60

交通桥

7000

闸室中心线

1:1.5 ▽352.70

▽352.70

1300

R16800

28.07°

R16800

▽347.40 ▽347.00

1:1.5

3000

▽338.70

17.27°

▽335.90

R7000

56.15°

▽331.70

i=0.191

800

▽332.70

▽329.90

3200

▽334.68

▽329.90

2000 5600 8800 5600 6000

12000 16000

28000

1

图 2.66 某溢洪道高程闸室纵剖面图

如图 2.66 所示，闸室交通桥宽度 7m，牛腿上游下边缘高程 352.90m，牛腿斜面坡比为 1∶1.5，牛腿伸出闸墩 1.3m，检修闸门轴线距离闸室中心线 1.2m，闸墩上游圆弧半径 2m。

液压杆支点高程 352.70m，弧形工作门支点高程 347.40m，闸墩下游悬挑段伸出长度为 3m，底部斜面坡比为 1∶1.5，下缘高程 347.00m。液压启闭机室位于闸墩的下游段。检修闸门采用移动式门机启闭。

溢流堰为驼峰堰，堰体结构由 3 段相切圆弧构成，从进口段开始，首先是 80cm 的水平直线段，其后连接一段半径为 16.8m，圆心角为 28.07°的反圆弧，此圆弧圆心高程为 352.70m，距闸墩边线 80cm。堰顶为一半径为 7m，圆心角为 56.15°的圆弧，圆弧圆心位于闸室中心线上，高程为 331.70m。堰顶下游接一段半径为 16.8m，圆心角为 17.27°的反圆弧，进入斜坡段，斜坡坡比 i=0.191，堰体在闸室末端高程为 334.68m。

堰体基础为一凸起平台，平台顶高程 332.70m，宽度为 8.8m，平台上下游侧坡面水平长度为 5.6m，坡底高程 329.90m。

图 2.67 是图 2.62 所示溢洪道工程的泄槽陡坡段典型断面图。

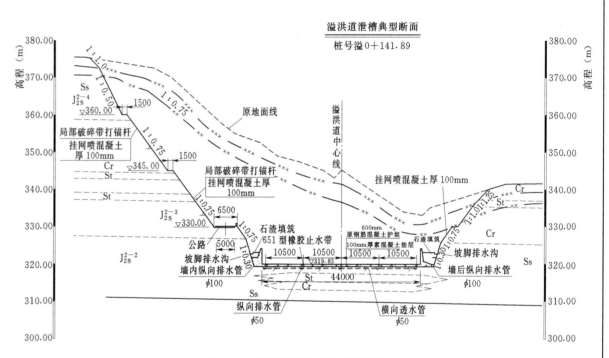

图 2.67 某溢洪道泄槽段典型断面图

习 题

根据以上所学内容，阅读以下图形，并说明图示内容。

1. 溢洪道纵剖面图（图 2.68）。
2. 溢洪道平剖面图（图 2.69）。
3. 溢洪道剖面图（图 2.70）。
4. 柯柯亚二库溢洪道施工图（图 2.71）。

溢 洪 道 纵 剖 面 图

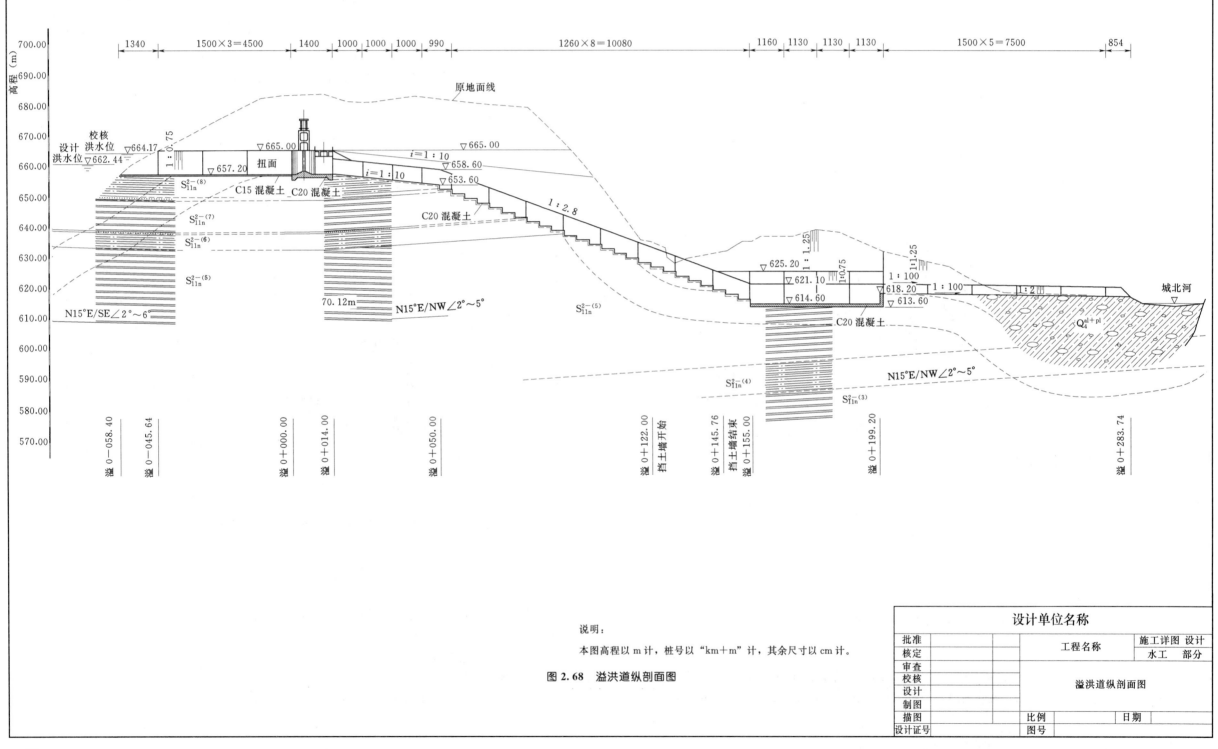

说明：

本图高程以 m 计，桩号以 "km+m" 计，其余尺寸以 cm 计。

图 2.68　溢洪道纵剖面图

设计单位名称			
批准		工程名称	施工详图 设计
核定			水工　部分
审查			
校核			溢洪道纵剖面图
设计			
制图			
描图		比例	日期
设计证号		图号	

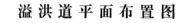

溢 洪 道 平 面 布 置 图

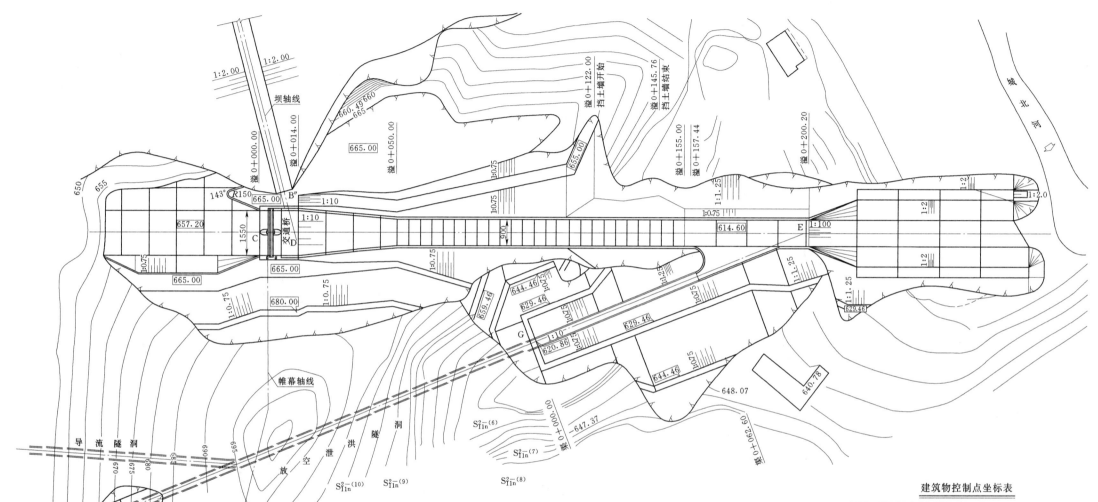

建筑物控制点坐标表

建筑物	点号	坐标值(m)		备注
		x	y	
大坝	B″	271665.231	501066.475	大坝右岸
溢洪道	C	271655.741	501052.616	进口
	D	271650.724	501064.234	大坝轴线交点
放空泄洪隧洞	E	271577.118	501234.672	放空泄洪隧洞交点
	G	271581.234	501130.656	出口

工程量统计表

序号	项目	单位	数量	序号	项目	单位	数量
1	C15混凝土边墙	m³	441	9	橡胶止水带	m	1452
2	C15混凝土底板	m³	626	10	草皮护坡	m²	1650
3	C15混凝土挡墙	m³	634	11	PVC排水花管	m	298
4	C20混凝土	m³	3569	12	排水孔	个	287
5	C15混凝土护坡	m²	658	13	碎石,粒径2~5cm	m³	25
6	C15混凝土框格	m³	103	14	钢筋	t	40.2
7	土石回填	m³	1788	15	锚筋	t	6.3
8	沥青杉板	m²	676	16	角钢	t	0.55

说明:

1. 本图高程以 m 计,桩号以"km＋m"计,其余尺寸以 cm 计。

2. 大坝右岸开挖已计入靠近溢洪道的大坝开挖工程中。

3. 本套图共 2 张,图号为:城北(施)YHL−1−1~2。

图 2.69 溢洪道平剖面图

设计单位名称			
批准		工程名称	施工详图 设计
核定			水工 部分
审查			
校核		溢洪道平面布置图	
设计			
制图			
描图		比例	日期
设计证号		图号	

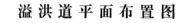

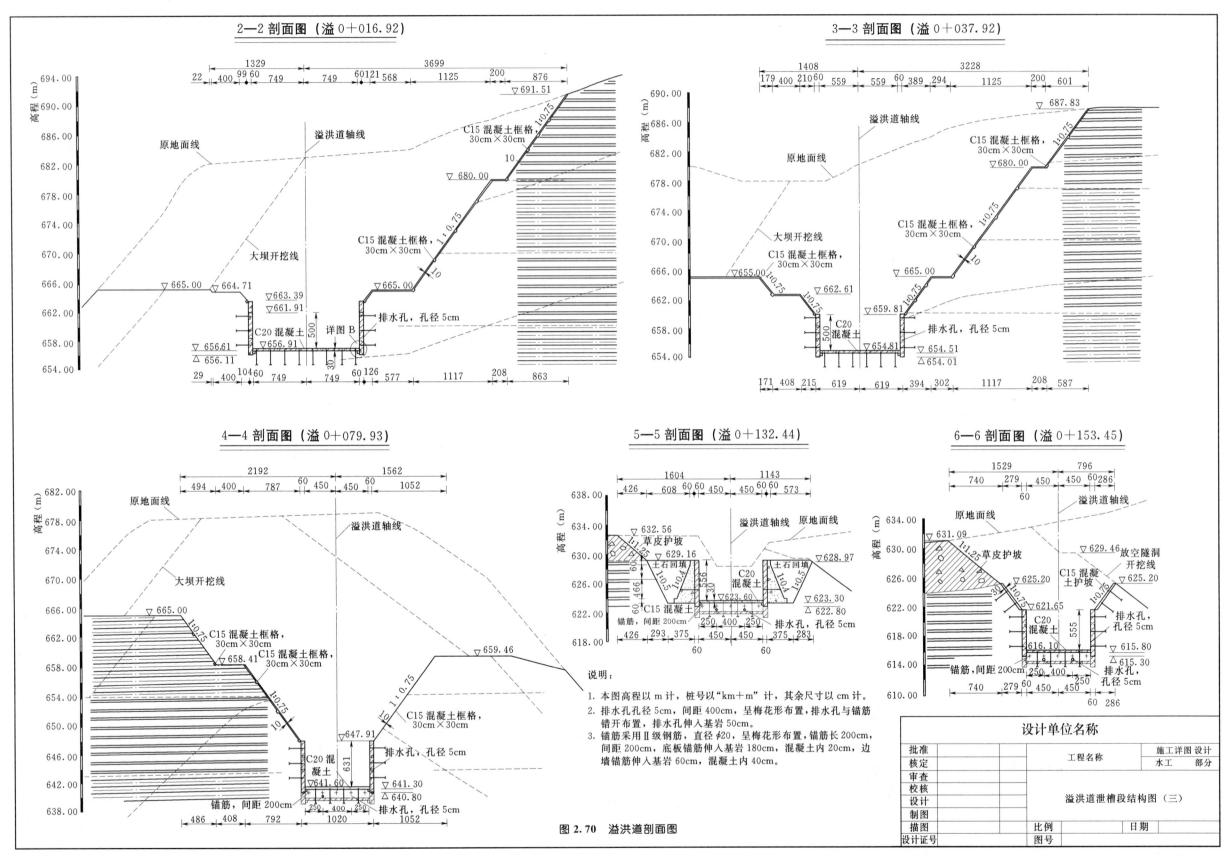

2—2 剖面图 (溢 0＋016.92)

3—3 剖面图 (溢 0＋037.92)

4—4 剖面图 (溢 0＋079.93)

5—5 剖面图 (溢 0＋132.44)

6—6 剖面图 (溢 0＋153.45)

说明:

1. 本图高程以 m 计,桩号以"km＋m"计,其余尺寸以 cm 计。
2. 排水孔孔径 5cm,间距 400cm,呈梅花形布置,排水孔与锚筋错开布置,排水孔伸入基岩 50cm。
3. 锚筋采用Ⅱ级钢筋,直径 φ20,呈梅花形布置,锚筋长 200cm,间距 200cm,底板锚筋伸入基岩 180cm,混凝土内 20cm,边墙锚筋伸入基岩 60cm,混凝土内 40cm。

图 2.70　溢洪道剖面图

设计单位名称			
批准		工程名称	施工详图 设计
核定			水工　　部分
审查			
校核			溢洪道泄槽段结构图（三）
设计			
制图			
描图		比例	日期
设计证号		图号	

66

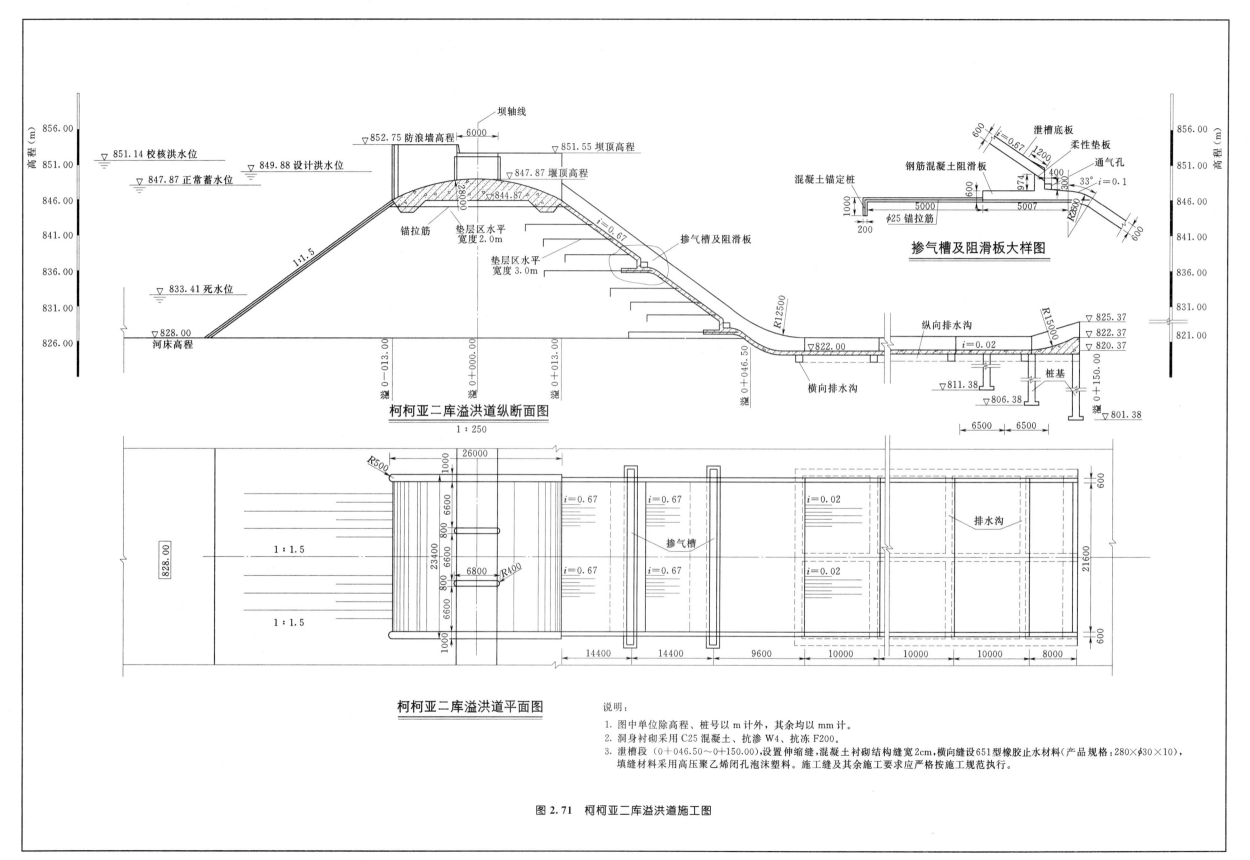

掺气槽及阻滑板大样图

柯柯亚二库溢洪道纵断面图
1∶250

柯柯亚二库溢洪道平面图

说明：
1. 图中单位除高程、桩号以 m 计外，其余均以 mm 计。
2. 洞身衬砌采用 C25 混凝土、抗渗 W4、抗冻 F200。
3. 泄槽段（0+046.50～0+150.00），设置伸缩缝，混凝土衬砌结构缝宽2cm，横向缝设651型橡胶止水材料（产品规格：280×φ30×10），填缝材料采用高压聚乙烯闭孔泡沫塑料。施工缝及其余施工要求应严格按施工规范执行。

图 2.71　柯柯亚二库溢洪道施工图

2.5 水工隧洞图识读

2.5.1 水工隧洞的分类

1. 水工隧洞按用途分类，可分为以下几种。

（1）泄洪洞。配合溢洪道宣泄洪水，保证大坝安全。

（2）引水洞。引水发电、灌溉或供水。

（3）排沙洞。排放水库泥沙，延长水库的使用年限，有利于水电站的正常运行。

（4）放空洞。在必要的情况下放空水库。

（5）导流洞。在水利枢纽的施工期用来施工导流，后期采用龙抬头形式放空洞。

在设计水工隧洞时，应根据枢纽的规划任务，尽量考虑一洞多用，以降低工程造价。如施工导流洞与永久隧洞相结合，枢纽中的泄洪、排沙、放空隧洞的结合等。

2. 按洞内水流状态分类，可分为以下几种。

（1）有压隧洞。工作闸门布置在隧洞出口，洞身全断面被水流充满，隧洞内壁承受较大的内水压力。

（2）无压隧洞。工作闸门布置在隧洞的进口，或者无闸门，洞内水流没有充满全断面，有自由水面。

一般说来，隧洞可以设计成有压的，也可设计成无压的，还可设计成前段是有压的而后段是无压的。但应注意的是，在同一洞段内，应避免出现时而有压时而无压的明满流交替现象，以防止引起振动、空蚀等不利流态。

3. 按衬砌方式可分为以下几种。

（1）不衬砌隧洞。

（2）喷锚衬砌隧洞。

（3）混凝土或钢筋混凝土衬砌隧洞。

（4）预应力混凝土衬砌或钢板衬砌。

4. 按流速可分为以下几种。

（1）高流速隧洞。洞内水流速度大于 16m/s。

（2）低流速隧洞。洞内水流速度小于 16m/s。

隧洞与渠道相比具有以下优点。

（1）可以采用较短的路线，可以避开沿线地表不利的地形及地质条件。

（2）有压隧洞能够适应水库水位的大幅度变化，也能够适应水电站引用流量的迅速变化。

（3）不受地表气候的影响，可以避免沿途对水质的污染。但隧洞对地质条件、施工技术及机械化的要求较高、工期较长，投资大。

2.5.2 水工隧洞的构造

隧洞建筑物一般包括进口建筑物、洞身和出口建筑物三个主要部分。此外，水电站厂房

也可设置在地下和隧洞邻接，如图 2.72 所示。

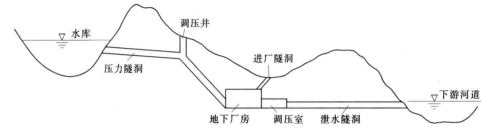

图 2.72 水电站水工隧洞及地下厂房布置

1. 进口建筑物

进口建筑物的布置及型式可分为塔式、岸塔式、竖井式、斜坡式和组合式。

（1）竖井式。竖井式进口是在进口附近的岩体中开凿竖井，井壁衬砌，闸门设在井的底部，井顶部布置操作台和启闭机室。优点是结构比较简单，不需要工作桥，不受风浪和冰的影响，抗震性及稳定性好，构造布置如图 2.73 所示。

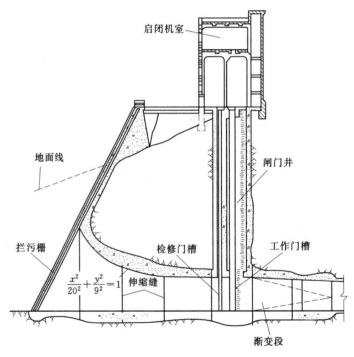

图 2.73 竖井式进水口

（2）塔式。塔式进口建筑物是独立于隧洞的进口处而不依靠山坡的塔，塔底装设闸门，塔顶设纵平台和启闭机室，封闭式塔身的水平断面一般为矩形，也有圆形或多边形，塔式进水孔常用于岸坡岩石较差，覆盖层较厚，不宜采用靠岸进水孔的工作情况，进水塔通过工作桥与岸坡相连。其缺点是受风浪、冰、地震的影响大，稳定性相对较差，需要较长的工作桥。常用于岸坡岩石较差，覆盖层较薄，不宜修建靠岸进口建筑物的情况，构造布置如图 2.74 所示。

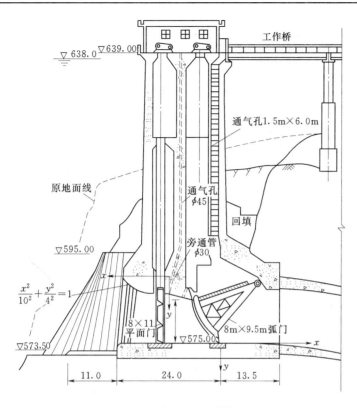

图 2.74 塔式进水口（单位：m）

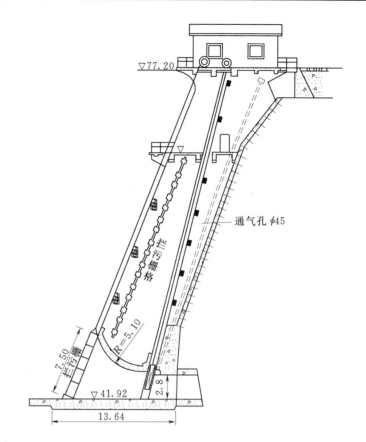

图 2.75 岸塔式进水口（单位：m）

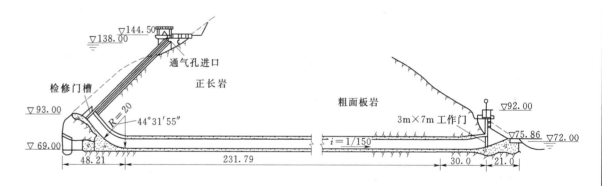

图 2.76 斜坡式进水口（单位：m）

（3）岸塔式。此种进口是靠在开挖后洞脸岩坡上的进水塔。塔身可以是直立的或倾斜的。岸塔式的稳定性较塔式的好，不需工作桥。适用于岸坡较陡，岩体比较坚固稳定的情况，构造布置如图 2.75 所示。

（4）斜坡式。斜坡式进水口是在较完整的岩坡上进行平整、开挖、护砌而修建的一种进水口。优点是结构简单，施工、安装方便，稳定性好，工程量小。缺点是由于闸门倾斜，闸门不易依靠自重下降。斜坡式进口一般只用于中、小型工程，构造布置如图 2.76 所示。

（5）组合式。在实际工程中常根据地形、地质、施工等具体条件采用。如半竖井半塔式进水口，下部靠岸的塔式进水口等，具体布置如图 2.77 所示。

2. 进口段的组成及构造

进口段的组成包括进水喇叭口、闸门室、通气孔、平压管和渐变段等。

（1）进水喇叭口。对于设置高压阀门或闸门的压力泄水孔宜采用钟形进水口，其他闸门多为矩形，进水口也为矩形，隧洞进口多为顶板和边墙顺水流方向三向逐渐收缩的平底矩形断面，形成喇叭口。收缩曲线常采用 1/4 椭圆曲线，如图 2.78、图 2.79 所示。

（2）通气孔。在泄水隧洞进口或中部的闸门之后应设通气孔，其作用有以下几点。

1）在工作闸门各级开度下承担补气任务。

2）检修时，在下放检修闸门后，放空洞内水流时补气。

3）检修完成后，向检修闸门和工作闸门之间充水时，通气孔用以排气。

通气孔的上部进口必须与闸门启闭机室分开设置，通气孔风速应保持在 20 m/s 左右

为好。

（3）平压管。为了减小启门力，往往要求检修门在静水中开启。为此，常设置绕过检修门槽的平压管以补充检修门与工作门之间的水体。

平压管的尺寸根据所需的灌水时间（约 8h），具体布置如图 2.80 所示。

（4）拦污栅。进口处的拦污栅是为了防止水库中的漂浮物进入隧洞。

（5）渐变段、闸门室。渐变段及闸门室等。

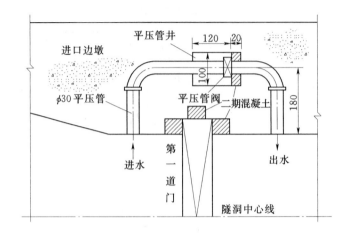

图 2.80　平压管布置图

导流洞进口一般做成矩形，以便布置闸门，当隧洞洞身为圆形时，在闸门后设渐变段，使水流平顺过渡，渐变段采用在矩形的四个角加圆形过渡的办法实现，如图 2.81 所示。

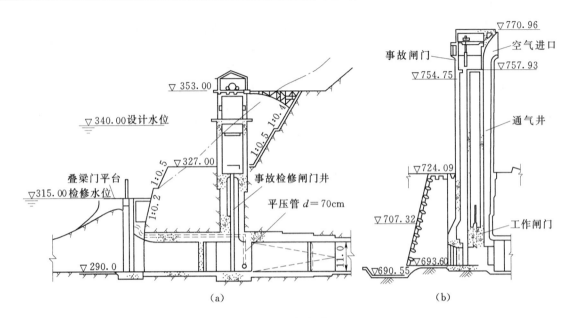

图 2.77　组合式进水口

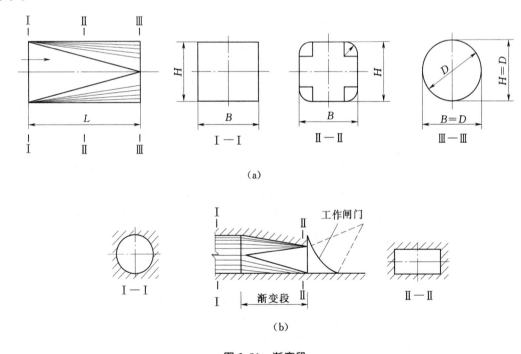

图 2.81　渐变段

（a）进口渐变段；（b）出口渐变段

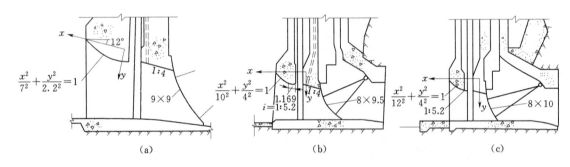

图 2.78　无压隧洞深式进水口纵断面图（单位：m）

（a）乌江渡左岸泄洪洞进水口；（b）刘家峡泄洪洞进水口；（c）碧口右岸泄洪洞进水口

3. 洞身

洞身的横断面形状和尺寸，应根据隧洞的用途、水力条件、工程地质及水文地质地应力情况、围岩加固方式、施工方法（钻爆法、掘进机法）等因素，通过技术经济分析确定。

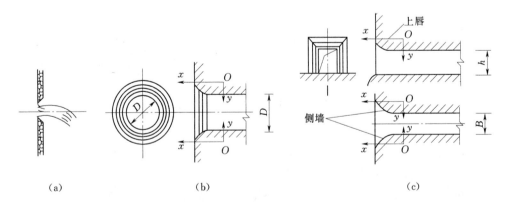

图 2.79　进水口的基本形式

（a）薄壁锐缘孔口出流水柱；（b）轴对称形进水口；（c）三向收缩矩形进水口

隧洞断面形式有圆形断面、圆拱直墙型断面和马蹄形断面三种。有压隧洞宜采用圆形断面，若洞径和内外水压力不大也可采用更便于施工的其他断面形状；无压隧洞宜采用圆拱直墙型断面，若地质条件较差时可选用圆形或马蹄形断面。

洞身一般要进行衬砌，用以防护岩面塌坍并减小洞壁粗糙度，防止渗漏，承受围岩压力、内水压力及其他荷载。

（1）洞身支护。锚喷支护有以下几种类型。

1）喷混凝土支护。洞室开挖完成后及时喷射混凝土，重新胶结松动岩块，及时限制围岩变形发展，有效阻止岩石风化，如图2.82（a）所示。

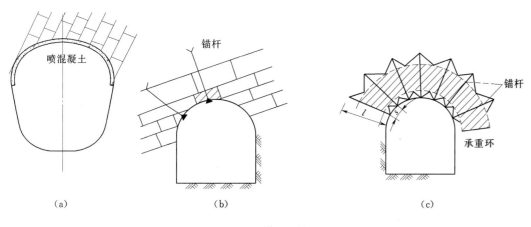

图2.82　锚杆支护图

2）锚杆支护。采用局部锚杆加固或系统锚杆加固，可将节理发育的块状围岩中不稳定的岩块锚固于稳定的岩体上，可以加固节理、裂隙和软弱面，形成承重环，达到围岩自承状态，如图2.82（b）所示。

3）喷混凝土锚杆联合支护。一般采用先锚后喷的次序进行，两者兼施可以达到稳定岩体的作用。

4）锚喷加钢筋网支护。在喷混凝土锚杆支护仍感不足时，可加设一层钢筋网，以改善围岩应力，使支护受力趋于均匀，提高喷层整体性和强度，并可减少温度裂缝，如图2.82（c）所示。

（2）洞身衬砌。洞身衬砌主要有以下几种衬砌类型。

1）平整衬砌。平整衬砌也称为护面或抹平衬砌，是一种不承载的护面结构，只起到减小隧洞表面糙率，防止渗漏，保护岩石不受风化的作用，对于无压隧洞，可只衬护过水部分。根据隧洞开挖情况，平整衬砌可采用混凝土、浆砌石或喷混凝土，如图2.83（a）所示。

2）单层衬砌。单层衬砌由混凝土、钢筋混凝土或浆砌石等做成，适用于中等地质条件、断面较大、水头及流速较高的情况，如图2.83（b）所示。

3）组合衬砌。其形式有：①内层为钢板，外层为混凝土或钢筋混凝土，如图2.83（c）所示；②边墙和地板为浆砌石，顶板为混凝土；③顶拱、边墙进行锚杆加固，喷混凝土后再进行混凝土或钢筋混凝土衬砌，如图2.83（d）所示。

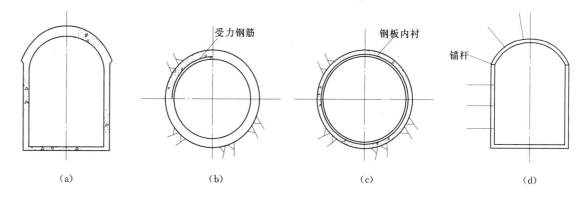

图2.83　隧洞支护形式图

地质条件较好的隧洞，特别是无压隧洞，可以不做衬砌，但要采用光面爆破开挖，以达到岩面平整的要求。

（3）衬砌分缝。隧洞衬砌分缝可分为伸缩缝、施工缝、沉降缝等几种，如图2.84所示。

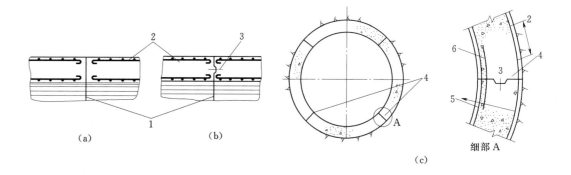

图2.84　环向伸缩缝和纵向施工缝
1—环向伸缩缝；2—分布钢筋；3—止水片；4—纵向施工缝；
5—受力筋；6—插筋

混凝土及钢筋混凝土衬砌是分段分块进行浇筑的，为防止混凝土干缩或温度应力产生裂缝，在相邻分段间设有环向伸缩缝。

对于城门洞型隧洞，为了便于施工，也可在顶拱、边墙、底板交界处设置施工缝，纵向施工缝需凿毛处理，为了加强整体性，缝内可设置插筋、键槽等结构，必要时加设止水。

在衬砌厚度突变处设置沉降缝，在进口闸室与渐变段、渐变段与洞身交接处，以及衬砌形式、厚度改变可能产生相对位移的部位，设置沉降缝，如图2.85所示，缝内设沥青油毡或其他填料，有压隧洞及有防渗要求的隧洞还在缝内设有止水。

（4）灌浆。如图2.86所示。

（5）排水孔。如图2.87所示。

4. 出口建筑物

出口建筑物的组成和功用按隧洞类型而定。用于引水发电的有压隧洞，其末端连接水电

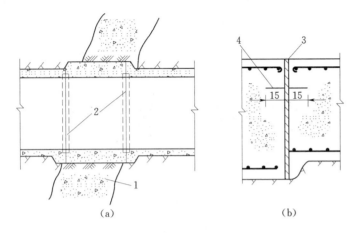

图 2.85 沉降缝（单位：cm）

1—断层破碎带；2—沉降缝；3—沥青油毡厚 1～2cm；4—止水片或止水带

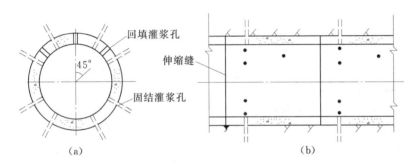

图 2.86 灌浆孔布置图

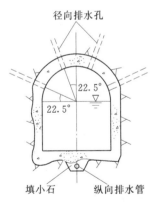

图 2.87 排水孔布置图

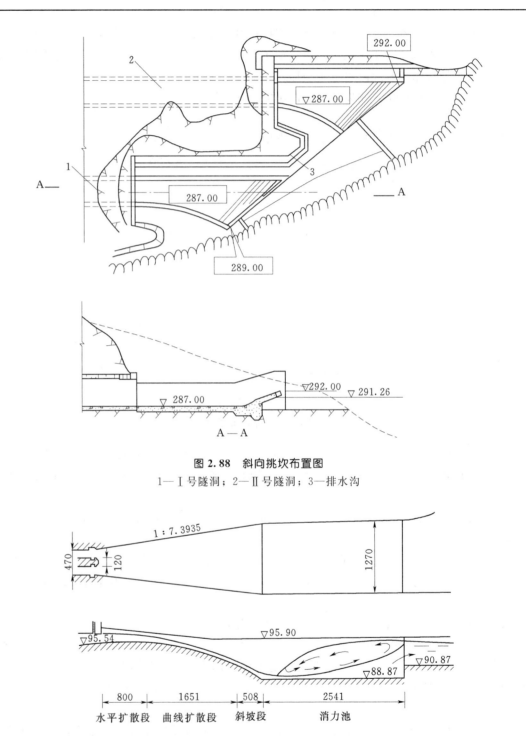

图 2.88 斜向挑坎布置图

1—Ⅰ号隧洞；2—Ⅱ号隧洞；3—排水沟

图 2.89 底流挑坎布置图（高程单位：m，其余尺寸单位：cm）

站的压力水管。通常还设置有调压室（井），当电站负荷急剧变化时，用以减轻有压隧洞和压力水管中的动压现象，改善水轮机的工作条件。泄水洞口一般设有消能建筑物，如出口设置扩散段以扩散水流，减小单宽流量（从洞内流出的最大流量除以水面宽度），防止对出口渠道或河床的冲刷。

水工隧洞出口消能建筑物和岸坡式溢洪道相似，大多采用挑流消能，如图 2.88 所示，其次是底流消能，如图 2.89 所示，近年来也常采用窄缝挑流消能，如图 2.90 所示，以及洞内突扩消能。

当出口高程高于或接近下游水位，且地形地质条件允许，采用扩散式挑流消能，当隧洞轴线与河道水流夹角较小时可采用斜切挑流鼻坎的消能形式，在岸坡陡峻，河谷狭窄的情况下也可采用收缩式窄缝挑流消能。

当出口高程接近下游水位时可采用扩散后底流水跃消能，水流经过水平扩散段（有的不设水平扩散段），经过曲线扩散段、斜坡段后进入消力池。

在高速水流的有压隧洞中，可分段设置孔板，造成孔板出流突然扩散，与周围水体间形成大量漩涡，掺混而消能，此方式称为孔板消能或洞中突扩消能，如图 2.91 所示。

水工隧洞具有以下工作特点。

（1）为了控制流量和便于工程的检修，蓄水枢纽中的隧洞必须设置控制建筑物，用以安设工作闸门和检修闸门以及闸门启闭设备等。

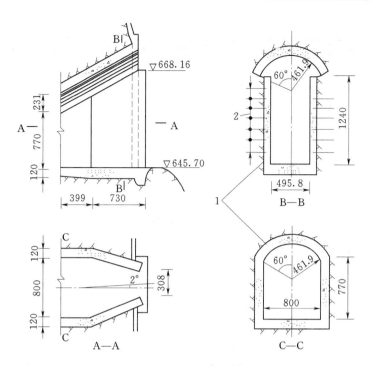

图 2.90　窄缝挑坎布置图（高程单位：m，其余尺寸单位：cm）

1—钢筋混凝土衬砌；2—锚筋

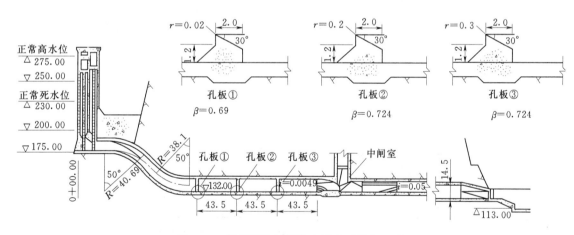

图 2.91　泄洪洞孔板消能布置图（单位：m）

（2）隧洞位于深水下，除承受较大的山岩压力（或土压力）外，还要承受高水压及高速水流的作用力。

（3）隧洞是在岩层中开凿的，开凿后破坏了岩体的自然平衡状态，使得岩体可能产生变形和崩塌，因此，往往需要设置衬砌和临时支撑进行防护。

（4）高水头无压泄水隧洞，要求体形设计得当，施工质量好，否则容易产生空蚀破坏，水流脉动也会引起闸门等的振动。

（5）隧洞的断面较小，洞线较长，从开挖、衬砌到灌浆，工序多、干扰大。

2.6　渡槽图识读

2.6.1　渡槽的类型

渡槽是渠道跨越河渠、道路、山谷等的架空输水建筑物，又简称为过水桥。渡槽由槽身、支承结构、基础及进出口建筑物等部分组成。

渡槽的类型，一般是指槽身及支承结构的类型。因为槽身及支承结构的类型较多，所以，渡槽的分类方法也很多。

按槽身断面形式分类，主要有 U 形槽、矩形槽及抛物线形槽等，如图 2.92 所示；按支承结构分类，主要有梁式渡槽（图 2.93）、拱式渡槽及桁架式渡槽等；按所用材料分类，有木渡槽、砖石渡槽、混凝土渡槽、钢筋混凝土渡槽、钢丝网水泥渡槽等；按施工方法不同，有现浇整体式、预制装配式及预应力渡槽。

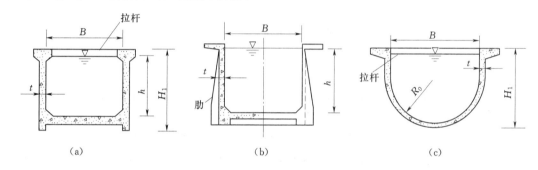

图 2.92　矩形及 U 形槽身横断面形式

（a）设拉杆的矩形槽；（b）设辅肋的矩形槽；（c）设拉杆的 U 形槽

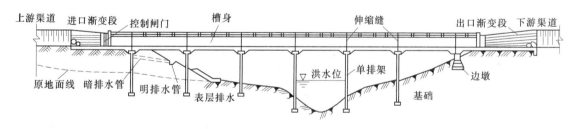

图 2.93　梁式渡槽纵剖面图

2.6.2　渡槽的横、纵断面图

1. 渡槽的横断面图

2. 渡槽的纵断面图

（1）梁式渡槽。梁式渡槽的槽身置于槽墩或槽架上，因其纵向受力与梁相同，故称为梁式渡槽。梁式渡槽的槽身根据其支承位置的不同，可分为简支梁式（图 2.93）、双悬臂梁式 [图 2.94（a）]、单悬臂梁式 [图 2.94（b）] 和连续梁式等几种形式。

1）简支梁式渡槽。其特点是结构简单，施工吊装方便，但不利于抗裂防渗。

2）双悬臂梁式渡槽。按照悬臂长度的大小，双悬臂梁式又可分为等跨度、等弯矩和不等跨度不等弯矩三种形式。

3）单悬臂梁式渡槽。一般用在靠近两岸的槽身，或双悬臂梁向简支梁式过渡时采用。

4）连续梁式渡槽。适应不均匀沉陷的能力较差，因此应慎重选用。

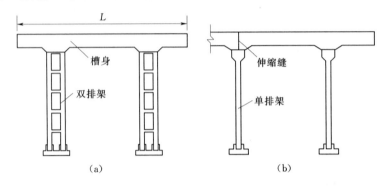

图 2.94 悬臂梁式渡槽

（a）双悬臂梁式；（b）单悬臂梁式

（2）拱式渡槽。拱式渡槽是指槽身置于拱式支承结构上的渡槽。其支承结构由槽墩、主拱圈、拱上结构组成。拱式渡槽按主拱圈的结构形式，可分为板拱、肋拱和双曲拱等拱式渡槽；按材料又可分为砌石、混凝土和钢筋混凝土等拱式渡槽。

1）板拱渡槽。渡槽的主拱圈横截面形状为矩形，结构形式像一块拱形的板，一般为实体结构，多采用粗料石或预制混凝土块砌筑，如图 2.95 所示，故常称为石拱渡槽。对于小型渡槽，主拱圈也可以采用砖砌。板拱渡槽的主要特点是可以就地取材，结构简单，施工方便。

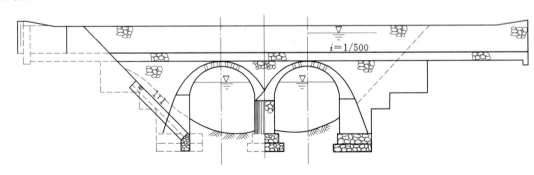

图 2.95 板拱渡槽纵断面图

2）肋拱渡槽。其主拱圈由几根分离的拱肋组成，为了加强拱圈的整体性和横向稳定性，在拱肋间每隔一定的距离设置刚度较大的横系梁进行连接，拱上结构为排架式，如图 2.96 所示。

（3）双曲拱渡槽。双曲拱渡槽主要由拱肋、拱波和横梁（或横隔板）等部分组成，如图 2.97 所示。因主拱圈沿纵向是拱形，其横截面也是拱形，故称为双曲拱渡槽。双曲拱渡槽能够充分发挥材料的抗压性能，具有较大的承载能力，节省材料，造型美观，主拱圈可分块预制吊装施工，一般适用于修建大跨度渡槽。

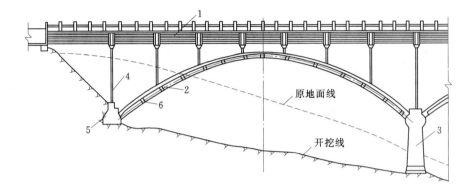

图 2.96 肋拱渡槽

1—U 形槽身；2—肋拱圈；3—槽墩；4—支撑排架；
5—块石拱座；6—横向联系梁

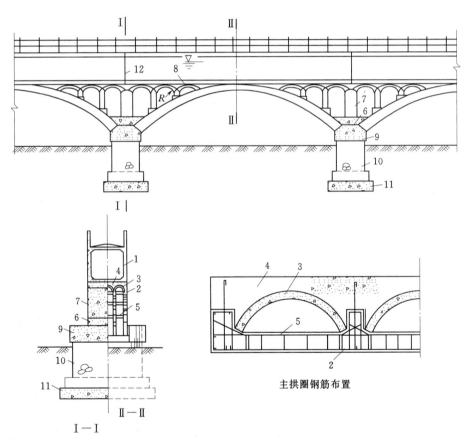

图 2.97 双曲拱渡槽

1—槽身；2—拱肋；3—横向拱圈；4—主拱圈；5—横系梁；
6—护拱；7—腹孔支墩；8—腹孔拱圈；9—墩帽；
10—支墩；11—支墩基础；12—伸缩缝

2.6.3 渡槽的细部结构

1. 分缝和止水

渡槽的分缝和止水如图 2.98 所示。

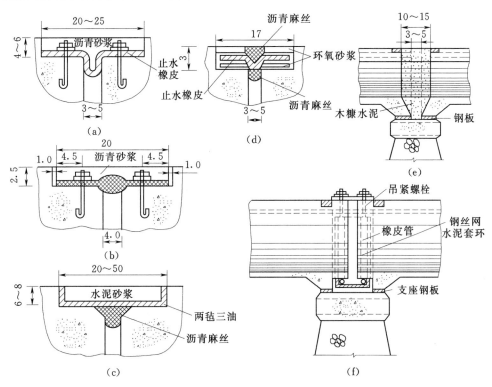

图 2.98　槽身接缝止水结构

（a）橡皮压板式止水；（b）塑料止水带橡皮压板式止水；（c）沥青填料式止水；
（d）黏合式止水；（e）木糠水泥填塞式止水；（f）套环填料式止水

2. 渡槽的支撑结构

（1）槽墩式。槽墩一般为重力式，包括实体墩和空心墩两种形式，如图 2.99 所示。渡槽与两岸连接时，常用重力式槽墩，简称为槽台，如图 2.100 所示。

（2）排架式。排架一般为钢筋混凝土排架结构，主要有单排架、双排架、A 字形排架和组合式槽架等形式，如图 2.101 所示。

1）单排架。这种排架是由两根支柱和横梁所组成的多层刚架结构，具有体积小、重量轻、可现浇或预制吊装等优点。

2）双排架。它由两个单排架及横梁组合而成，属于空间框架结构。在较大的竖向及水平荷载作用下，其强度、稳定性及地基应力均较单排架容易满足要求，可适应较大的高度。

3）A 字形排架。它常由两片 A 字形单排架组成，其稳定性能好，适应高度大，但施工较复杂，造价也较高。

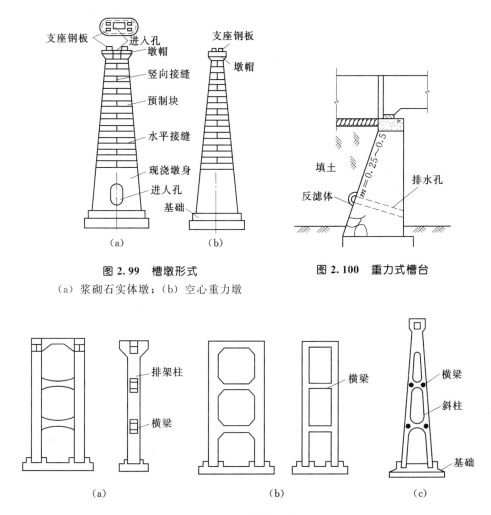

图 2.99　槽墩形式

（a）浆砌石实体墩；（b）空心重力墩

图 2.100　重力式槽台

图 2.101　排架形式

（a）单排架；（b）双排架；（c）A 字形排架

4）组合式槽架。它适用于跨越河道主河槽部分，在最高洪水位以下为重力式墩，其上为槽架，槽架可为单排架，也可为双排架。

3. 渡槽基础

渡槽基础是将渡槽的全部重量传给地基的底部结构。渡槽基础的类型较多，按埋置深度可分为浅基础和深基础，按结构形式可分为刚性基础、整体板式基础、钻孔柱基础和沉井基础等。

渡槽的浅基础一般采用刚性基础及整体板式基础（亦称为柔性基础），深基础多为柱基础和沉井基础等，如图 2.102 所示。

4. 进出口建筑物

渡槽的进出口建筑物，主要包括进出口渐变段、连接段、槽身与上下游渠道连接等建筑物，如图 2.103～图 2.105 所示。

【例 1】　如图 2.106 所示，实腹式石拱渡槽的支承结构由墩台、主拱圈和拱上结构组成。

其正视图为半剖结构，水平视图以对称结构方式表达。进口处通过扭面与梯形渠道连接，槽身横断面为矩形。

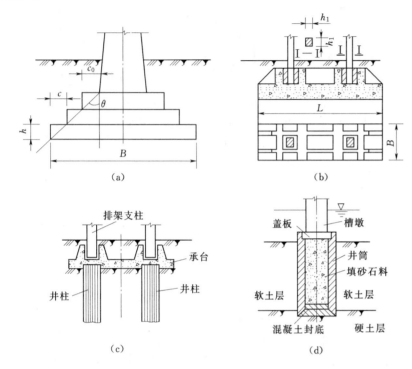

图 2.102 渡槽基础

（a）刚性基础；（b）整体板式基础；（c）钻孔桩基础；（d）沉井基础等

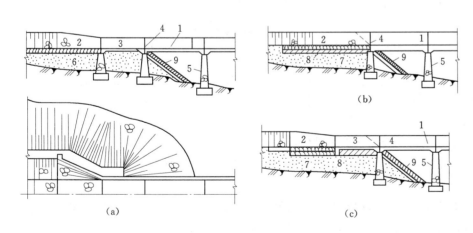

图 2.103 斜坡式连接

（a）刚性连接；（b）、（c）柔性连接

1—槽身；2—渐变段；3—连接段；4—伸缩缝；5—槽墩；6—回填黏性土；
7—回填砂性土；8—铺盖；9—砌石护坡

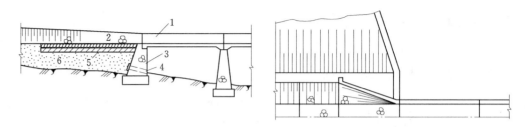

图 2.104 挡土墙式连接

1—槽身；2—渐变段；3—挡土墙；4—排水孔；5—铺盖；6—回填砂性土

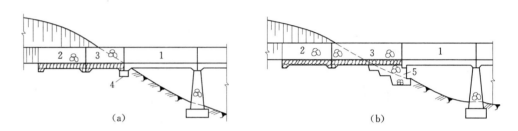

图 2.105 槽身与挖方渠道的连接

1—槽身；2—渐变段；3—连接段；4—地梁；5—挡土墙

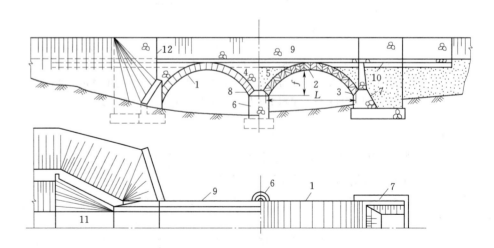

图 2.106 实腹式石拱渡槽

1—拱圈；2—拱顶；3—拱脚；4—边墙；5—拱上填料；6—槽墩；7—槽台；
8—排水管；9—槽身；10—垫层；11—扭面；12—变形缝

习　题

根据以上所学内容，阅读北干渠渡槽设计图（图2.107）。

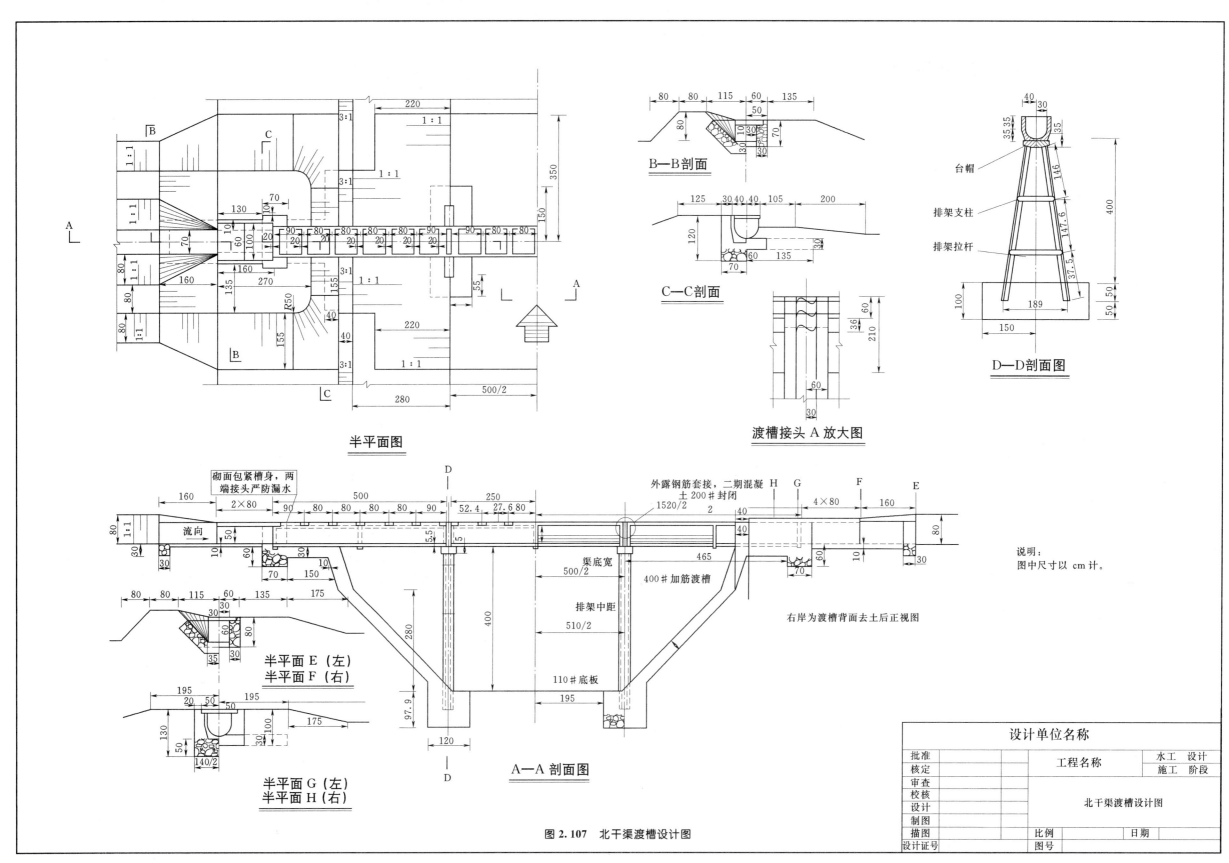

图 2.107　北干渠渡槽设计图

说明：
图中尺寸以 cm 计。

半平面图

B—B剖面

C—C剖面

渡槽接头 A 放大图

D—D剖面图

台帽
排架支柱
排架拉杆

A—A 剖面图

半平面 E（左）
半平面 F（右）

半平面 G（左）
半平面 H（右）

砌面包紧槽身，两端接头严防漏水

流向

外露钢筋套接，二期混凝土 200# 封闭

右岸为渡槽背面去土后正视图

渠底宽
400# 加筋渡槽
排架中距
110# 底板

设计单位名称

批准			工程名称	水工　设计
核定				施工　阶段
审查				
校核			北干渠渡槽设计图	
设计				
制图				
描图		比例		日期	
设计证号		图号			

77

2.7 倒虹吸管图识读

2.7.1 倒虹吸管的分类

倒虹吸管属于交叉建筑物，是指设置在渠道与河流、山沟、谷地、道路等相交叉处的压力输水管道。其管道的特点是两端与渠道相接，而中间向下弯曲。

倒虹吸管一般分为进口段、管身段和出口段三大部分。

根据管路埋设情况及高差的大小，倒虹吸管通常可分为竖井式、斜管式、曲线式和桥式四种类型。

2.7.2 倒虹吸管的平面图和纵、横剖面图

1. 竖井式

这种型式的倒虹吸管，是由进出口竖井和中间平洞所组成，如图2.108所示。竖井的断面为矩形或圆形，其尺寸稍大于平洞，并在底部设置深约0.5m的集沙坑，以便于清除泥沙及检修管路时排水。平洞的断面，一般为矩形、圆形或城门洞形。

这种型式的倒虹吸管，构造简单、管路较短、占地较少、施工较容易，但水力条件较差，通常用于工程规模较小的情况。

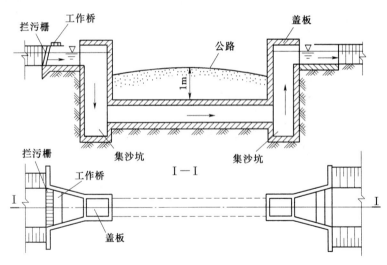

图 2.108 竖井式倒虹吸管

2. 斜管式

这种倒虹吸的管道，在进出口为斜卧段，而中间为平直段，如图2.109所示。斜管式倒虹吸管，与竖井式相比，水流畅通，水头损失较小，构造简单。

3. 曲线式

曲线式倒虹吸的管道，一般是沿坡面的起伏爬行铺设，而成为曲线形，如图2.110所示。

4. 桥式

与曲线式倒虹吸相似，在沿坡面爬行铺设曲线形的基础上，在深槽部位建桥，管道铺设

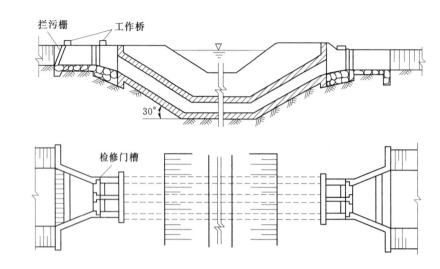

图 2.109 斜管式倒虹吸

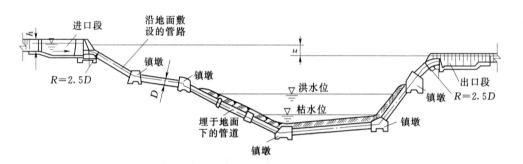

图 2.110 曲线式倒虹吸

在桥面上或支承在桥墩等支承结构上，如图2.111所示。主要特点是可以降低管道承受的压力水头，减小水头损失，缩短管身长度，并可避免在深槽中进行管道施工的困难。

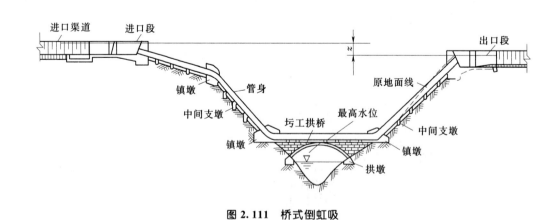

图 2.111 桥式倒虹吸

2.7.3 倒虹吸管细部构造

1. 进口段构造

进口段主要由渐变段、进水口、拦污栅、闸门、工作桥、沉沙池及退水闸等部分组成，如图 2.112 所示。

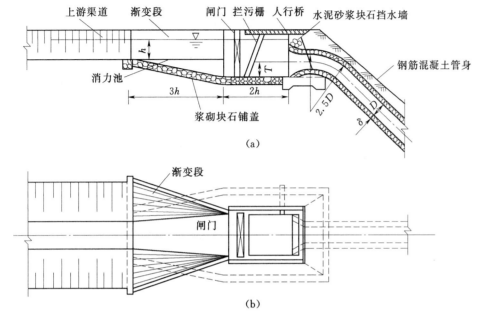

图 2.112 进口段构造

2. 双管倒虹吸进出口细部构造

双管倒虹吸进出口布置如图 2.113 所示。

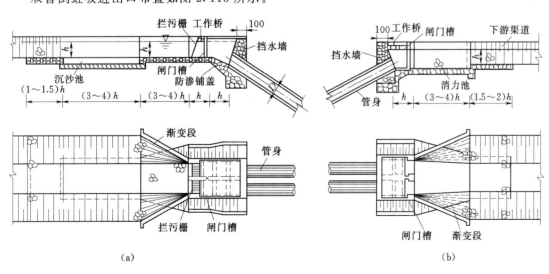

图 2.113 双管倒虹吸进出口布置图

3. 沉沙池

对于多泥沙的渠道，在进水口之前，一般应设置沉沙池，如图 2.114 所示。

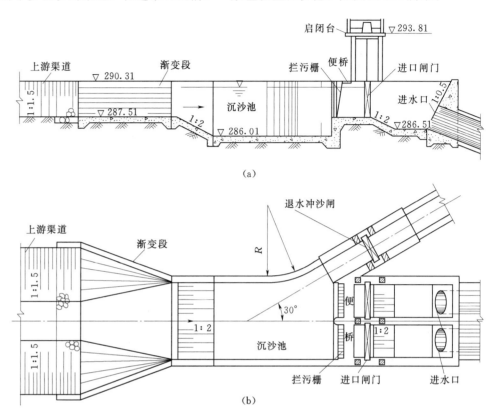

图 2.114 沉沙池及冲刷闸布置图

4. 出口段的构造

出口段包括出水口、闸门、消力池、渐变段等，如图 2.115 所示。

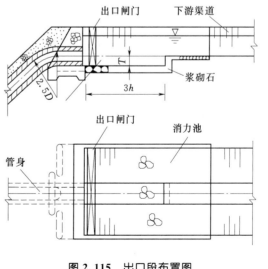

图 2.115 出口段布置图

5. 分缝、止水

伸缩缝的形式主要有平接、套接、企口接以及预制管的承插式接头等，如图 2.116、图 2.117 所示。

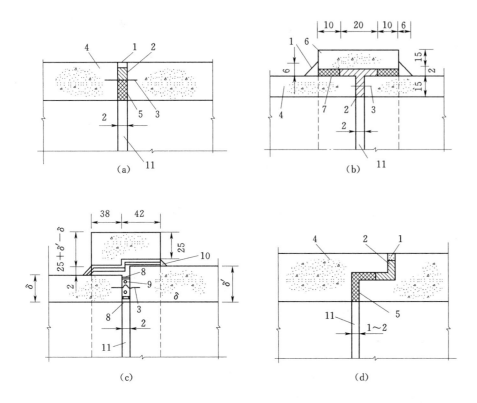

图 2.116　管身伸缩缝形式（单位：cm）

(a) 平接；(b) 管壁等厚套接；(c) 管壁变厚套接；(d) 企口接

1—水泥砂浆封口；2—沥青麻绒；3—金属止水片；4—管壁；5—沥青麻绳；
6—套管；7—石棉水泥；8—柏油杉板；9—沥青石棉；
10—油毛毡；11—伸缩缝

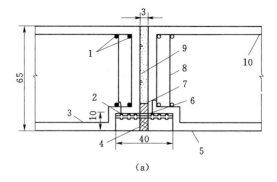

(a)

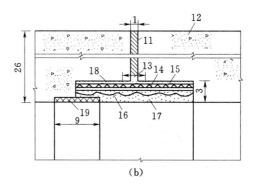

(b)

图 2.117　伸缩缝止水构造

1—主钢筋；2—止水带；3—分布筋；4—止水木条；5—管壁内侧；
6—螺栓、螺母、垫板；7—石棉绳；8—箍筋；9—石棉沥青板；
10—分布筋；11—伸缩缝填料；12—管壁；13—3cm 长不交结段；
14—0.4cm 厚环氧砂浆；15—0.6cm 厚橡皮；16—钢丝网；
17—2cm 厚环氧砂浆；
18—玻璃纱布一层；19—0.6cm 厚橡皮封口

习　题

根据以上学习内容，阅读过路管式倒虹设计图（图 2.118）。

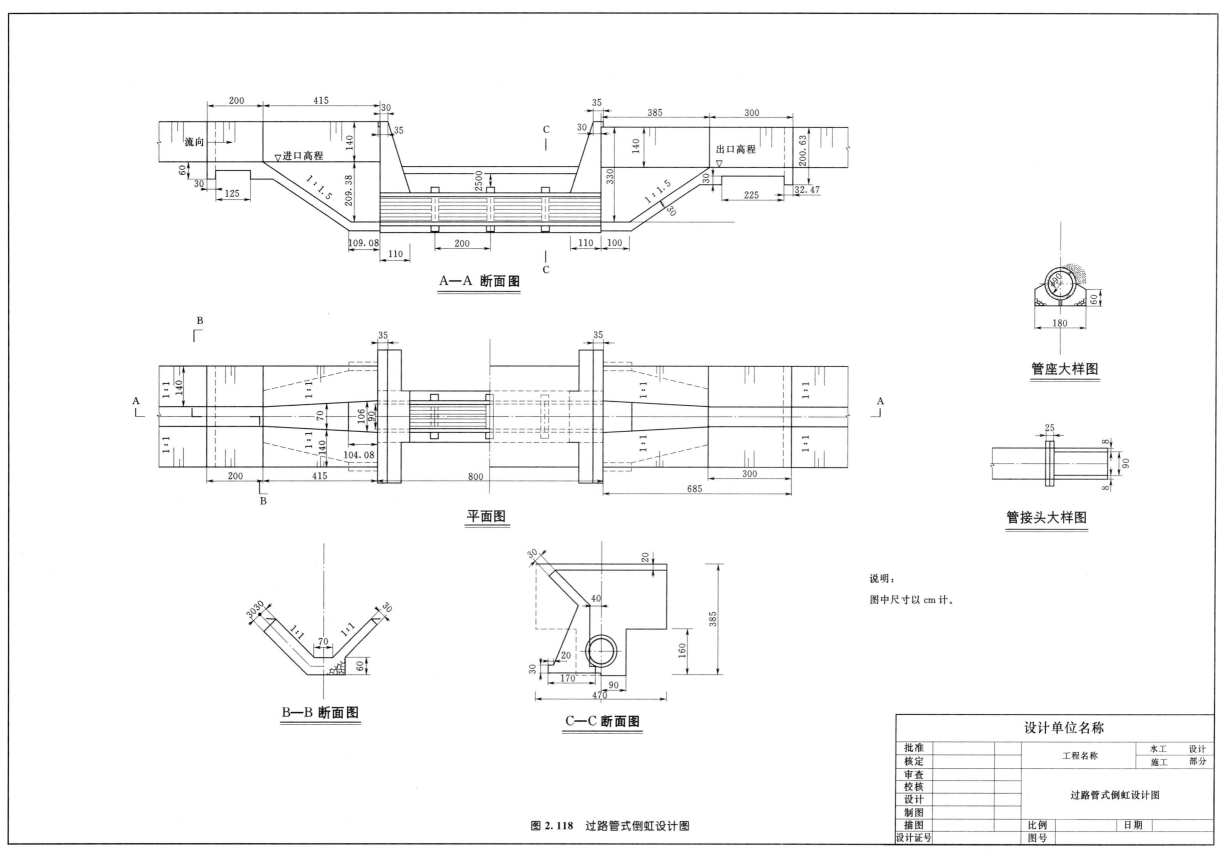

A—A 断面图

平面图

B—B 断面图

C—C 断面图

管座大样图

管接头大样图

说明：

图中尺寸以 cm 计。

图 2.118　过路管式倒虹设计图

设计单位名称				
批准		工程名称	水工	设计
核定			施工	部分
审查		过路管式倒虹设计图		
校核				
设计				
制图				
描图		比例	日期	
设计证号		图号		

81

学习单元 3　水利枢纽图识读

学习目标：

水利工程图识读是工程技术人员的交流语言，正确识读工程图纸是对设计人员设计思想的理解，是正确建设水利工程的前提，是满足工程使用的基本要求。通过典型水利枢纽工程全套图纸的识读，在充分理解的基础之上，达到触类旁通的效果。水利枢纽中包含的建筑物的类型、大小、功能各不相同，通过识读本篇描述的水利枢纽图，学会水利枢纽图的识读方法和识读技巧。

学习任务：

掌握水利枢纽的类型、组成，主要建筑物的种类，各种建筑物的平面布置、剖面形式、细部构造要求，主要工程量表及枢纽的总体情况。

学习要求：

通过对三种典型水利枢纽的图纸识读，掌握每种枢纽的图纸要求，识读的方法，水工建筑物在地形图中的绘制，建筑物的相对位置，识读的原则。

水工建筑物图的识读是为水利枢纽图识读提供依据的，由水工建筑物组成的集合体称为水利枢纽。一般水利枢纽分为三大类：水库枢纽、引水灌溉枢纽、电站枢纽。水库枢纽是以大坝为主要建筑物形成的蓄水水利枢纽。引水灌溉枢纽分无坝引水枢纽和有坝引水枢纽，无坝引水枢纽是从河道侧面引水，不需要修建拦河闸（坝）的取水方式；有坝引水枢纽是在河道适当位置建拦河闸或溢流坝，抬高水位达到引水灌溉的目的。电站枢纽是在河道修建水工建筑物，利用水头进行发电的水利枢纽工程。水电站的类型与水能开发方式密切相关，首先要使水电站的上、下游形成一定的落差，构成发电水头。因此就开发河流水能的水电站而言，按其集中水头的方式不同分为坝式、引水式和混合式三种基本方式。

3.1　水库枢纽图识读

水库枢纽的分类方法主要是按挡水建筑物的形式进行划分，通常水库枢纽分为重力坝水库枢纽、土石坝水库枢纽、拱坝水库枢纽及其他坝型的水库枢纽。水库枢纽设计图一般包括枢纽总平面布置图、上游立视图、下游立视图、挡水坝段横剖面图、泄水建筑物纵横剖面图、细部构造详图以及枢纽中其他建筑物平面图和结构图。水库枢纽不同阶段设计图包括技术设计图、施工设计图、竣工图。因篇幅所限，本单元主要介绍技术设计图的识读。施工设计图涉及的内容极其繁杂，主要是在技术设计图的基础上进行细化，同时加入大量的细部构造图，其阅读原理和方法与技术设计图相同。竣工图是施工完毕后对整个工程的实际情况的绘制，与设计图纸基本相同，只是对因实际情况发生变化，与原设计图不同部分做出的描绘。

3.1.1　重力坝水利枢纽图的识读

重力坝水库枢纽主要由挡水重力坝、溢流重力坝（或泄水洞等其他形式泄水建筑物）、取水建筑物及下游相关建筑物组成。一般重力坝水库枢纽主要的图纸包括枢纽总平面布置图、典型坝段剖面图，泄水建筑物平面、剖面图，引水建筑物平面、剖面图，地基处理图，局部详图等。

【例1】　HY重力坝水库枢纽。

1. 工程概况

HY重力坝水库枢纽位于甘肃省甘南州迭部县花园乡东约0.3km的益高村附近，距迭部县城约75km，枢纽修建在白龙江主干流上。HY重力坝水库枢纽包含的主要建筑物有混凝土重力坝、溢流坝、冲沙底孔及引水建筑物、发电厂房及开关站。水库正常蓄水位1834.500m，水库库容620万 m^3，汛限水位1829.00m。电站设计引用流量120m^3/s，单机过流量40.2m^3/s，电站总装机容量60MW，设计年平均发电量2.459亿kW·h，年利用小时数4309h，工程总投资6亿元。

2. 水文地质

HY重力坝水库枢纽地处高山地区，年平均气温7.0℃，极端最低气温−19.9℃，极端最高气温35.5℃。多年平均降水量596mm，蒸发量1462mm，平均风速1.8m/s，最大冻土深0.75m。流域径流主要由降雨补给，具有年际变化不大，年内分配不均的特点，降水集中在7～9月，多年平均流量59.6m^3/s。流域上游植被覆盖较好，森林、草原调蓄能力较强。洪水涨落一般比较平缓，具有洪峰不高、洪量较大、洪水历时长的特点。

HY重力坝水库枢纽坝址经实测，多年年平均悬移质输沙量为119万 t，河道水流多年年平均含沙量为0.633kg/m^3。推移质按悬沙的10%考虑，推移质输沙量为11.9万 t，则水库建成后，在库区内年泥沙淤积量为130.9万 t。

工程区属构造剥蚀中高山区河谷地貌，河谷两侧山体陡峻，呈基本对称的 V 形，岸坡自然坡度在30°～70°之间，两岸山前多为白龙江 I－Ⅱ级阶地，山坡平缓处见有Ⅲ－Ⅳ级阶地，I－Ⅳ级阶地上多被第四系全新统坡积碎石土覆盖。相对最低的侵蚀基准面，河床高程在1770.00～1795.00m之间，河道纵坡降平均在6‰左右，坝址处河谷宽约350m。

坝基河床基岩裸露，局部覆盖层厚约1～2m，为冲积卵石混合土。河床基岩为中上志留统的银灰色、灰黑色绢云千枚岩，属弱透水岩层，透水量较小。千枚岩在弱风化时其允许承载力为1200kPa；千枚岩在微风化时其允许承载力为1400kPa。消能部位岩性较软弱，抗冲刷能力差，建议冲刷系数为1.2。

3. 工程布置与建筑物

HY重力坝水库枢纽等别为Ⅲ等工程，主要建筑物为3级，次要建筑物为4级，临时建筑物按 5 级设计。枢纽洪水标准为设计洪水重现期为 50 年（P＝2％），洪峰流量 1160m³/s；校核洪水重现期为 500 年（P＝0.2％），洪峰流量 1900m³/s。消能建筑物洪水标准为洪水重现期为 30 年（P＝3.33％），洪峰流量 1000m³/s。

大坝为混凝土重力坝，级别为 3 级，坝顶高程 1838.00m，坝基高程 1783.00m，最大坝高 55m，坝顶宽 8.5m，长 108m。其中溢流坝段长 16m，深水底孔坝段长 17m，重力坝段长 75m。水库正常蓄水位 1835.00m。溢流坝段过流断面净宽 10m，堰顶高程 1824.00m，设露顶式弧形工作闸门和检修闸门各一扇。深孔坝段布置两孔冲沙底孔，布置于右岸坝体内部，为矩形断面压力洞，进口底板高程 1798.00m，宽×高为 4.0m×5.5m，进出口分别设事故检修门和弧形工作闸门各一扇。溢流坝段和深孔坝段出口拟采用挑流消能，设计泄量对应下游水位 1797.00m，校核泄量对应下游水位 1800.00m。

溢流坝段位于河床部位，坝段长 16m，过流断面净宽 10m，两侧边墙厚度各 3m，堰顶高程 1824.00m，设露顶式弧形工作闸门和叠梁检修闸门各一扇。上游堰面铅直，堰顶上游采用三圆弧曲线，堰面采用 WES 曲线接 1：0.8 的斜坡。出口采用面流消能，反弧底高程 1800.09m，反弧半径 20m，出射角 21.66°。下游布置 30m 长的混凝土护坦，厚度 2m。

深水底孔坝段位于溢流坝段右侧，初拟坝段长 17m，布置两孔宽×高为 4.0m×5.5m 的泄洪排沙底孔，进出口分别设事故检修门和弧形工作闸门各一扇。初拟底孔进口底板高程 1798.00m，进口采用圆曲线，事故检修门后平坡段、压力洞段长度约 21.9m。初拟出口采用挑流消能方式，弧形工作闸门后接反弧段，反弧底高程 1798.00m，反弧半径 25m，出射角 28.3°。下游布置 30m 长的混凝土护坦，厚度 2m。

4. 图纸识读

（1）枢纽平面布置图。枢纽平面布置图比例尺 1：1000，在枢纽布置图中主要包括的内容有枢纽建筑物的总体平面布置、建筑物的平面尺寸、建筑物的相对位置、控制高程点和控制高程面、临时建筑物平面布置和尺寸（如大坝施工时的围堰、临时道路、临时宿舍等）。除此之外，在枢纽平面布置图中还应有工程特性表、主要工程量表、主要控制点坐标表、工程说明、指北针和地形测量建立的坐标系统如图 3.1 所示。

（2）上游立视图。上游立视图比例尺为 1：500，包括地基岩层、坝体开挖线、建筑物上游断面形式、上游断面尺寸、典型断面位置、高程标尺以及建筑物与坝体的相对位置（一般从坝体左岸开始，以坝顶与岸坡的交点定为坝 0＋000，其他建筑物相对 0＋000 的距离定为×＋×××）如图 3.2 所示。

（3）下游立视图。下游立视图比例尺为 1：500，包括地基岩层、坝体开挖线、建筑物下游断面形式、下游断面尺寸、典型断面位置、高程标尺、控制点高程标高以及建筑物与坝体的相对位置（一般从坝体左岸开始，以坝顶与岸坡的交点定为坝 0＋000，其他建筑物相对 0＋000 的距离定为×＋×××）如图 3.3 所示。

（4）典型断面图。典型断面包括挡水断面、溢流断面、底孔断面（如枢纽中还有其他建筑物，则应包括相应建筑物典型断面图）。在挡水断面图中包括开挖坝底标高、开挖边坡、基础处理、坝体分区混凝土强度和防渗抗冻要求、坝体混凝土施工分缝、坝内廊道系统、坝顶细部构造、特征水位标示、坝体特征点位高程、特征参数表等。

一般典型断面除坝体典型断面外，还应增加主要建筑物的典型剖面。在 HY 重力坝水库枢纽中还有挑流消能设施、护坦的断面图。挡水断面一般应截取不同高程的断面，一般应取最大断面、变坡处断面。

图 3.2 的典型断面图如图 3.4～图 3.6 所示。

【例 2】 甘肃省 QYG 重力坝水库枢纽。

1. 工程概况

QYG 水电站位于甘肃省肃北蒙古族自治县疏勒河干流上，是一座以发电为主的引水式日调节枢纽工程，电站枢纽距玉门镇约 109km。电站总装机容量 51MW，主厂房设 2 台单机容量为 21MW 和 1 台单机容量为 9MW 共 3 台混流式水轮发电机组。电站保证出力（P＝85％）为 10.1MW，多年平均发电量 2.058 亿 kW·h，装机年利用小时数 4035h。电站一般承担系统基荷，除汛期外也可承担系统峰荷，水库运行方式为日调节。

2. 水文地质

疏勒河年径流量为 19.86 亿 m³/a。流量年际变化较大，近 50 年疏勒河水量略有增加。河流皆存在 3 年、11 年的周期性丰、枯变化规律。流域年平均气温 10.0℃，极端最低气温 −19.9℃，极端最高气温 32℃。多年平均降水量 496mm，蒸发量 1462mm，平均风速 2.3m/s，最大冻土深 0.85m。流域径流主要由降雨补给，具有年际变化较大，年内分配不均的特点，降水集中在 7～9 月，工程区属构造剥蚀中高山区河谷地貌，主坝区河谷两侧山体陡峻，副坝区岸坡比较平缓，主坝区岸坡自然坡度在 30°～70°之间，相对最低的侵蚀基准面，河床高程在 2265.00～2268.00m 之间，河道纵坡降平均在 6‰左右，坝址处主河谷宽约 170m、副坝区河谷宽 433m。

坝基河床基岩裸露，局部覆盖层厚约 1～2m，为冲积卵石混合土。河床基岩为辉长岩，属弱透水岩层，透水量在 3～5L/m 之间。副坝区基础为凝灰岩层。

3. 工程布置与建筑物

QYG 水电站大坝为碾压混凝土重力坝，最大坝高 64.3m，库容 975.4 万 m³，主要建筑物为 3 级，次要建筑物为 4 级，临时建筑物为 5 级。枢纽由拦河大坝、冲沙泄洪建筑物、引水系统及发电厂房等建筑物组成。挡水建筑物碾压混凝土坝按 50 年一遇洪水设计，相应 $Q_{2\%}$＝1220m³/s，按 500 年一遇洪水校核，相应 $Q_{0.2\%}$＝2210m³/s；厂房按 50 年一遇洪水设计，相应 $Q_{2\%}$＝1220m³/s，按 200 年一遇洪水校核，相应 $Q_{0.5\%}$＝1810m³/s；泄水建筑物消能防冲设计洪水标准 $Q_{3.33\%}$＝1020m³/s。

大坝正常蓄水位为 2325.00m，校核洪水位 2327.13m，坝顶高程 2329.30m。开挖的建坝基面高程 2265.00m。基岩为辉长岩，建基条件好。枢纽由溢流表孔坝段、泄洪冲沙中孔坝段、电站进水口坝段等主要建筑物组成，坝顶长度 146.935m，自左至右依次布置 22.96m 左岸常态混凝土挡水坝、12.5m 进水闸段、18.25m 碾压混凝土坝、11m 泄洪冲沙中孔、35m 溢流表孔和 47.225m 右岸碾压混凝土坝。枢纽区河床狭窄，因此将泄洪建筑物布置在主河床位置，考虑将中孔右侧两孔溢流表孔布置在正对主河床，左侧中孔、右侧表孔采用扭曲式鼻坎，外墙向内收缩，使挑流水舌前缘深入主河道内。

溢流坝段设 3 孔溢流表孔，坝段宽度 35m，坝底高程 2265.00m，堰顶高程 2317.50m，坝体上游面直立，反弧段下游坝坡直立，坝底宽 51.547m。堰面采用 WES 曲线，曲线方程 $y＝0.08229x^{1.836}$，下接 11：0.8 坡坡，之下为反弧段。堰顶上下游分别设检修闸门和工作闸

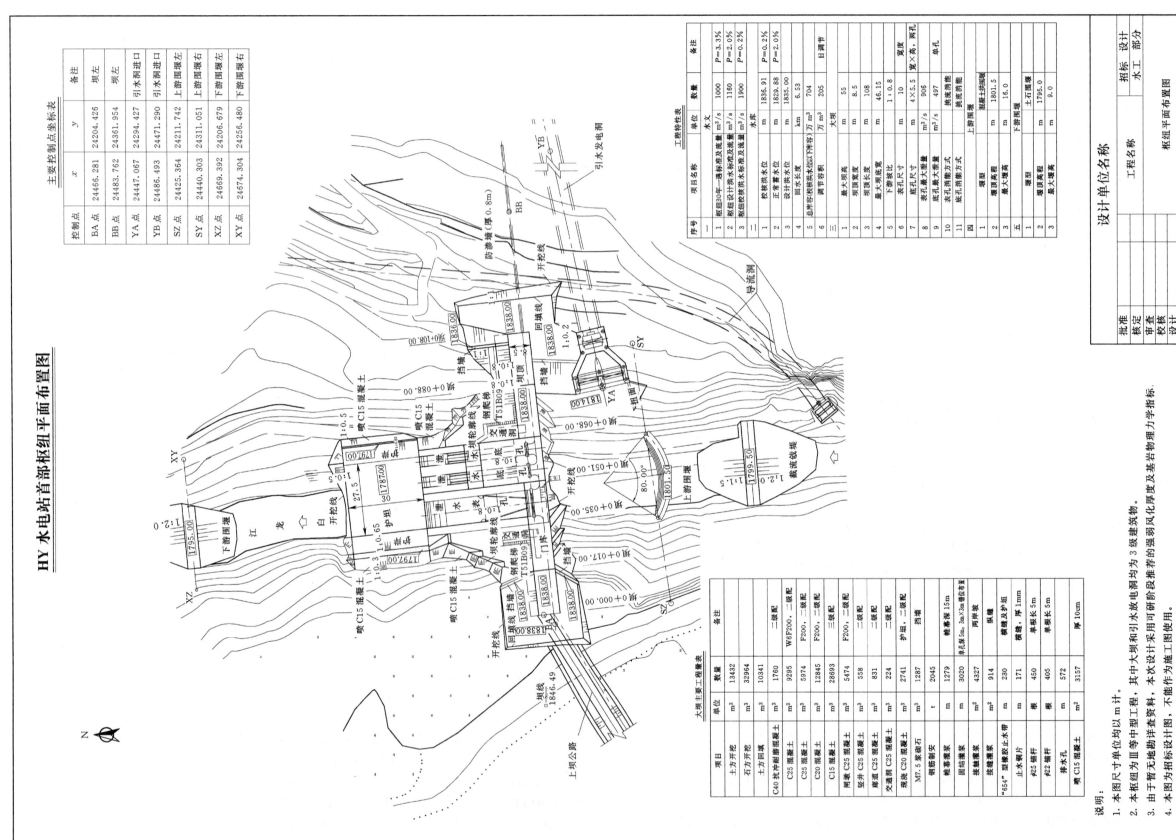

HY 水电站首部枢纽平面布置图

HY 重力坝水库枢纽平面布置图

图 3.1　HY 重力坝水库枢纽平面布置图

上 游 立 视 图

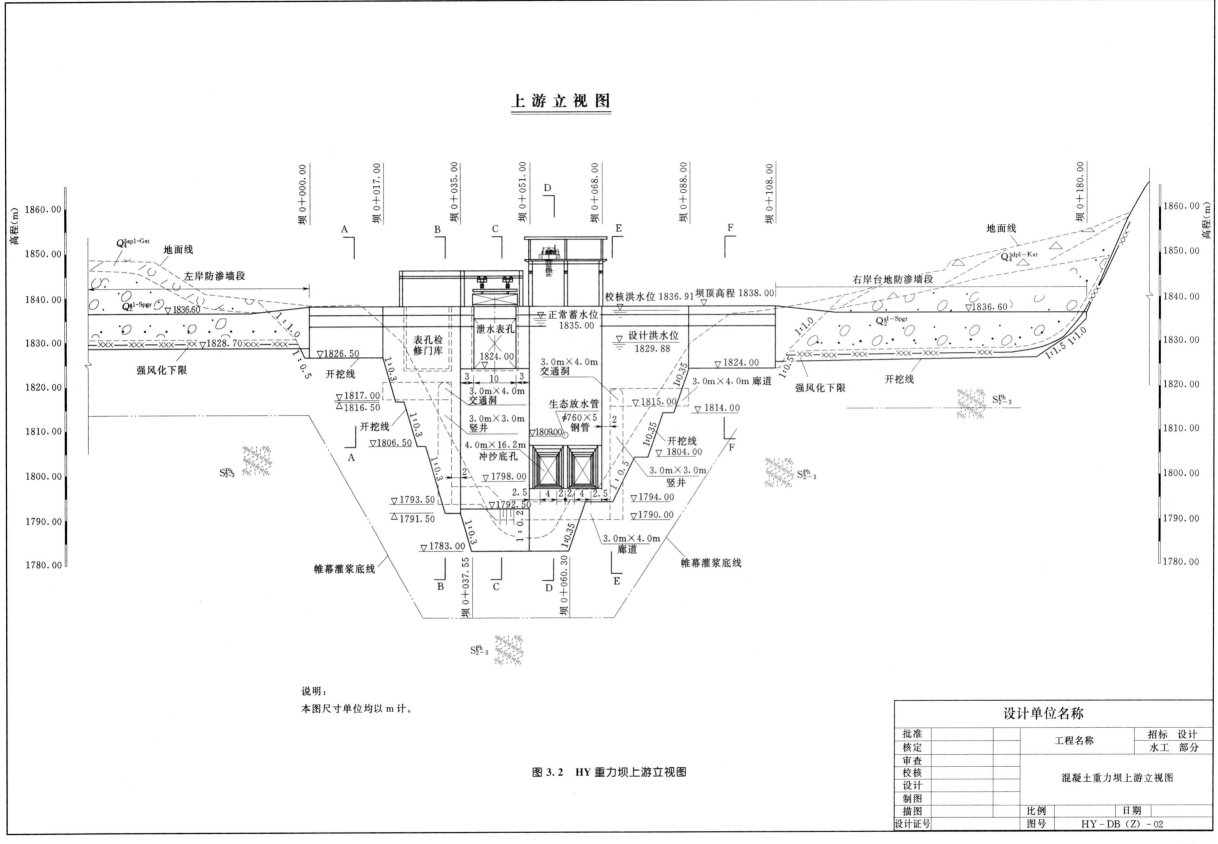

说明:
本图尺寸单位均以 m 计。

图 3.2 HY 重力坝上游立视图

设计单位名称				
批准			工程名称	招标 设计
核定				水工 部分
审查				混凝土重力坝上游立视图
校核				
设计				
制图				
描图		比例		日期
设计证号		图号	HY-DB(Z)-02	

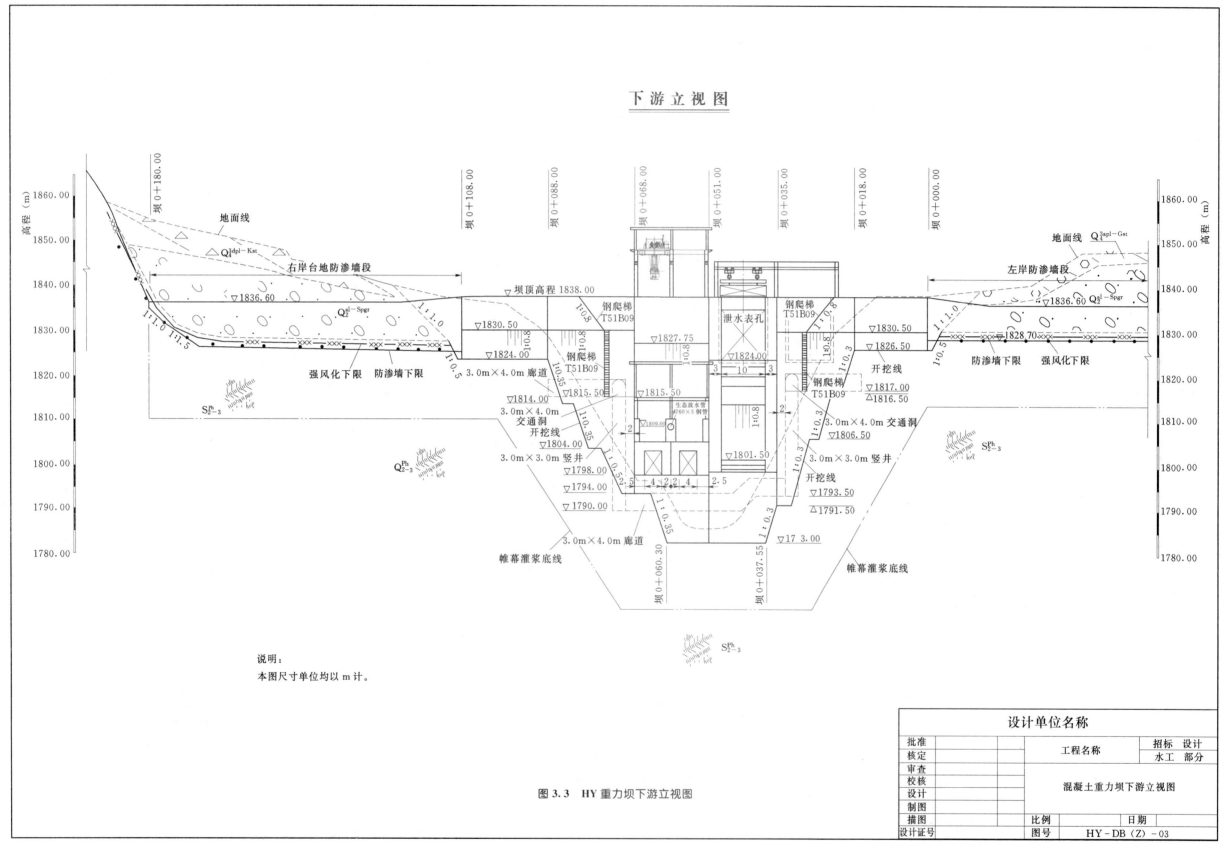

图 3.3　HY 重力坝下游立视图

说明：
本图尺寸单位均以 m 计。

设计单位名称			
批准		工程名称	招标　设计
核定			水工　部分
审查			
校核		混凝土重力坝下游立视图	
设计			
制图			
描图		比例	日期
设计证号		图号	HY-DB（Z）-03

挡水坝段剖面图(B−B)

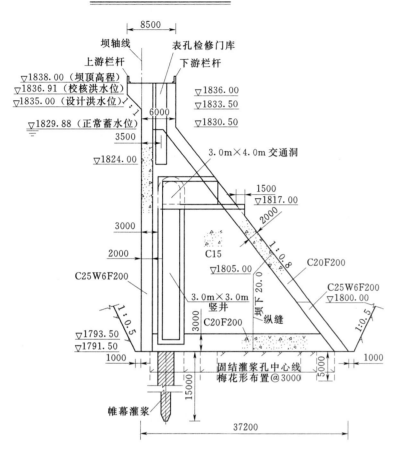

坝轴线
表孔检修门库
上游栏杆
下游栏杆
8500
6000
▽1838.00（坝顶高程）
▽1836.91（校核洪水位）
▽1835.00（设计洪水位）
▽1836.00
▽1833.50
▽1830.50
▽1829.88（正常蓄水位）
3500
▽1824.00
3.0m×4.0m 交通洞
1500
▽1817.00
2000
3000
C15
1:0.8
坝下 20.0
C20F200
2000
C25W6F200
▽1805.00
C25W6F200
▽1800.00
3.0m×3.0m 竖井
C20F200
纵缝
1:0.5
3000
▽1793.50
▽1791.50
1:0.5
1000
1000
固结灌浆孔中心线 梅花形布置@3000
15000
5000
帷幕灌浆
37200

溢流段剖面图(C−C)

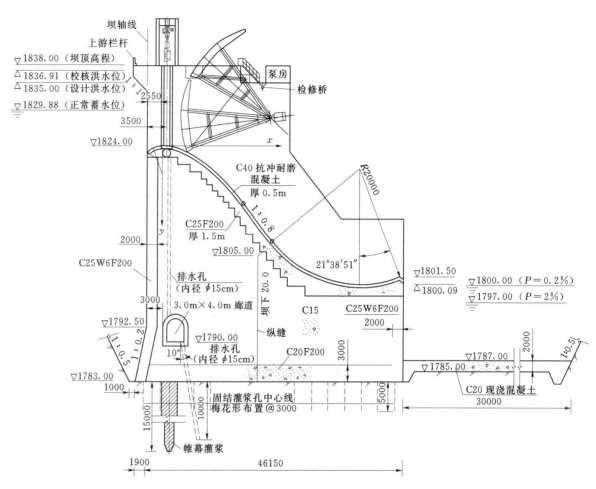

坝轴线
上游栏杆
泵房
检修桥
▽1838.00（坝顶高程）
△1836.91（校核洪水位）
△1835.00（设计洪水位）
1:1.2550
▽1829.88（正常蓄水位）
3500
▽1824.00
C40 抗冲耐磨混凝土 厚 0.5m
R20000
C25F200 厚 1.5m
2000
1:0.8
坝下 20.0
21°38′51″
▽1805.00
▽1801.50
△1800.09
▽1800.00（P=0.2%）
▽1797.00（P=2%）
排水孔（内径 φ15cm）
3000
C15
C25W6F200
2000
3.0m×4.0m 廊道
纵缝
C20F200
3000
▽1792.50
1:0.2
10°
▽1790.00
排水孔（内径 φ15cm）
▽1787.00
▽1785.00
1:0.5
C20 现浇混凝土
30000
1:0.5
2000
▽1783.00
1000
15000
5000
固结灌浆孔中心线 梅花形布置@3000
帷幕灌浆
1900
46150

溢流段曲线坐标表

坝段	坐标 x	坐标 y	坝段	坐标 x	坐标 y
曲线段	0.5	0.020	曲线段	11	5.964
	1	0.071		12	7.006
	2	0.255		13	8.124
	3	0.539		14	9.318
	4	0.918	斜直段	14.5	9.943
	5	1.387		14.5	9.943
	6	1.943	反弧段	19.666	16.400
	7	2.585		19.666	16.400
	8	3.309		35.283	23.907
	9	4.115		42.661	22.496
	10	5.000	圆心	35.283	3.907

上游堰头曲线特征值

名称	数值	备注
R1	5.00	
H1	1.75	
R2	2.00	沿R1量取
H2	2.76	
R3	0.40	沿R2量取
H3	2.82	

WES溢流曲线特征值

名称	数值	备注
n	1.85	上游垂直
k	2.00	
H_d	10.00	定型水头

说明：
本图尺寸单位高程以 m 计，其余以 mm 计。

图 3.4 HY 重力坝典型断面图（一）

设计单位名称			
批准		工程名称	招标　设计
核定			水工　部分
审查			
校核			混凝土重力坝剖面设计图
设计			
制图			
描图		比例	日期
设计证号		图号	HY-DB（Z）-04⑤₂

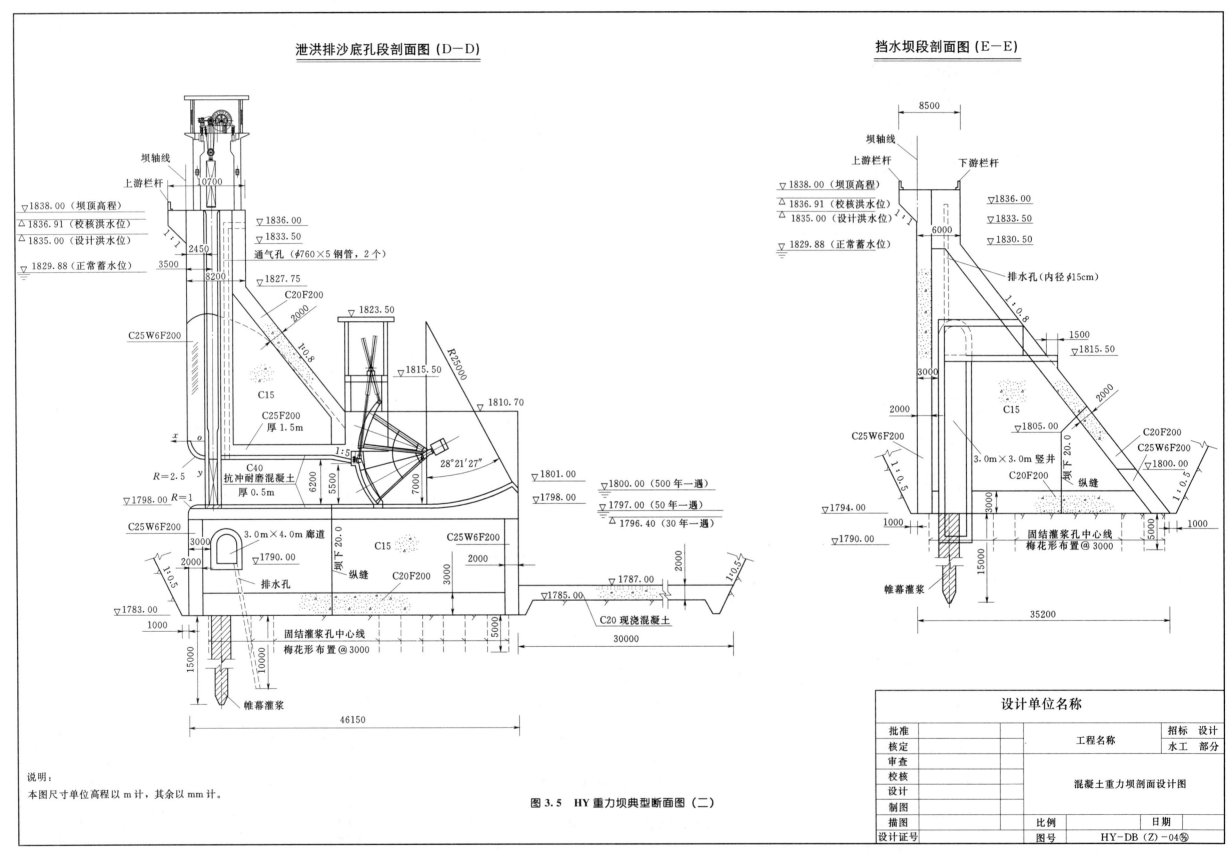

泄洪排沙底孔段剖面图 (D—D)

挡水坝段剖面图 (E—E)

说明:
本图尺寸单位高程以 m 计，其余以 mm 计。

图 3.5 HY 重力坝典型断面图（二）

设计单位名称			
批准		工程名称	招标 设计
核定			水工 部分
审查			
校核		混凝土重力坝剖面设计图	
设计			
制图			
描图		比例	日期
设计证号		图号	HY-DB（Z）-04③

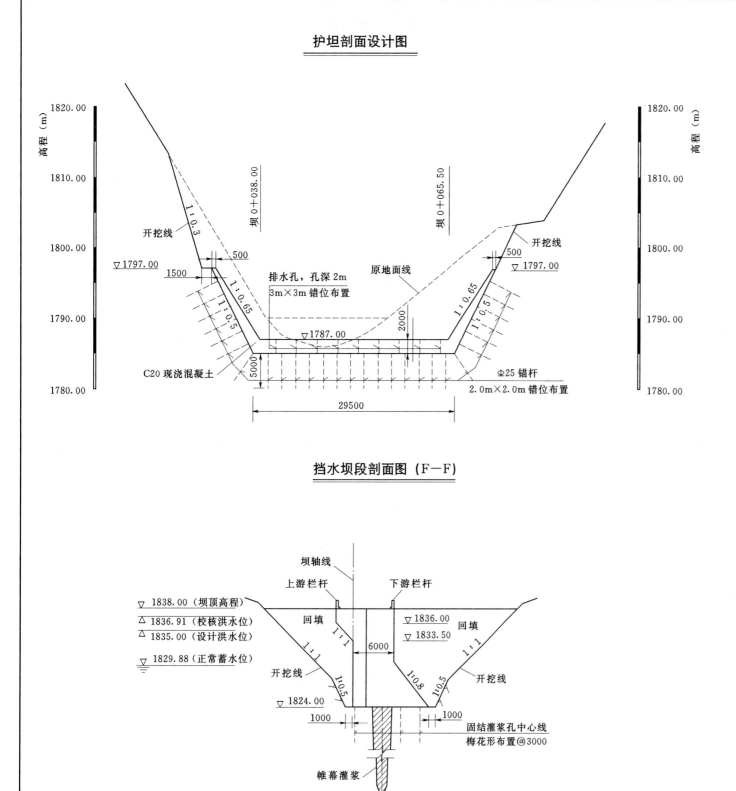

护坦剖面设计图

排水孔, 孔深2m
3m×3m错位布置

原地面线

C20现浇混凝土

Φ25锚杆
2.0m×2.0m错位布置

挡水坝段剖面图 (A—A)

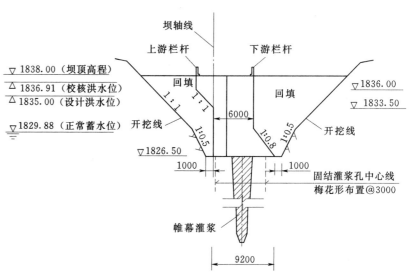

坝轴线
上游栏杆   下游栏杆

▽ 1838.00 (坝顶高程)
△ 1836.91 (校核洪水位)
△ 1835.00 (设计洪水位)
▽ 1829.88 (正常蓄水位)

回填   回填
▽ 1836.00
▽ 1833.50

开挖线   开挖线
▽ 1826.50
1000   1000
固结灌浆孔中心线
梅花形布置@3000

帷幕灌浆

9200

说明:
本图尺寸单位高程以m计, 其余以mm计。

挡水坝段剖面图 (F—F)

坝轴线
上游栏杆   下游栏杆

▽ 1838.00 (坝顶高程)
△ 1836.91 (校核洪水位)
△ 1835.00 (设计洪水位)
▽ 1829.88 (正常蓄水位)

回填   回填
▽ 1836.00
▽ 1833.50

开挖线   开挖线
▽ 1824.00
1000   1000
固结灌浆孔中心线
梅花形布置@3000

帷幕灌浆

11200

图 3.6 HY重力坝典型断面图 (三)

设计单位名称				
批准			工程名称	招标 设计
核定				水工 部分
审查				
校核			大坝下游护坦设计图	
设计				
制图				
描图		比例		日期
设计证号		图号	HY-DB (Z)-05	

门，孔口尺寸 8m×11.8m，坝顶设门机启闭检修闸门，坝顶交通在门机下通行，工作闸门由液压启闭机启闭，液压站设在闸墩顶部下游端。表孔边墩厚 2.5m，中墩厚 3.0m。

根据河流含沙量大、坝前泥沙淤积高程高的特点，为保证发电洞前"门前清"，将进水口布置在重力坝坝体内、冲沙泄洪中孔旁边。

汛期水库运行以满足排沙为主，电站以承担基荷为主，争取多发电，水库不对发电进行调节。根据来水及来沙情况，汛期入库流量大于 120m³/s 且当含沙量较大时，库水位降到排沙水位 2313m 临时运行，洪水过后再抬高到正常蓄水位的运行方式，当上游水库排沙时，青羊沟水库应降低水库水位至排沙水位进行同步排沙运行。

中孔坝段基础高程 2286.18m，坝顶高程 2329.30m，坝高 43.125m，其体型在中孔出口以上高程与碾压混凝土坝段一致，在底板高程 2295.00m 以下与表孔坝段同宽。

中孔底板高程 2295.00m，进口底板前缘设圆弧曲线，$R=1$m，顶板前缘设椭圆曲线，曲线方程 $x^{2/3.75}+y^{2/1.25}=1$，侧墙前缘设 $x^{2/3}+y^{2/1}=1$ 椭圆曲线方程。椭圆曲线后设平板检修闸门（孔口尺寸 6m×7m），检修闸门后接 15.23m 长平直段，平直段后设 1∶5 压坡段接弧形工作门（孔口尺寸 6m×6m），工作门后接长平直段入反弧段。

下游消能：工程区河道狭窄，下游河床底部宽度仅 22m，而泄流建筑物总宽度 46m，如采用底流式消能，下游消能建筑物工程量将大大增加，且增加建筑物布置难度。下游消能采取挑流消能，将中间两孔表孔布置在正对主河床，采用宽尾墩挑流消能；另一孔表孔及中孔采用扭曲式鼻坎，将水流挑向主河槽的消能布置方式。

泄洪建筑物运行方式初步拟定：泄洪冲沙中孔为经常性泄洪建筑物，目的是使汛期泥沙穿堂过，不考虑汛后低水位冲沙运行。

当中、小洪水（$Q≤764.7$m³/s）时，由泄洪冲沙中孔单独运行。当较大洪水（$Q>764.7$m³/s）时，开启溢流表孔泄洪，随着洪量增大，泄洪由泄洪冲沙中孔为主逐渐过渡到以溢流表孔泄洪为主。

进水口坝段宽度 12.5m，长 18.0m，坝顶高程 2329.30m。本工程发电引水流量 50.2m³/s，引水发电洞直径 4.6m，进水口底板高程按防止产生贯通式漏斗旋涡进行确定。发电洞进口底板高程取 2313.00m，比冲沙泄洪中孔进口高程 2295.00m，高 18m。适时开启冲沙中孔冲沙，在坝前形成一纵向比降约 0.14，横向比约 0.35 的冲刷漏斗。正常蓄水位下漏斗容积约为 24 万 m³，容积较小，易淤积填满。因此，在电站运行期间特别是洪水时期沙峰入库时，应及时开闸排沙，保持发电洞"门前清"，防止粗颗粒泥沙进入电站进水口，避免粗沙过机对机组的安全运行产生影响。

进水口喇叭段长度 9.6m，顶部采用 1/4 椭圆曲线。洞进口设直立式拦污栅 2 扇，拦污栅单孔孔口尺寸为 4m×9.0m。闸室段设置事故检修闸门一扇，闸孔尺寸 4.6m×4.6m，闸门井断面为 1.9m×5.8m 矩形断面，闸门后设通气孔，尺寸为 1.3m×4.6m。闸后渐变段长度为 9m，由矩形过渡到圆形隧洞，渐变段位于碾压混凝土坝体外，为明洞型式。

4. 图纸识读

（1）枢纽平面布置图。枢纽平面布置图比例尺 1∶1000，在枢纽布置图中主要包括的内容有枢纽建筑物的总体平面布置、建筑物的平面尺寸、建筑物的相对位置、控制高程点和控制高程面、临时建筑物平面布置和尺寸（如大坝施工时的围堰、临时道路、临时宿舍等）。除

此之外，在枢纽平面布置图中还应有工程特性表、主要工程量表、主要控制点坐标表、工程说明、指北针和地形测量建立的坐标系统如图 3.7 所示。

（2）上游立视图。上游立视图比例尺为 1∶500，包括地基岩层、坝体开挖线、建筑物上游断面形式、上游断面尺寸、典型断面位置、高程标尺以及建筑物与坝体的相对位置（一般从坝体左岸开始，以坝顶与岸坡的交点定为坝 0＋000，其他建筑物相对 0＋000 的距离定为 ×＋×××），如图 3.8 所示。

（3）下游立视图。下游立视图比例尺为 1∶500，包括地基岩层、坝体开挖线、建筑物下游断面形式、下游断面尺寸、典型断面位置、高程标尺、控制点高程标高以及建筑物与坝体的相对位置（一般从坝体左岸开始，以坝顶与岸坡的交点定为坝 0＋000，其他建筑物相对 0＋000 的距离定为 ×＋×××），如图 3.9 所示。

（4）典型断面图。典型断面包括挡水断面、溢流断面、底孔断面（如枢纽中还有其他建筑物，则应包括相应建筑物典型断面图）。在挡水断面图中包括开挖坝底标高、开挖边坡、基础处理、坝体分区混凝土强度和防渗抗冻要求、坝体混凝土施工分缝、坝内廊道系统、坝顶细部构造、特征水位标示、坝体特征点位高程、特征参数表等。

一般典型断面除坝体典型断面外，还应增加主要建筑物的典型剖面。在 QYG 重力坝水库枢纽中还有挑流消能设施、护坦的断面图。挡水断面一般应截取不同高程的断面，一般应取最大断面、变坡处断面。

图 3.8 的典型断面图如图 3.10～图 3.12 所示。

3.1.2 拱坝水利枢纽图的识读

拱坝水利枢纽主要由拱坝坝体、泄流设施及消能设施、取水建筑物及下游相关建筑物组成。拱坝和重力坝不同，拱坝主要修建在 V 形河谷上，对地质地形要求严格，拱坝是固结在基岩上的空间壳体结构，在平面上呈凸向上游的拱形，按照拱圈的形式划分一般可分为单圆心拱、多圆心拱、抛物线形拱、椭圆形拱、对数螺旋形拱。拱圈结构可以看做是由一系列水平拱圈和一系列竖向悬臂梁所组成的空间立体结构。大部分力传递到两侧山体，另一部分力传递到基岩。拱坝一般体积较小，河谷断面狭窄，其他建筑物布置难度较大，引水式水电站厂房多布置在河岸。

一般拱坝水库枢纽主要的图纸包括枢纽总平面布置，典型坝段剖面图，泄水建筑物平面、剖面图，引水建筑物平面、剖面图，地基处理图，局部详图等。

【例 3】 云南省 SZ 二级水电站枢纽工程。

1. 工程概况

SZ 水电站是云南省洗马河干流规划中的第二个梯级水电站，坝址位于云南省禄劝县转龙镇境内洗马河下游泸溪桥附近，为一混合式开发水电站。首部枢纽位于洗马河泸溪桥上约 400m 处，上距转龙镇约 17km。转龙镇有县级公路相通，距昆明市 151km。水电站总装机容量为 102MW，多年平均发电量为 4.285 亿 kW·h，装机年利用小时数为 4328h。水电站大坝为混凝土抛物线双曲拱坝，坝高 72m，采用坝上开敞式泄流，挑流消能。该水电站水库正常蓄水位为 1820m，死水位为 1805.00m，相应正常蓄水位时库容为 167 万 m³，有效调节库容为 48 万 m³，为日调节水库。水库汛期冲沙水位拟定为 1805.00m。

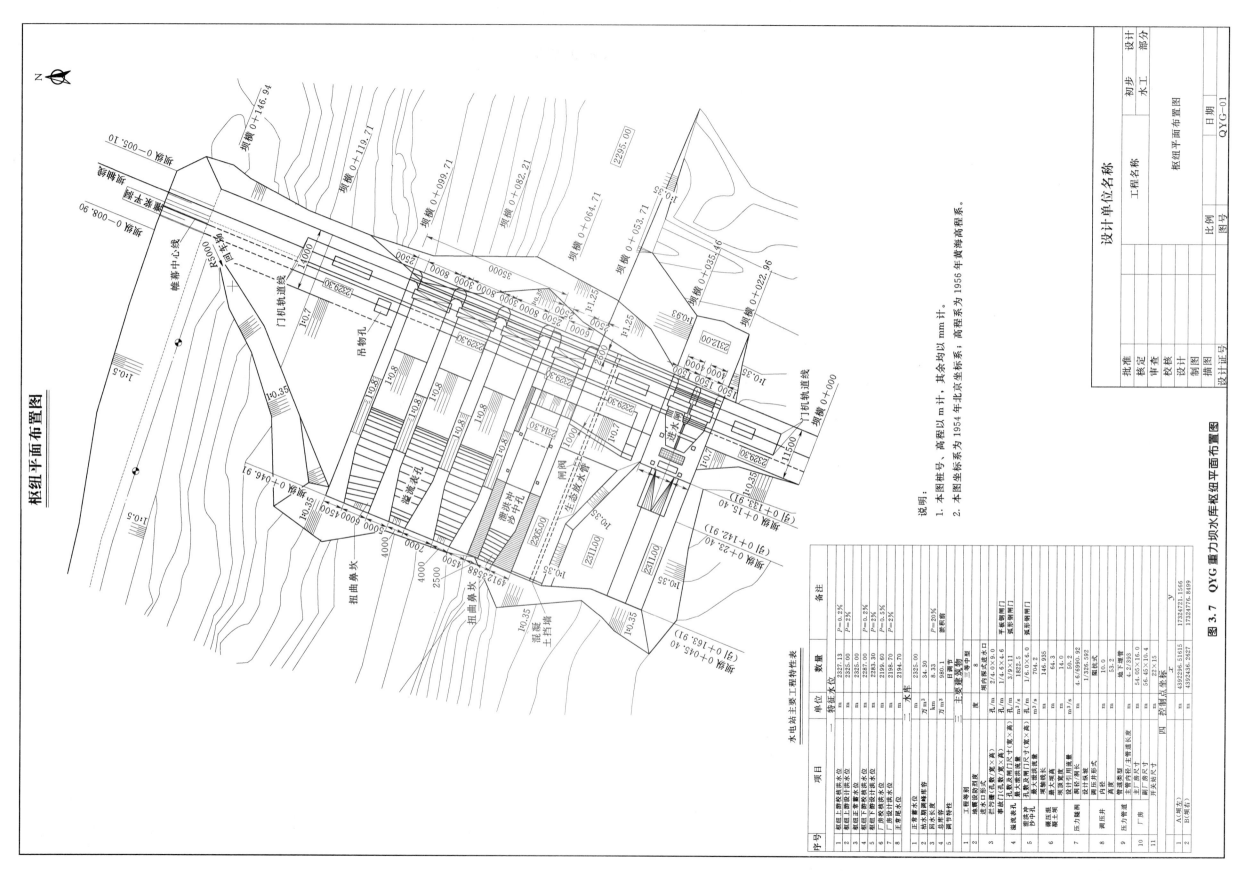

图 3.7 QYG 重力坝水库枢纽平面布置图

大坝上游立视图

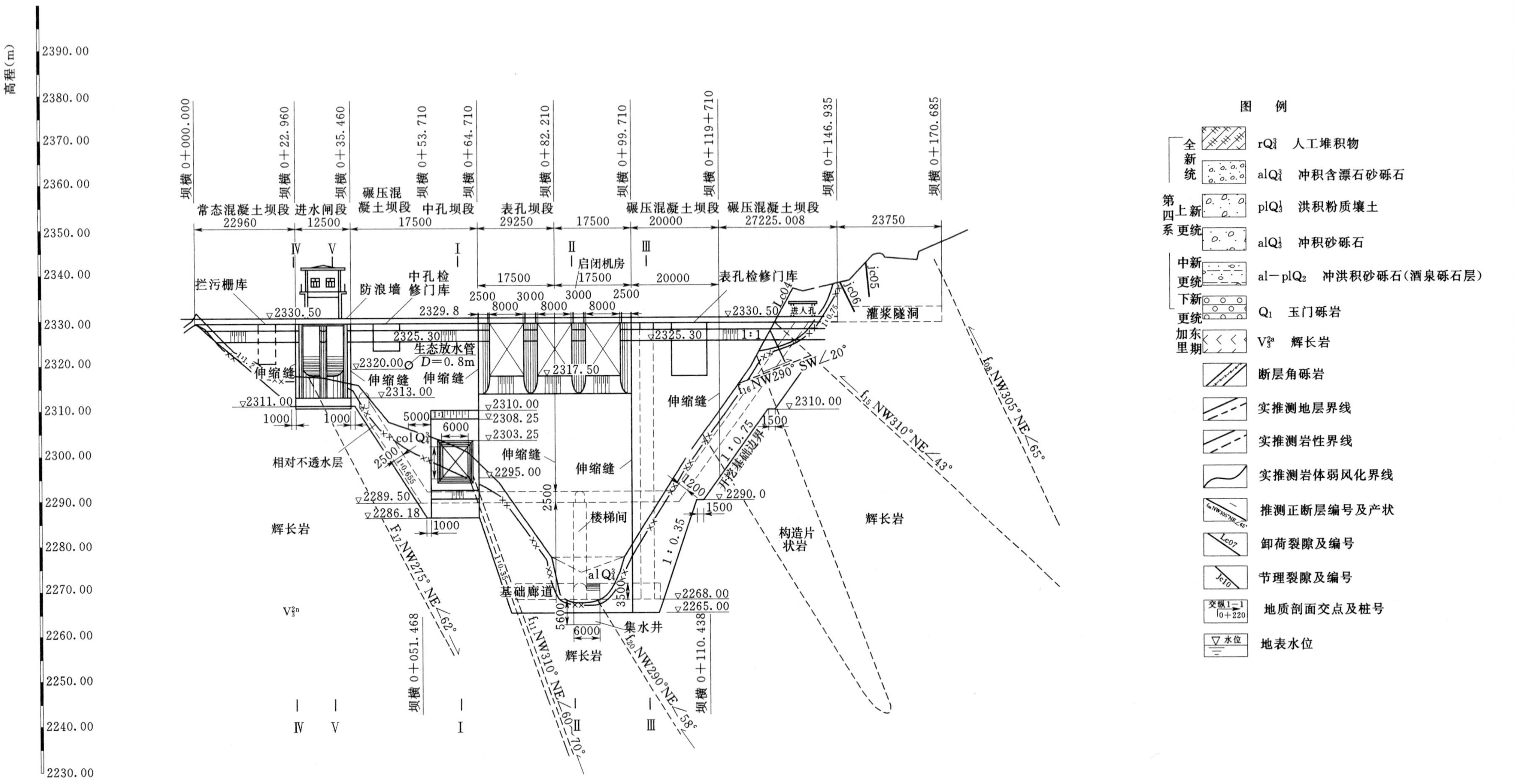

图 3.8　QYG 重力坝上游立视图

说明:
本图尺寸单位中高程、桩号以 m 计，其余均以 mm 计。

图　例

rQ₄ᵈˡ	人工堆积物
alQ₄ᵃˡ	冲积含漂石砂砾石
plQ₃ᵖˡ	洪积粉质壤土
alQ₃ᵃˡ	冲积砂砾石
al—plQ₂	冲洪积砂砾石(酒泉砾石层)
Q₁	玉门砾岩
V₃ᵃⁿ	辉长岩

断层角砾岩
实推测地层界线
实推测岩性界线
实推测岩体弱风化界线
推测正断层编号及产状
卸荷裂隙及编号
节理裂隙及编号
地质剖面交点及桩号
地表水位

设计单位名称		
批准		工程名称	初步　设计
核定			水工　部分
审查			大坝上游立视图
校核			
设计			
制图			
描图		比例	1:200	日期
设计证号		图号	QYG-02

大坝下游立视图

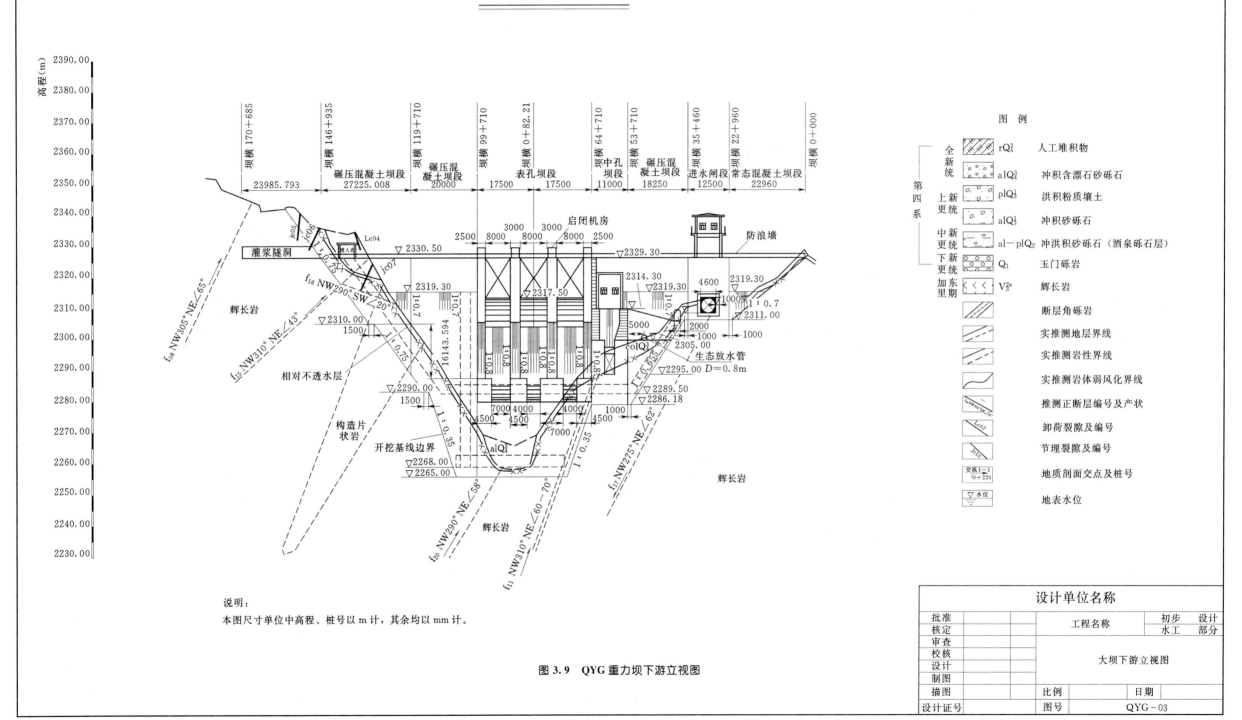

说明:
本图尺寸单位中高程、桩号以m计,其余均以mm计。

图3.9 QYG重力坝下游立视图

图 例		
全新统	rQ_4^s	人工堆积物
	alQ_4^2	冲积含漂石砂砾石
上新更统	plQ_3^3	洪积粉质壤土
	alQ_3^1	冲积砂砾石
中新更统	$al-plQ_2$	冲洪积砂砾石(酒泉砾石层)
下新更统	Q_1	玉门砾岩
加东里期	V_3^{2a}	辉长岩
		断层角砾岩
		实推测地层界线
		实推测岩性界线
		实推测岩体弱风化界线
		推测正断层编号及产状
		卸荷裂隙及编号
		节理裂隙及编号
		地质剖面交点及桩号
		地表水位

设计单位名称			
批准		工程名称	初步 设计
核定			水工 部分
审查			
校核		大坝下游立视图	
设计			
制图			
描图		比例	日期
设计证号		图号	QYG-03

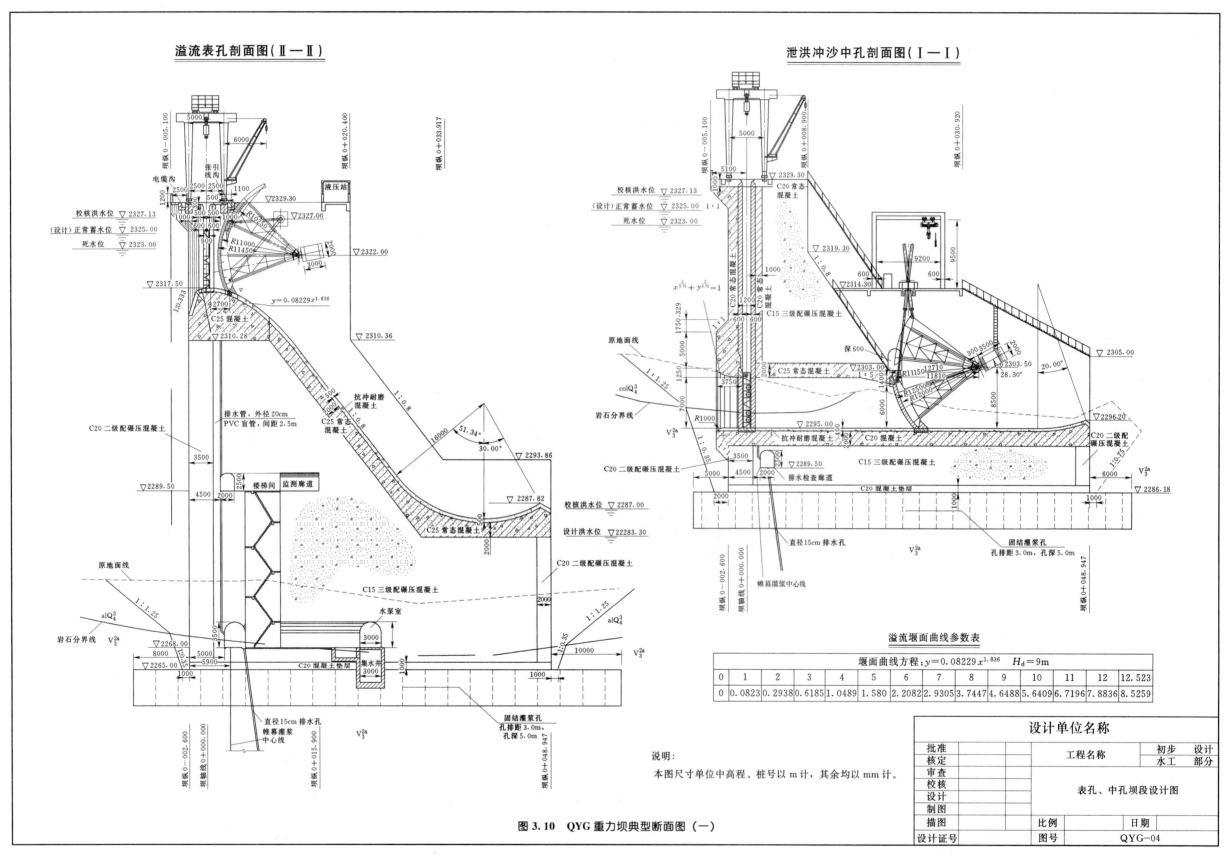

图 3.10 QYG 重力坝典型断面图（一）

吊物孔坝段剖面图(Ⅲ—Ⅲ)

C20 常态混凝土

校核洪水位 ▽ 2327.13

(设计)正常蓄水位 ▽ 2325.00

死水位 ▽ 2323.00

▽ 2329.30

▽ 2319.30

坝纵 0—005.100

坝纵 0+008.900

5000

3000

1400

2000

1：1

排水管,外径20cm
PVC盲管,间距2.5m

C20 二级配碾压混凝土

吊物孔

C15 三级配碾压混凝土

1：0.8

▽ 2289.50

2500

4500　2000

3500

校核洪水位 ▽ 2287.00

设计洪水位 ▽ 2283.30

原地面线

C20 二级配碾压混凝土

2000

1：0.35

V_3^{2a}

alQ$_4^3$

1：1.25

岩石分界线

▽ 2268.00

1：0.35

5000

8000

5900

10000

1000

▽ 2265.00

2000

C20 混凝土垫层

直径15cm 排水孔

帷幕灌浆中心线

固结灌浆孔
孔排距3.0m,孔深5.0m

坝纵 0—005.600
坝纵 0+000.000

坝轴线 0+000.000

坝纵 0+046.910

V_3^{2a}

图 3.11　QYG 重力坝典型断面图(二)

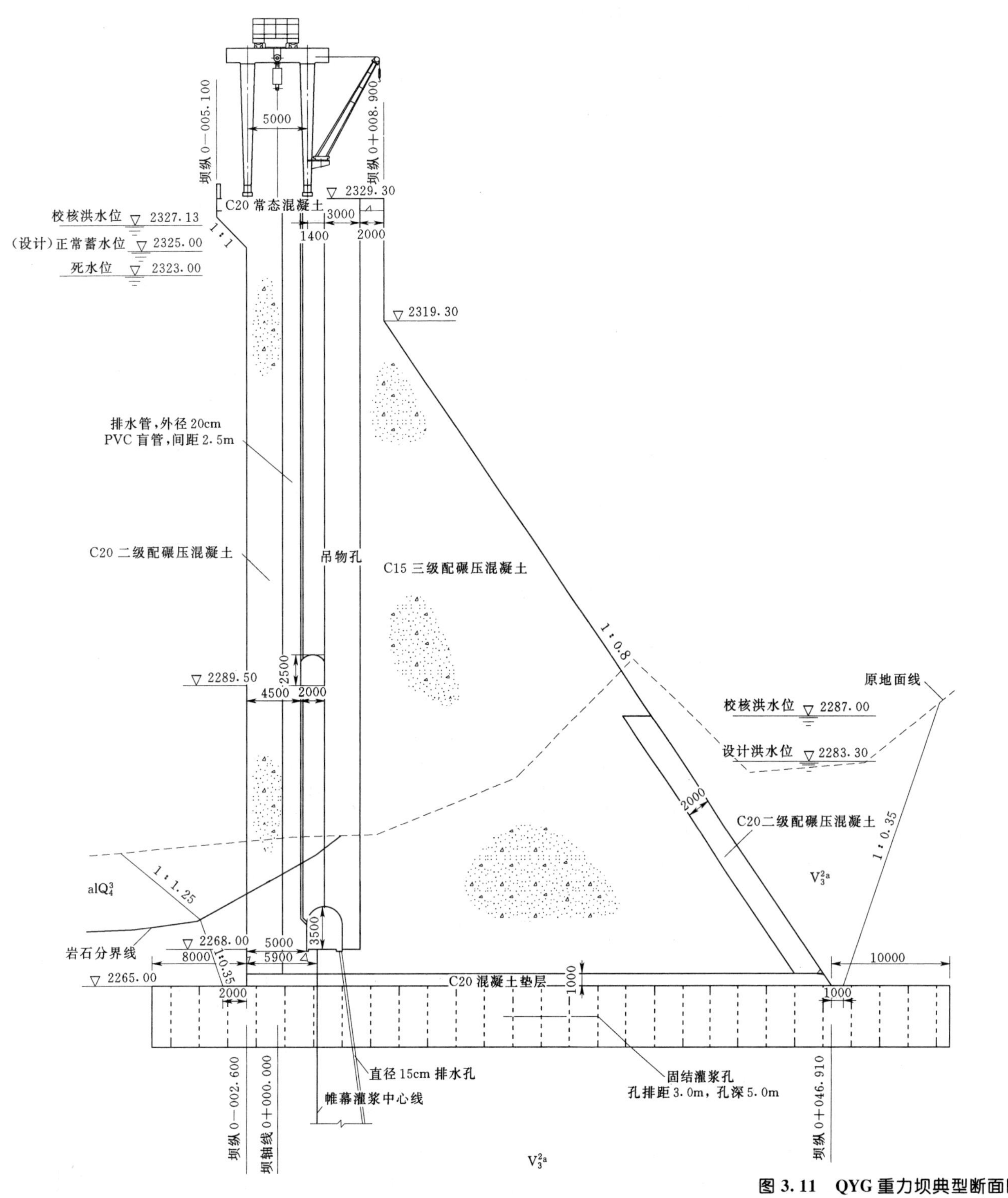

常态混凝土坝段剖面图(Ⅲ—Ⅲ)

坝纵 0—005.100

坝纵 0+007.400

5000

6000

校核洪水位 ▽ 2327.13

(设计)正常蓄水位 ▽ 2325.00

死水位 ▽ 2323.00

▽ 2329.30

C20 常态混凝土

原地面线

▽ 2319.30

1：0.35

1：0.7

1：0.35

▽ 2311.00

V_3^{2a}

V_3^{2a}

1000

1000

坝纵 0—005.600

坝轴线 0+000.000

坝纵 0+013.110

固结灌浆孔
孔排距3.0m,孔深5.0m

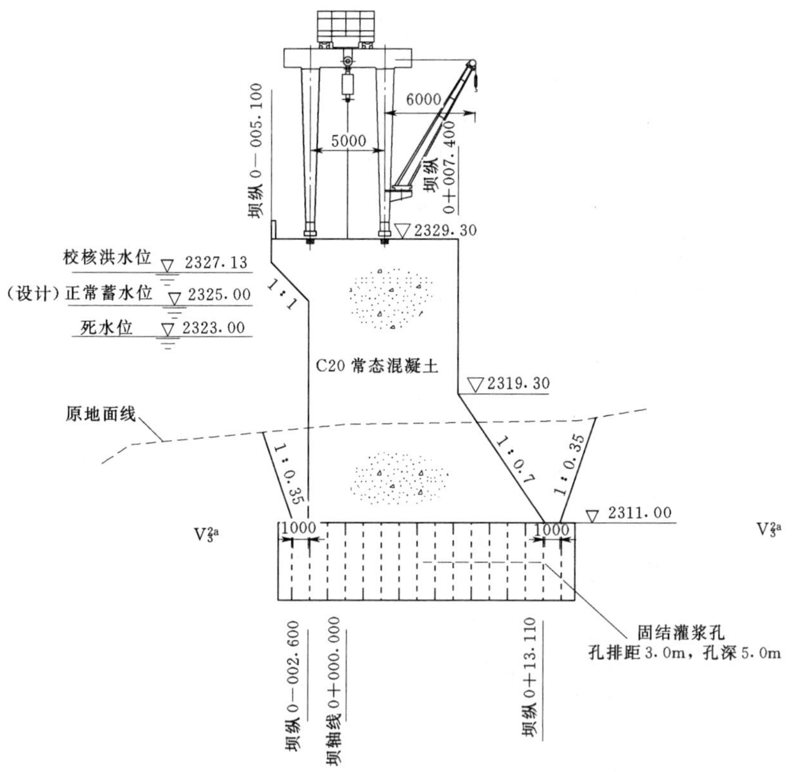

说明：

本图尺寸单位中高程、桩号以 m 计,其余均以 mm 计。

设计单位名称				
批准		工程名称	初步	设计
核定			水工	部分
审查				
校核		吊物孔、常态混凝土坝段设计图		
设计				
制图				
描图		比例	日期	
设计证号		图号	QYG—05	

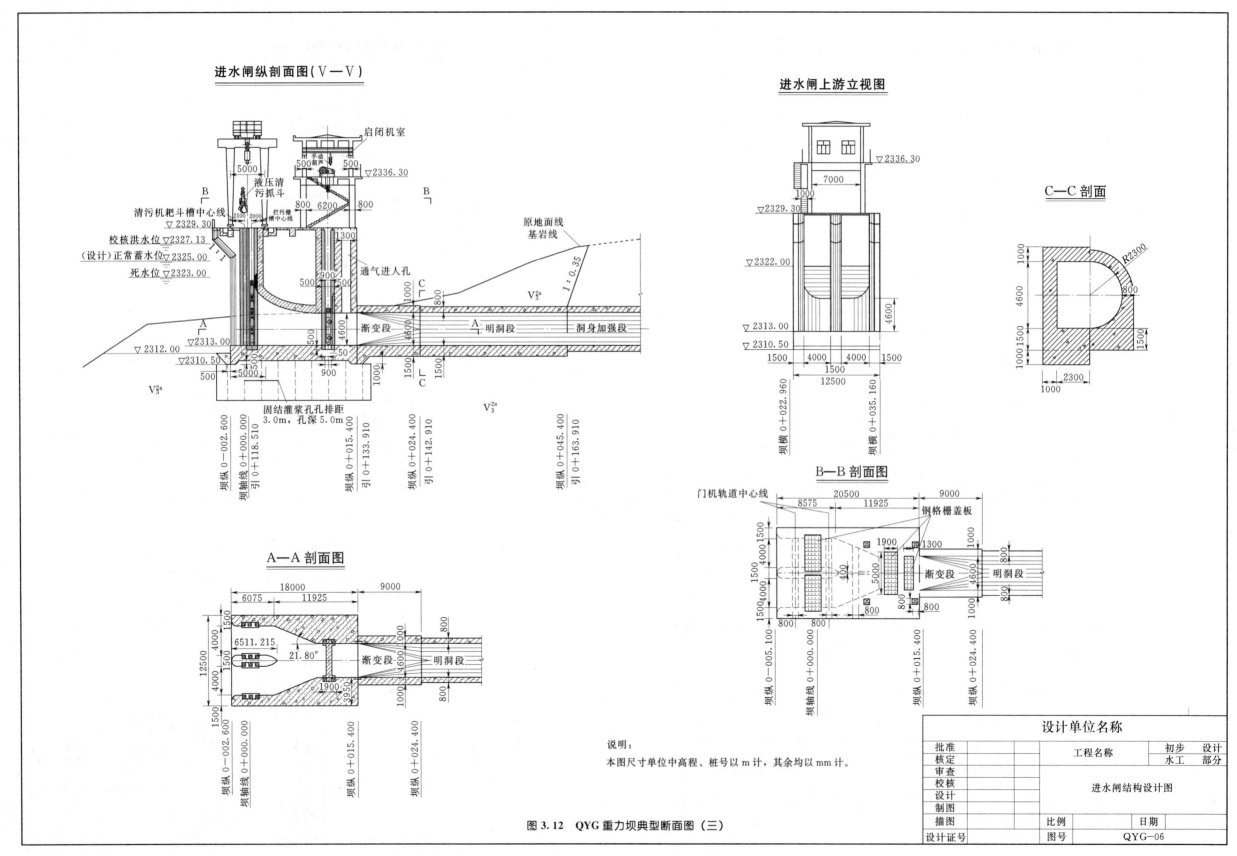

进水闸纵剖面图（V—V）

进水闸上游立视图

C—C 剖面

A—A 剖面图

B—B 剖面图

说明：
本图尺寸单位中高程、桩号以 m 计，其余均以 mm 计。

图 3.12　QYG 重力坝典型断面图（三）

设计单位名称				
批准		工程名称		初步　设计
核定				水工　部分
审查				
校核		进水闸结构设计图		
设计				
制图				
描图		比例		日期
设计证号		图号		QYG—06

2. 水文地质

SZ 水电站坝址以上流域面积 845km²，多年年平均流量 13.0m³/s。SZ 水电站库区所在河段河道窄深，一般河宽约为 20～30m，坝区河道比降约为 25‰，为山区河道型水库。多年年平均输沙量为 46.7 万 t，年最大输沙量为 76 万 t，其中推移质年输沙量为 9.34 万 t，多年平均输沙率 14.8kg/s，输沙量主要集中在汛期，6～10 月输沙量占全年的 98.64%，全年汛期开始的首场洪水含沙量一般均很高。悬移质颗粒级配见表 3.1，其中值粒径 d_{50} ＝0.05mm。

表 3.1　　　　　　　　　　　　悬移质泥沙颗粒级配

粒径（mm）	0.005	0.01	0.025	0.05	0.075	0.1	0.25	0.5
小于某粒径沙重百分比（%）	4.82	10.76	21.85	49.04	69.75	83.99	92.40	96.79

3. 工程布置与建筑物

工程枢纽由大坝、右岸引水系统、厂房组成，为Ⅲ等工程。大坝、泄洪、引水系统及发电厂房等主要建筑物为 3 级建筑物，大坝相应的洪水标准为 50 年一遇洪水设计，500 年一遇洪水校核；引水系统、发电厂房相应的洪水标准为 50 年一遇洪水设计，200 年一遇洪水校核；消能防冲抗洪水标准为 30 年一遇洪水设计；抗震设计烈度为Ⅷ度。

大坝为碾压混凝土抛物线双曲拱坝，坝顶高程 1826.00m，最大坝高 72.0m，坝顶宽 7.00m，坝顶弧长 160.09m；采用坝上开敞式泄洪方式，溢流总净宽 40m，挑流消能。冲沙孔进口底板高程为 1785.00m，进口孔口尺寸为 3m×4m（宽×高），出口孔口尺寸为 3m×3m（宽×高）。发电站引水口布置在水库右岸，引水隧洞内径 2.7m，引水流量 17.7m³/s。电站冲沙孔布置于溢流表孔右侧，由进口段、孔身有压段和出口明流段三部分组成，为便于冲沙，其前面接一冲沙明渠。冲沙明渠下与电站冲沙孔相接上延至引水口前，总长约 34m，冲沙渠底板高程为 1785.00m，边墙顶高程为 1790.00m，渠宽为 4m。

4. 图纸说明

(1) 枢纽平面布置图。枢纽平面布置图比例尺 1∶1000，在枢纽布置图中主要包括的内容有枢纽建筑物的总体平面布置、建筑物的平面尺寸、建筑物的相对位置、控制高程点和控制高程面、临时建筑物平面布置和尺寸（如大坝施工时的围堰、临时道路、临时宿舍等）。除此之外，在枢纽平面布置图中还应有工程特性表、主要工程量表、主要控制点坐标表、工程说明、指北针和地形测量建立的坐标系统，如图 3.13 所示。

(2) 拱坝横剖面图。拱坝横剖面图比例尺为 1∶200，主要描述拱坝横断面形状（本工程属于双曲拱坝），在 1785.00 高程设泄水建筑物，泄水坡度 $i=1\%$，穿越坝体部分采用有压洞，洞前设平板闸门，洞后设弧形闸门，如图 3.14～图 3.16 所示。

3.1.3　土石坝水利枢纽图的识读

土石坝是一种极为古老的坝型，是利用土料、石料或土石混合料，经过抛填、碾压等工艺堆填而成的大坝，其剖面形状为梯形。目前在我国的大坝建设中，土石坝的建设比例已经超过 75%，世界上最高的两座大坝均为土石坝。土石坝按施工方法划分为：①碾压式土石坝；②水力冲填坝；③水中填土坝；④定向爆破坝。

土石坝识读注意事项有以下几点。

(1) 坝顶宽度。坝顶宽度应根据运行、施工、构造、交通等方面的要求综合确定。根据《碾压式土石坝设计规范》（SL 274—2001），70m 以上高坝坝顶宽度一般取 10～15m，30～70m 中低坝取 5～10m，坝高 30m 以下的 4、5 级坝，其坝顶宽度可取 3～6m。

(2) 坝顶构造。坝顶结构与布置应经济实用，建筑艺术处理应美观大方，并与周围环境相协调。坝顶一般都做护面，护面材料可用碎石、单层砌石、沥青或混凝土浇筑，如坝顶作为公路，还应满足公路的要求。坝顶面应向下游侧倾斜，横向坡度宜根据降雨强度，在 2‰～3‰ 之间选择，并应做好向下游的排水系统。

土石坝一般均在坝顶上游侧设防浪墙，墙顶一般高出坝顶 1.00～1.20m，墙底深入防渗体，防浪墙采用浆砌石或混凝土建造，其结构尺寸应满足稳定、强度要求，并应设置伸缩缝，做好止水。

(3) 护坡构造。土石坝上游坡面要经受波浪淘刷、顺坡水流冲刷、冰层和漂浮物等的危害作用；下游坡面要遭受雨水、大风、尾水部位的风浪、冰层和水流的作用以及动物、冻胀、干裂等因素的破坏作用。因此，上下游坝面一般均设置护坡。

上游护坡一般采用抛石、干砌石、浆砌石、混凝土或钢筋混凝土，护坡从坝顶护到死水位以下 2.5m，低坝也可适当减小防护高度。下游护坡一般采用抛石、干砌石、浆砌石、框格砌石或草皮，护坡从坝顶护至排水棱体顶部。同时下游护坡上要设置排水系统，纵向排水沿坡面布置，横向排水沿马道布置，在坝坡与岸坡交界处也应设排水沟。

(4) 排水设施。土石坝在下游坡脚处应设置排水，排水形式有贴坡排水、棱体排水、褥垫排水和组合式排水。贴坡排水仅沿下游面铺设，由 1～2 层堆石或砌石筑成；棱体排水是从下游坝脚处用块石堆成棱体，顶部高出下游最高水位，棱体上下游坡度为 1∶(1.0～1.5)；褥垫排水是延伸到坝体内部的一种排水设施，在坝基面上平铺一层厚 0.4～0.5m 的块石，并用反滤层包裹。

(5) 其他建筑物布置。土石坝因采用散离体材料填筑而成，故一般不能在其内部布置其他建筑物，在土石坝水库枢纽中，其他建筑物均布置在两岸。导流建筑物采用明渠或隧道；泄水建筑物采用河岸溢洪道或泄水隧道；引水建筑物多采用隧道。

(6) 图纸要求。一般土石坝水库枢纽主要的图纸包括枢纽总平面布置图，大坝横剖面图，泄水建筑物平面，纵横剖面图，取水建筑物平面、剖面图，地基处理图，坝坡护坡图，排水体布置图，坝顶构造图，局部详图等。

【例 4】陕西省延安市 SL 土石坝水库枢纽工程。

1. 工程概况

SL 水库位于延安市东南黄河一级支流汾川河上游，坝址以上主河道长 21km，水库控制流域面积 137.5km²，河道比降 1.1‰。库区多年平均降雨量 547.4mm，径流量 2.26 万 m³，是一座以灌溉为主，兼有防洪、养殖等综合效益的小（1）型水利枢纽工程，枢纽工程由大坝、溢洪道及放水洞三部分组成，建筑物等级为 4 级。大坝为均质土坝，坝顶高程 1072.30m，坝长 220m，坝底宽 148m，顶宽 3.5m，坝高 22.6m。下游坡脚采用堆石棱体排水，高 2.0m，顶宽 2.0m，棱体内坡 1∶1.0，外坡 1∶1.0。迎水面采用干砌石护坡，背水坡采用网格砌石护坡。上游坝坡坡比 1∶3.0，下游坝坡坡比 1∶3.0，下游坝坡高程 1062.30m

SZ拱坝水利枢纽平面布置图

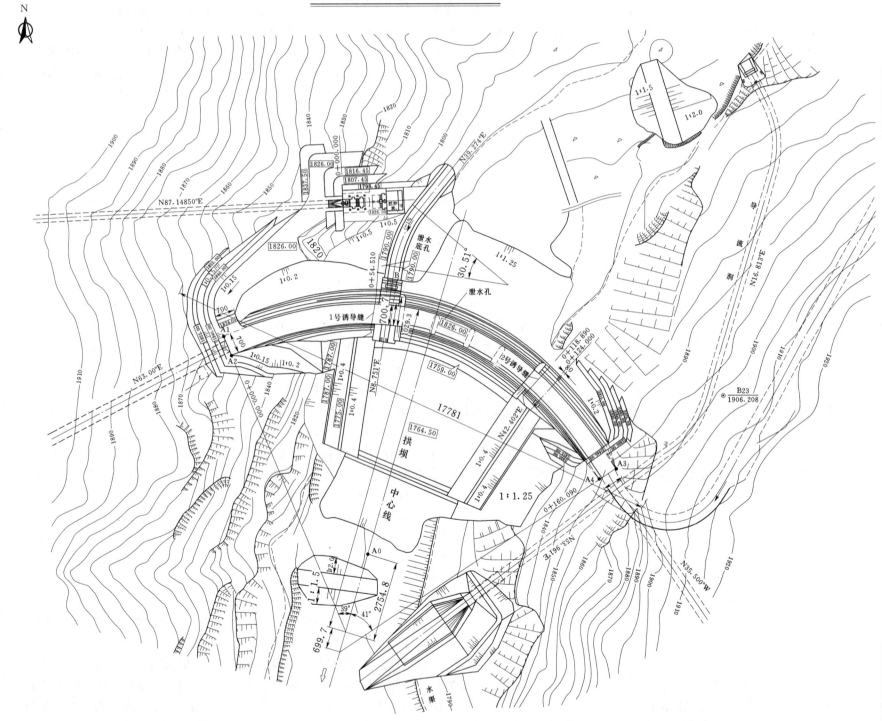

控制点坐标表

参数 高程	T(m)	ϕ_l(度)	ϕ_r(度)	R_l(m)	R_r(m)	I_l(m)	I_r(m)
1826.00	7.000	40.9239	39.4231	84.500	81.500	73.00	67.00
1820.00	7.641	40.2505	38.5526	83.867	81.563	71.00	65.00
1810.00	8.901	39.6561	37.7421	83.241	81.389	69.00	63.00
1800.00	10.278	38.9245	37.0278	82.962	80.868	67.00	61.00
1790.00	11.625	38.1286	36.4088	82.813	80.000	65.00	59.00
1780.00	12.799	35.7743	34.1791	82.577	78.785	59.50	53.50
1770.00	13.654	33.3545	31.8644	82.037	77.222	54.00	48.00
1754.00	14.000	27.6995	27.1811	80.000	74.000	42.00	38.00

水库特征表

项目	单位	数量	备注
校核洪水位	m	1824.26	$p=0.2\%$
设计洪水位	m	1823.26	$p=2.0\%$
校核洪水流量	m³/s	731	$p=0.2\%$
设计洪水流量	m³/s	482	$p=2.0\%$
正常蓄水位	m	1820.00	
死水位	m	1805.00	
最大坝高	m	72.0	
坝顶宽度	m	7.00	
坝底宽度	m	18.00	
溢流宽度	m	4×10.0	
冲沙孔平板门尺寸	m	3×4	宽×高
冲沙孔弧形门尺寸	m	3×3	宽×高
冲沙渠断面尺寸	m	4×(4.2~5)	宽×高
冲沙孔底板高程	m	1785.00	
进水口底板高程	m	1795.00	

说明:

图中单位除高程以m计外,其余以 cm 计。

设计单位名称			
批准		工程名称	招标 设计
核定			水工 部分
审查			
校核			枢纽平面布置图
设计			
制图			
描图		比例	日期
设计证号		图号	SZ-DB-01

图 3.13 SZ水电站枢纽平面布置图

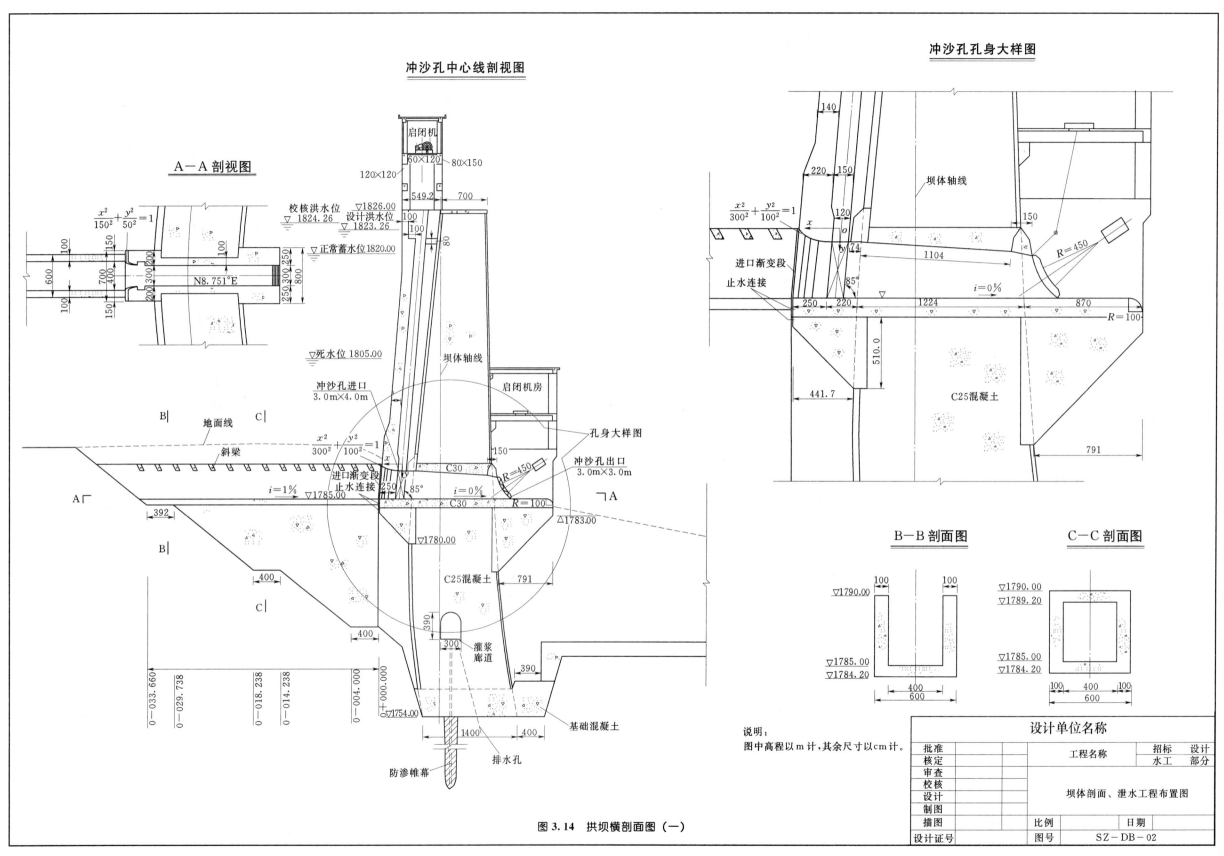

冲沙孔中心线剖视图

冲沙孔孔身大样图

A—A 剖视图

$\frac{x^2}{150^2} + \frac{y^2}{50^2} = 1$

N8.751°E

启闭机

60×120   80×150

120×120

549.2   700

校核洪水位 ▽1826.00
▽ 1824.26
设计洪水位 ▽1823.26

正常蓄水位 ▽1820.00

▽死水位 1805.00

坝体轴线

冲沙孔进口
3.0m×4.0m

启闭机房

孔身大样图

冲沙孔出口
3.0m×3.0m

$\frac{x^2}{300^2} + \frac{y^2}{100^2} = 1$

进口渐变段
止水连接

B—B 剖面图

C—C 剖面图

地面线

斜梁

$\frac{x^2}{300^2} + \frac{y^2}{100^2} = 1$

C30

进口渐变段
止水连接

i=1%   ▽1785.00

i=0%

C30   R=100

C25混凝土   791

▽1783.00

▽1780.00

灌浆廊道

C25混凝土

排水孔

防渗帷幕

基础混凝土

坝体轴线

进口渐变段
止水连接

C25混凝土

说明:
图中高程以m计,其余尺寸以cm计。

图 3.14 拱坝横剖面图 (一)

设计单位名称			
批准		工程名称	招标 设计
核定			水工 部分
审查			
校核		坝体剖面、泄水工程布置图	
设计			
制图			
描图		比例	日期
设计证号		图号	SZ-DB-02

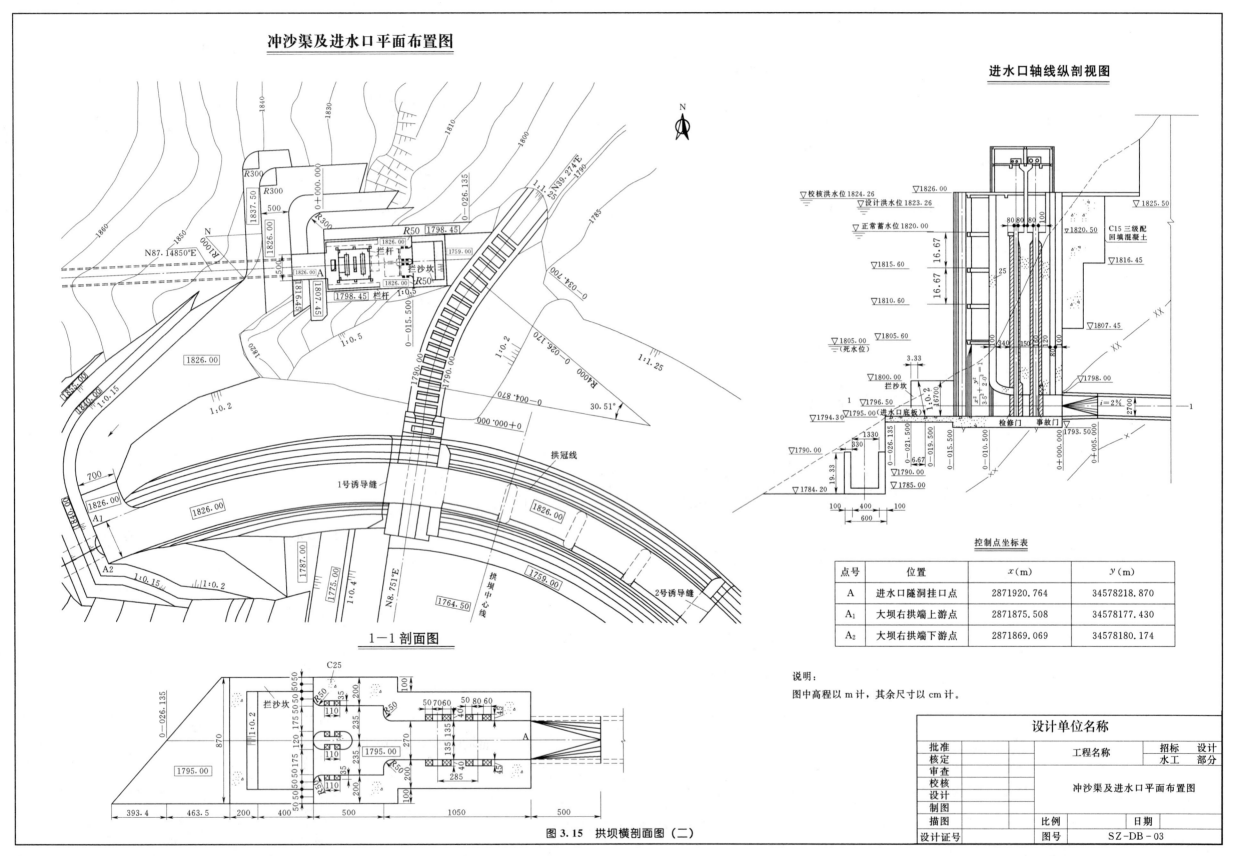

冲沙渠及进水口平面布置图

进水口轴线纵剖视图

1—1 剖面图

控制点坐标表

点号	位置	x(m)	y(m)
A	进水口隧洞挂口点	2871920.764	34578218.870
A_1	大坝右拱端上游点	2871875.508	34578177.430
A_2	大坝右拱端下游点	2871869.069	34578180.174

说明:

图中高程以 m 计,其余尺寸以 cm 计。

图 3.15 拱坝横剖面图（二）

设计单位名称			
批准		工程名称	招标 设计
核定			水工 部分
审查			
校核		冲沙渠及进水口平面布置图	
设计			
制图			
描图		比例	日期
设计证号		图号	SZ-DB-03

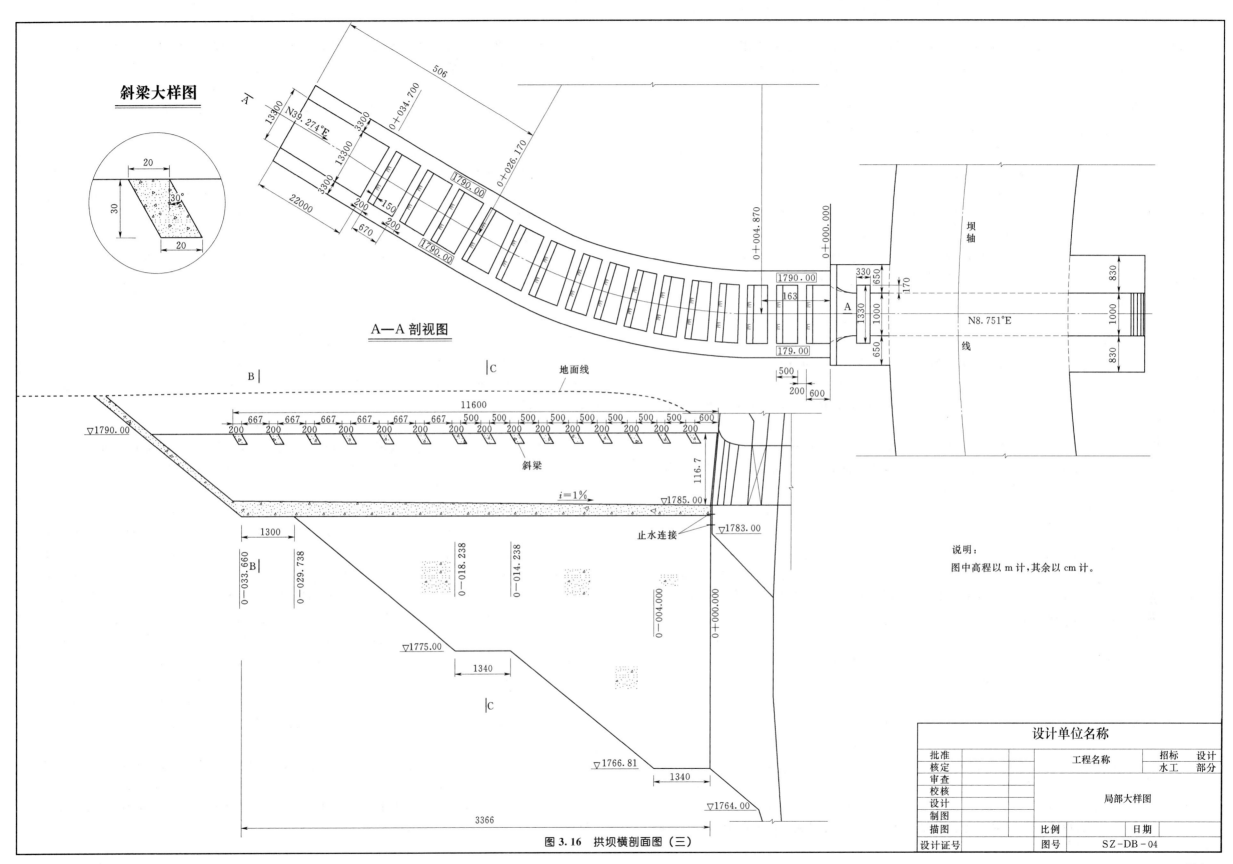

斜梁大样图

A—A 剖视图

图 3.16 拱坝横剖面图（三）

说明：

图中高程以 m 计，其余以 cm 计。

设计单位名称			
批准		工程名称	招标　设计
核定			水工　部分
审查			局部大样图
校核			
设计			
制图			
描图		比例	日期
设计证号		图号	SZ-DB-04

处设马道，宽 1.5m。水库以灌溉为主，兼顾下游石油钻探公司生产用水，灌溉面积 1000hm²。SL 水库总库容 582 万 m³，有效库容 398 万 m³，滞洪库容 248 万 m³，死库容 24 万 m³。

2. 水文地质

水库地处我国东部季风湿润区与内陆干旱区过渡带，干燥度 1.19，最高气温 39.7℃，最低气温 −25.4℃，年平均气温 9.4℃，年平均降水量 500～600mm，多集中在 7、8、9 三个月，约占全年降水的 60%。最大冻土深度 1.2m，无霜期 150 天，年平均蒸发量 1150mm，最大风速 17m/s。水库年平均入库泥沙量 4.8 万 m³。

工程区位于陕甘宁盆地东南翼部，属祁吕贺兰山字形构造东翼马蹄形盾地，构造形迹简单，为一向 NW 平缓倾（倾角 1°～3°）的单斜构造。没有区域活动性断层，普遍发育一级 NNW 和 NEE 向 X 型共轭节理，新构造运动以大面积缓慢抬升为主，差异小，历史上的地震频率低，震级小，地壳相对稳定，工程区广泛分布有新生界碎屑岩、第三系红黏土和第四系黄土等，现由老至新分述如下。

(1) 上三叠系瓦窑堡组（T_3y_5）。为灰白色细粒长石砂岩与灰绿色、灰黑色泥岩，页岩互层，底部局部有一层薄层砾岩，分布于延安桥儿沟，麻洞川一线以东。

(2) 下侏罗系延安组（J_1y）。上部杂色（紫、红、灰、绿）泥岩夹白色薄层粉细砂岩，下部中粗粒灰白色块状石英砂岩、砾岩。

(3) 上侏罗系安定组（J_3a）。黄褐、灰紫色泥灰岩夹浅黄、灰黄、黄棕色灰质泥岩及砂岩。

(4) 第三系上新统（N_2）。橘红色砂质黏土夹钙质结核，层厚 2～3m。

(5) 第四系风积层（Q_{2-3eol}）。灰黄色、黄灰色黄土、黄土状壤土夹棕红色古土壤，层厚 30～60m，多分布于黄土梁峁及二级以上阶地。

(6) 第四系冲洪积层（Q_{4al+pl}）。砂、砂卵石、粉土等分布于河床、漫滩及各级阶地下部，一般具有二元结构。

3. 工程布置与建筑物

溢洪道位于河道右岸，为开敞式梯形断面明渠，黄土基础，混凝土底板，边墙为浆砌块石，底宽 10.0m，深 4.0m，全长 115m。溢洪道由堰、平流段、陡坡段、消力池组成，进口宽顶堰宽为 14m，最大泄洪能力 168m³/s。

输水建筑物由左岸卧管和坝下涵洞组成，在高程 1063.40m 以上 11 孔，孔径 30cm，以下 19 孔，孔径 20cm。涵洞进口高程 1061.70m，为钢筋混凝土涵管，直径 0.8m，全长 112m，设计流量 1.5m³/s，最大泄流量 2.0m³/s。

4. 图纸说明

(1) 枢纽平面布置图。枢纽平面布置图比例尺 1：1000，在枢纽布置图中主要包括的内容有枢纽建筑物的总体平面布置（包括大坝、溢洪道、放水洞、1072 平台）、主要建筑物的平面尺寸（大坝长度 226m，溢洪道 14m）、建筑物的相对位置（从溢洪道中心确定为坝 0+000，其他建筑物按相对溢洪道轴线确定为坝 0+×××）、控制高程点（坝顶高程 1072.30m，溢洪道高程 1068.78m，下游马道高程 1062.30m，排水棱体顶部高程 1055.00m）、控制高程面、临时建筑物平面布置和尺寸（如大坝施工时的围堰、临时道路、

临时宿舍等）。除此之外，在枢纽平面布置图中还应有工程特性表、主要工程量表、主要控制点坐标表、工程说明、指北针和地形测量建立的坐标系统如图 3.17、图 3.18 所示。

(2) 大坝横断面图。土坝横断面比较宽，为了方便起见，一般在绘制土坝横断面时，上游坝面在死水位以下采用折断绘制。在横断面图中，有坝顶构造、下游护面形式、马道砌护、排水棱体。该工程属除险加固工程，故工程中有两条坝轴线及原坝面线、开挖线等信息，在横断面图中，还有部分局部大样图，如图 3.19、图 3.20 所示。

(3) 溢洪道纵横图。溢洪道平面布置图包括溢洪道的平面形状、平面尺寸、进口形式、边墙形式、分缝、转折点，槽底坡度，底板构造形式、坡底排水形式，接缝形式。横断面应在典型位置取 3～5 个典型断面，包括边墙砌护形式、与地板的连接、地基垫层如图 3.21～图 3.25 所示。

(4) 大坝灌浆及观测点位布置图。除险加固工程地基处理沿坝顶布置两道灌浆孔，充填灌浆孔沿新建坝轴线两侧布置两排孔，排距 3.0m，孔距 3.0m，梅花形布设，深入两岸及基岩以下 2.5m。灌浆采用纯压式自下而上分段（次）灌注，段长控制在 5～8m 以内，灌浆具体指标根据施工实际地质情况来定。灌浆压力控制在 0.2～0.3MPa；再次灌浆时，灌浆压力控制在 0.3～0.5MPa，主坝坝体灌浆与地基灌浆的终灌标准为砾石地基灌浆（静压灌浆）采用在设计灌浆压力下吸浆量小于 5～10L/min，并延续 30min 作为终灌标准；土坝坝体灌浆如连续复灌 3 次不再吃浆时，即可终止灌浆。检查孔按照总孔数的 3%～5% 设置。大坝基础灌浆位置如图 3.26 所示。

大坝观测设备布置如图 3.27 所示，观测方法有以下几种。

1) 沉降位移变形观测。表面变形监测点标墩为现浇混凝土墩，表面变形监测点标墩高出地面 0.5～1.0m，墩基置于基岩或原状土层，埋深 1.0～1.5m。标墩顶部设置强制对中盘，对中精度不低于 1.0mm。埋设时，强制对中盘应调整水平，倾斜度不大于 4°。

2) 浸润线观测。水位观测孔应采用清水钻进，严禁泥浆护壁。钻孔深度应满足设计要求，终孔孔径 110mm，孔斜应小于 3°，孔壁应完整光滑。钻孔结束后用清水冲洗，要达到水清砂净无沉淀。因特殊情况采用泥浆钻进的孔，应用活塞或空压机洗孔，并适当延长洗孔时间。测管用 PVC 管加工，包括花管和导管两部分，内径为 50mm。进水花管段长 2m，透水孔孔径 4～6mm，面积开孔率为 18%～20%，排列均匀，内壁无刺。在进水花管段底部浸充填粒径为 10～20mm 的砂砾石垫层，厚度不小于 30cm。将进水花管和导管依次连接放入孔内，花管段底部位于砂砾石垫层上，各管段应连接严密，吊系牢固，保持管身顺直。在进水花管周围包土工膜，周围填入膨润土球，余下的孔段全部用水泥砂浆灌满。砂砾石的回填高度应超过实测稳定地下水位。进水段可能产生塌孔或管涌，花管段外应设反滤设施，反滤设施应能透水，并能防止周围细颗粒进入测管。导管安装后对孔口周围回填水泥砂浆，管口回填一定要严密，以防地表水渗入钻孔内，造成测值失真。浇筑孔口混凝土保护墩和安装孔口保护盖板，测定管口高程。

3) 渗透流量观测。坝脚渗流汇集量测系统选用标准梯形量水堰。量水堰堰板用不锈钢板，过水堰口切削成向下游 45°坡口。在坝脚右侧引水渠前安装标准梯形量水堰。堰前引水、平水渠槽身矩形断面，引渠长度不小于 2m。堰板与水流方向垂直，与引渠两侧墙铅直，堰口保持水平。

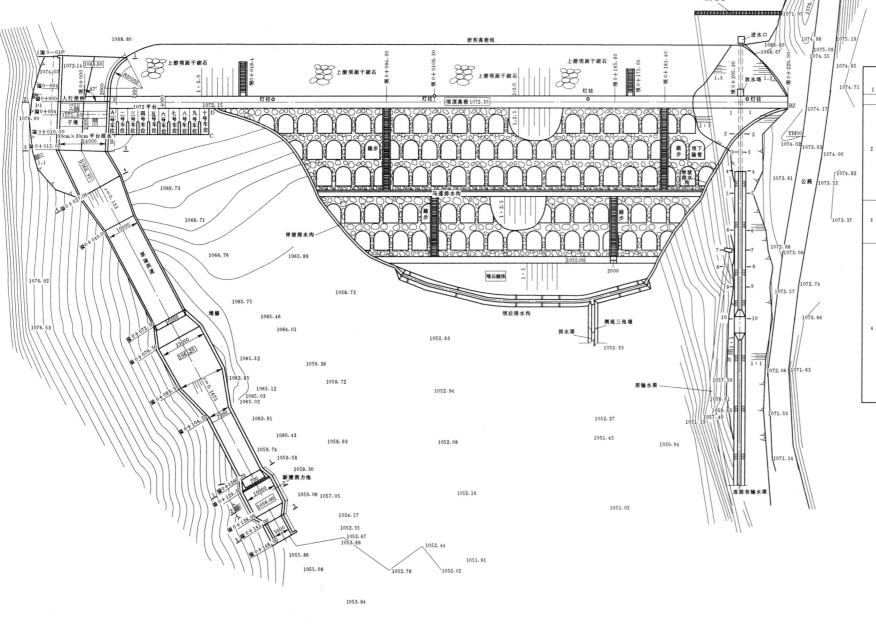

水库除险加固工程枢纽平面布置图

除险加固工程点位坐标表

点号	x(m)	y(m)	
BQ	4744.0173	4975.6483	坝轴线起点
BZ	5184.0359	4975.6491	坝轴线终点
A	4760.0534	4971.6314	1073平台
B	4759.3921	4955.5604	1073平台
C	4821.9921	4955.5604	1073平台
D	4821.9921	4971.6314	1073平台

水库除险加固工程特性表

1	坝址控制流域面积	km²	137.5		设计水平年	年	20
2	水文气象	水系		黄河一级支流峪川河		总库容	万m³	395.0
		平均气温	℃	9.4		死库容	万m³	
		最高气温	℃	39.7		兴利库容	万m³	99.74
		最低气温	℃	-25.4		拦洪库容	万m³	57.9
		年降雨量	mm	547.4		正常蓄水位	m	1068.90
		校核洪量	mm	25		设计洪水位	m	1069.36	30年一遇
		多年平均径流量	万m³	245.3		校核洪水位	m	1069.66	300年一遇
		P=50%径流量	万m³	229.1		加固方式	下游坝面培厚，增设上下游护坡	
		年均输沙量	万m³	4.898			坝体坝基充填灌浆	
		年均蒸发量		540		坝顶高程	m	1072.30
	洪水	P=0.33%洪峰流量	m³/s	190.2		坝顶宽度	m	4
		洪水总量	万m³	145.58		坝长	m	220.0
		P=3.33%洪峰流量	m³/s	97.3		上下游边坡		1:3/1:2.5
		洪水总量	万m³	94.88		溢洪道形式	开敞式溢洪道	
4	大坝现状	原设计库容	万m³	582.0		增建	平底宽堰顶堰	
		淤积库容	万m³	24		堰顶高程	m	1068.90
		淤积高程	万m³	1067.2		堰顶宽度	m	14
		正常蓄水位	m	1070.81		设计泄流量	m³/s	6.40
		坝型		均质土坝		校核泄流量	m³/s	14.02
		坝顶高程	m	1072.30		衬砌形式	浆砌石边墙，混凝土底板	
		坝顶宽度	m	3.5				
		最大坝高	m	22.6				
		坝长	m	220				
		上下游坡比		1:3/1:2.5				
	溢洪道现状	形式		岸边开敞式自由溢流				
		底板高程	m	1068.90	现状高程			
		设计洪水位	m	1070.80	50年一遇			
		校核洪水位	m	1071.30	500年一遇			

说明：
1. 图中尺寸桩号和高程以 m 计，其余均以 mm 计。
2. 溢洪道底板为 C20 混凝土，侧墙为 M10 浆砌石，圆弧段翼墙为 C20 混凝土，桥墩为 C25 混凝土。
3. 消力池底板厚度为 300mm，陡坡及进口段底板厚度为 20mm，均为 C20 混凝土。
4. 上游踏步从坝顶修至 1068.90 高程，下游踏步从坝顶修至排水棱体顶部。踏步下垫 30cm 厚浆砌石，表层用 M10 砂浆抹面。
5. 下游坝面排水沿踏步内侧修建，断面为 30cm×30cm。
6. 坝后排水渠根据实际情况延长至下游河道。

设计单位名称				
批准		工程名称		水工 部分
核定				施设 阶段
审查				
校核			大坝除险加固工程平面布置图①/2	
设计				
制图				
描图		比例		日期
设计证号		图号		SL-SS-01

图 3.17 SL 土石坝水库枢纽平面布置图（一）

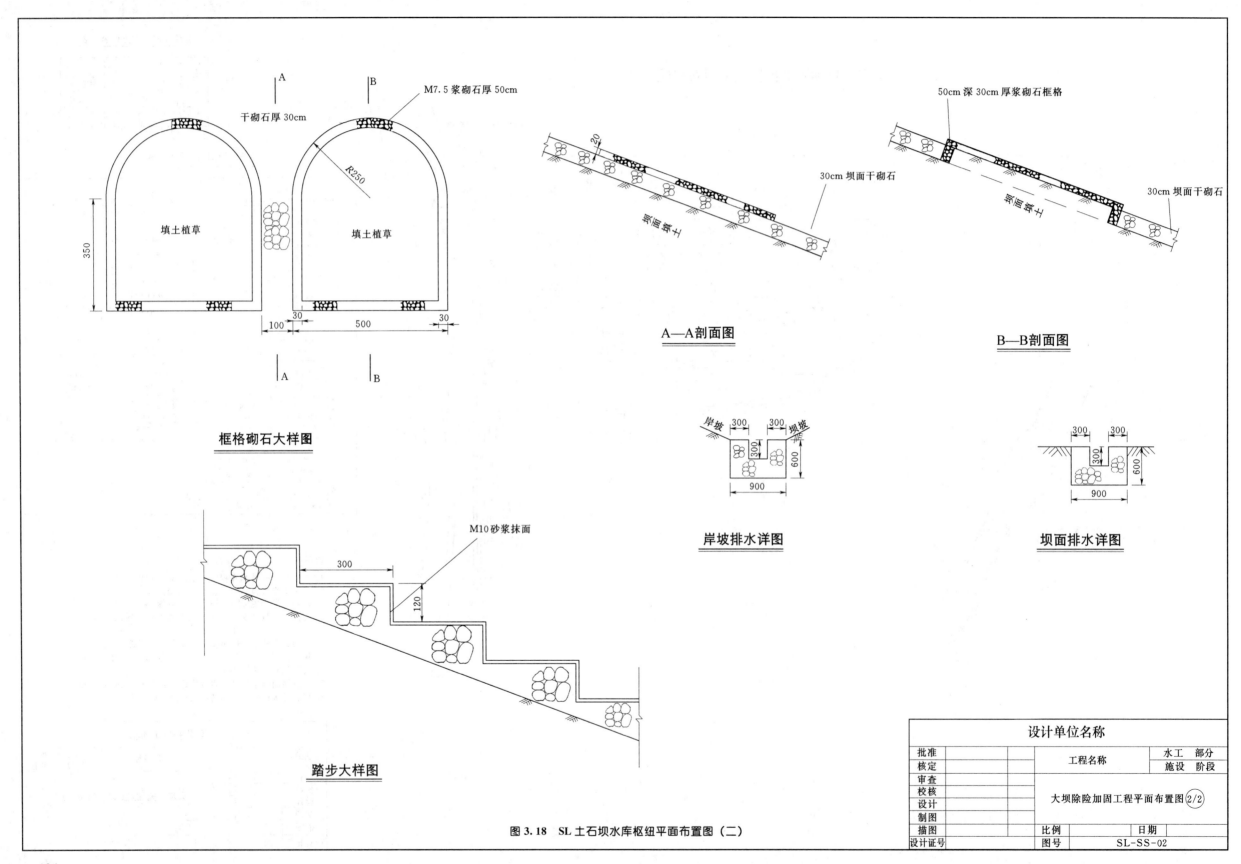

干砌石厚 30cm

M7.5 浆砌石厚 50cm

R250

350

填土植草

填土植草

30

100

500

30

框格砌石大样图

50cm 深 30cm 厚浆砌石框格

20

坝面填土

30cm 坝面干砌石

A—A剖面图

坝面填土

30cm 坝面干砌石

B—B剖面图

M10砂浆抹面

300

120

踏步大样图

岸坡

300

300

坝坡

300

600

900

岸坡排水详图

300

300

600

900

坝面排水详图

设计单位名称

批准		工程名称		水工 部分
核定				施设 阶段
审查				
校核				
设计		大坝除险加固工程平面布置图②/2		
制图				
描图		比例		日期
设计证号		图号		SL-SS-02

图 3.18 SL 土石坝水库枢纽平面布置图（二）

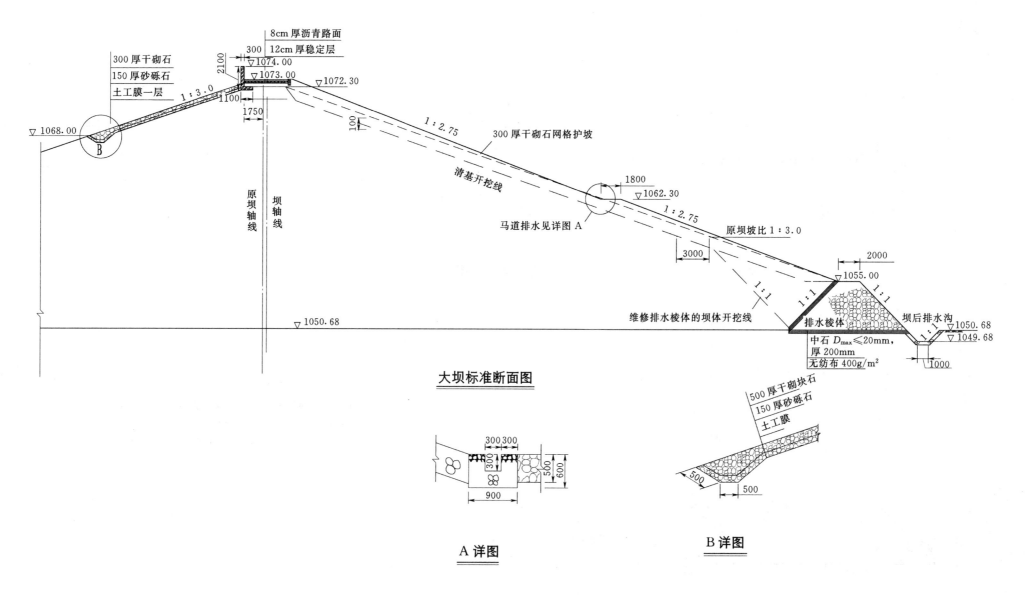

大坝标准断面图

300 厚干砌石
150 厚砂砾石
土工膜一层

8cm 厚沥青路面
12cm 厚稳定层

300 厚干砌石网格护坡

清基开挖线

马道排水见详图 A

原坝坡比 1：3.0

维修排水棱体的坝体开挖线

排水棱体

坝后排水沟

中石 D_{max}≤20mm,
厚 200mm
无纺布 400g/m²

A 详图

B 详图

500 厚干砌块石
150 厚砂砾石
土工膜

说明：

1. SL 水库除险加固施工图设计的内容包括大坝背水坡培厚整修、迎水坡防渗整修、维修溢洪道、放水洞防渗灌浆、坝顶道路硬化、修建坝顶停车平台等工程。

2. 上游面铺设的土工膜为 400g/m² 两布一膜。

3. 防浪墙混凝土标号为 C20，钢筋为一级 Q235 圆钢。

4. 下游坡面护坡直墙圆拱形砌石为 M7.5 浆砌石，圆拱内为填土植草，圆拱外为干砌石。

5. 坝坡排水通向下游河道。

6. 图中尺寸桩号和高程以 m 计，其余均以 mm 计。

图 3.19 SL 土石坝横断面图（一）

设计单位名称				
批准			工程名称	水工　部分
核定				施设　阶段
审查				
校核				大坝横断面图 ①/2
设计				
制图				
描图		比例		日期
设计证号		图号		SL－SS－03

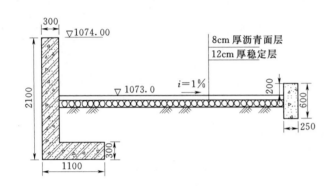

坝顶大样图

300　▽1074.00

8cm厚沥青面层
12cm厚稳定层

▽1073.0　i=1%

2100

1100

防浪墙配筋图

300

34φ16@200　①
L=212000
1061φ10@200　②
L=7700
2122φ10　③
L=500

2100

1100

防浪墙钢筋表

序号	直径	形式	单根长(mm)	根数	总长(m)	质量(kg)	C20混凝土(m)
①	φ16	⌒	212000	34	7208		
②	φ10	□	7700	1061	8169.7		
③	φ6	⌒	500	2122	1061		

说明：

1. 防浪墙采用C20钢筋混凝土，5m一段，路沿石用C15混凝土。

2. 坝顶8cm厚沥青面层，按照公路沥青施工要求施工。

3. 12cm厚稳定层在坝面压实土料上铺设，稳定层施工方法按照公路施工要求施工。

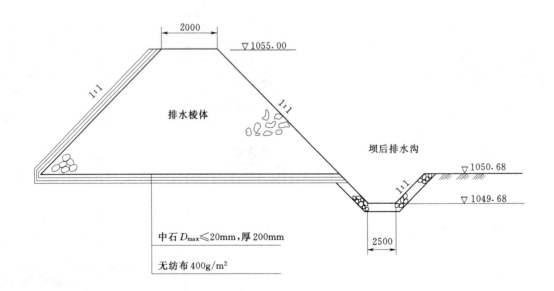

排水棱体及坝后排水沟大样图

图3.20　SL土石坝横断面图（二）

2000　▽1055.00

1:1　1:1

排水棱体

坝后排水沟

▽1050.68
▽1049.68

中石 $D_{max} \leqslant 20mm$，厚200mm

无纺布400g/m²

2500

设计单位名称

批准		工程名称	水工 部分
核定			施设 阶段
审查			
校核			大坝横断面图 2/2
设计			
制图			
描图		比例	日期
设计证号		图号	SL-SS-04

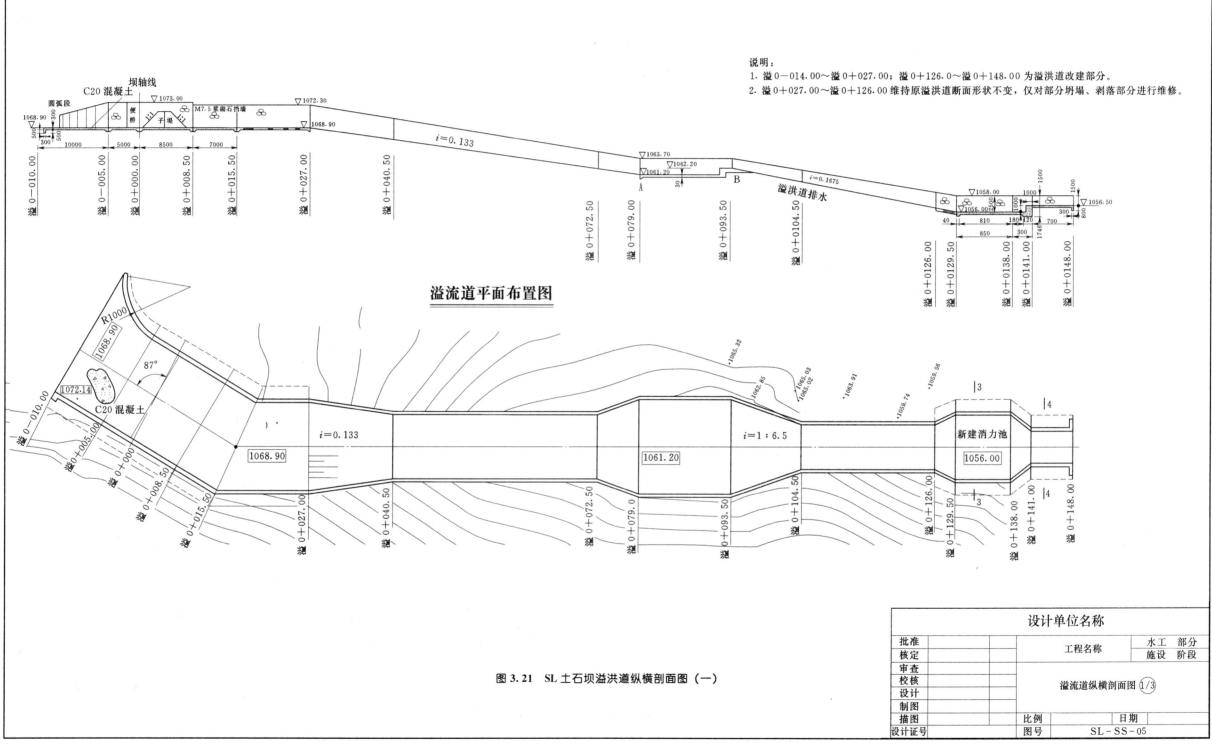

溢 洪 道 纵 剖 面 图

说明:
1. 溢0−014.00～溢0+027.00;溢0+126.0～溢0+148.00 为溢洪道改建部分。
2. 溢0+027.00～溢0+126.00 维持原溢洪道断面形状不变,仅对部分坍塌、剥落部分进行维修。

溢流道平面布置图

图 3.21 SL 土石坝溢洪道纵横剖面图(一)

设计单位名称				
批准		工程名称		水工　部分
核定				施设　阶段
审查				
校核		溢流道纵横剖面图 ①/③		
设计				
制图				
描图		比例		日期
设计证号		图号		SL-SS-05

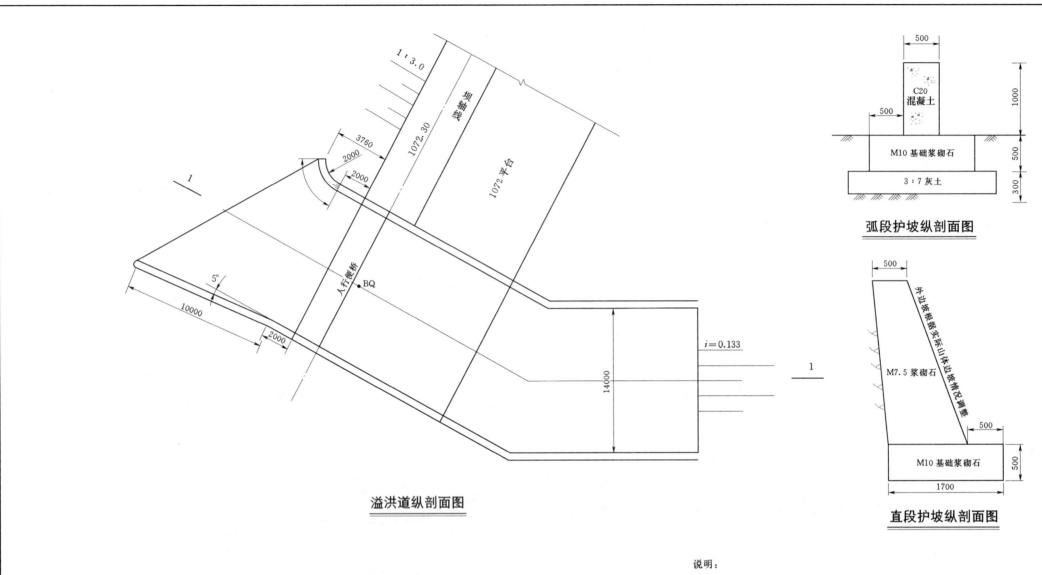

溢洪道纵剖面图

弧段护坡纵剖面图

直段护坡纵剖面图

说明：
1. 图中尺寸桩号和高程为m，余均为mm。
2. 溢洪道底板衬砌厚30cm的C20混凝土，纵向分缝一道，横向每隔4m分缝一道。
3. 混凝土板块之间用胶泥填缝，M10砂浆封口。
4. 侧墙为M10浆砌石，每3块底板长度留一侧墙沉降缝，缝间填料为沥青木板。
5. 弧段护坡自人行桥上游侧开始，曲线沿坡方向与坝相同的坡度，挡墙露出坝面1m，其余为砌石基础，基础3:7灰土以下需原土夯实，弧段护坡总长为4.16m；平段护坡自人行桥上游侧开始，沿山体方向留一定坡度（具体根据现场实际情况确定），挡墙顶部为平面，平段护坡总长为12m。

1－1溢洪道纵剖面图

图3.22 SL土石坝溢洪道纵横剖面图（二）

设计单位名称			
批准		工程名称	水工　部分
核定			施设　阶段
审查			三级消力池纵横断面图2/3
校核			
设计			
制图			
描图		比例	日期
设计证号		图号	SL-SS-06

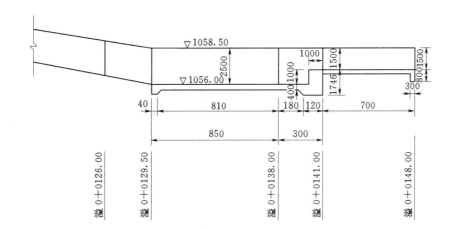

三级消力池纵剖面图

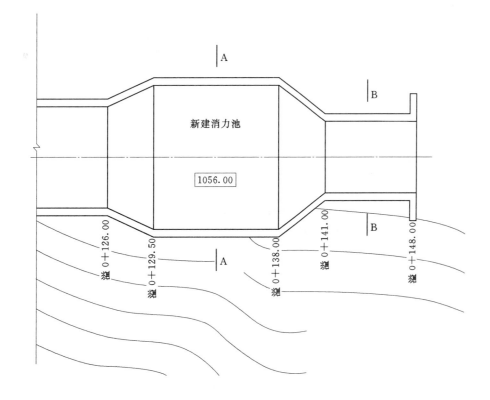

新建消力池

1056.00

三级消力池平面图

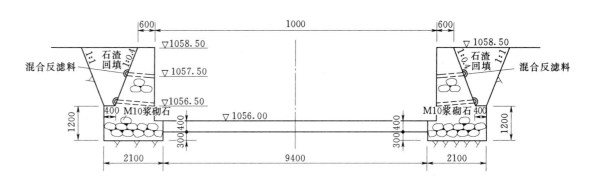

A—A 剖面图

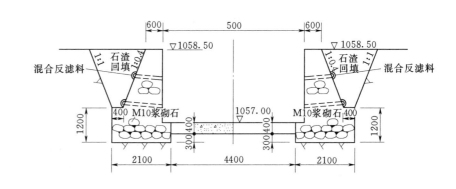

B—B 剖面图

说明:

1. 溢 0−010.00～0+010.00,溢 0+126.00～溢 0+143.00 为溢洪道新修段。

2. 溢 0+010.00～溢 0+072.50,溢 0+104.50～溢 0+126.00维持原溢洪道断面
   形状不变,仅对部分坍塌、剥落部分进行维修。

图 3.23　SL 土石坝溢洪道纵横剖面图（三）

设计单位名称				
批准			工程名称	水工　部分
核定				施设　阶段
审查				
校核			三级消力池纵横断面图③/③	
设计				
制图				
描图		比例		日期
设计证号		图号	SL-SS-07	

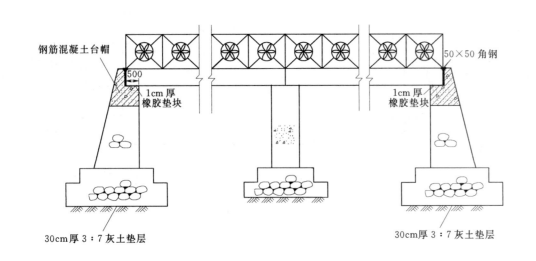

钢筋混凝土台帽

500

1cm厚橡胶垫块

50×50 角钢

1cm厚橡胶垫块

30cm厚 3：7 灰土垫层

30cm厚 3：7 灰土垫层

交通桥横断面图

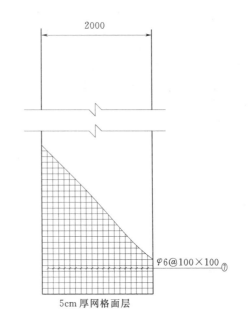

2000

φ6@100×100 ⑦

5cm厚网格面层

面层配筋图

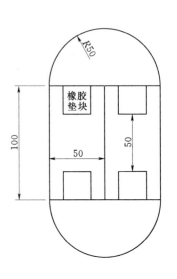

R50

橡胶垫块

100

50

50

桥梁中墩平面图

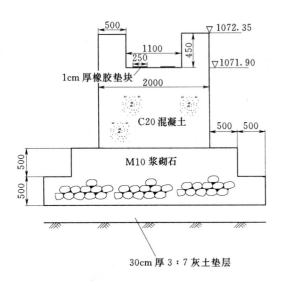

500

1100

▽1072.35

250

450

▽1071.90

1cm厚橡胶垫块

2000

C20 混凝土

500 500

500

M10 浆砌石

500

30cm厚 3：7 灰土垫层

桥梁中墩纵断面图

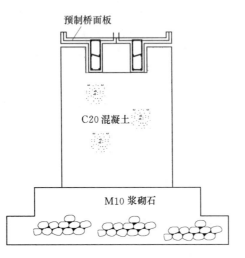

预制桥面板

C20 混凝土

M10 浆砌石

说明：

1. 交通桥梁为 7m 长预制梁，面层铺设钢筋网格，浇筑 4cm 厚 C20 混凝土，面层浇注时，外界气温不能低于 10℃并及时养护。

2. 中墩基础施工完毕后方可浇注溢流堰底板。

3. 桥墩基础开挖面以下若出现基岩，不再铺 30cm 厚 3：7 灰土。

图 3.24 SL 土石坝溢洪道纵横剖面图（四）

设计单位名称				
批准			工程名称	水工 部分
核定				施设 阶段
审查				
校核				交通桥纵横断面图 ①/②
设计				
制图				
描图		比例		日期
设计证号		图号		SL-SS-08

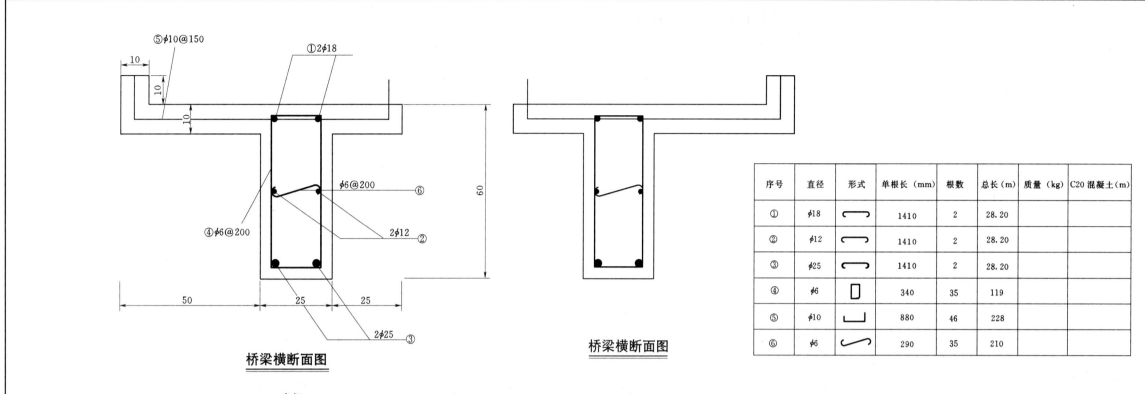

桥梁横断面图

桥梁横断面图

序号	直径	形式	单根长（mm）	根数	总长（m）	质量（kg）	C20混凝土（m）
①	φ18	⌒	1410	2	28.20		
②	φ12	⌒	1410	2	28.20		
③	φ25	⌒	1410	2	28.20		
④	φ6	▯	340	35	119		
⑤	φ10	⌴	880	46	228		
⑥	φ6	⌒	290	35	210		

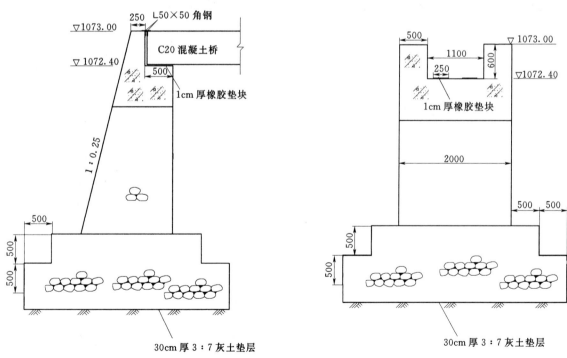

桥梁边墩横断面图

桥梁边墩纵断面图

说明：

1. 桥梁采用现场预制，然后吊装。

2. 橡胶垫块采用市售，具体尺寸按市售尺寸安装。

3. 混凝土墩帽按构造要求配筋。

4. 角钢在吊装前应校对位置，两角钢中间预留1cm间距。

图 3.25　SL 土石坝溢洪道纵横剖面图（五）

设计单位名称				
批准			工程名称	水工　部分
核定				施设　阶段
审查				
校核			交通桥纵横断面图 ②/②	
设计				
制图				
描图		比例		日期
设计证号		图号		SL-SS-09

111

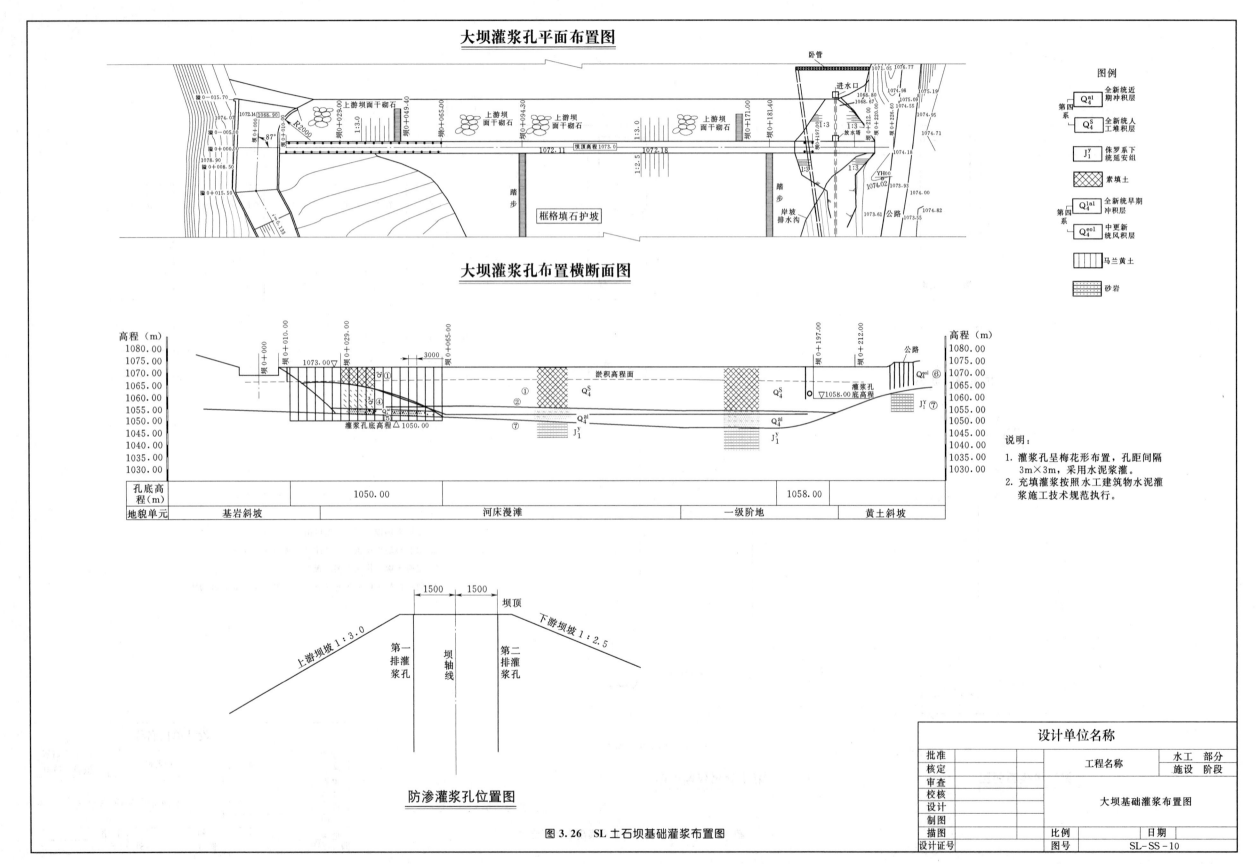

图 3.26 SL 土石坝基础灌浆布置图

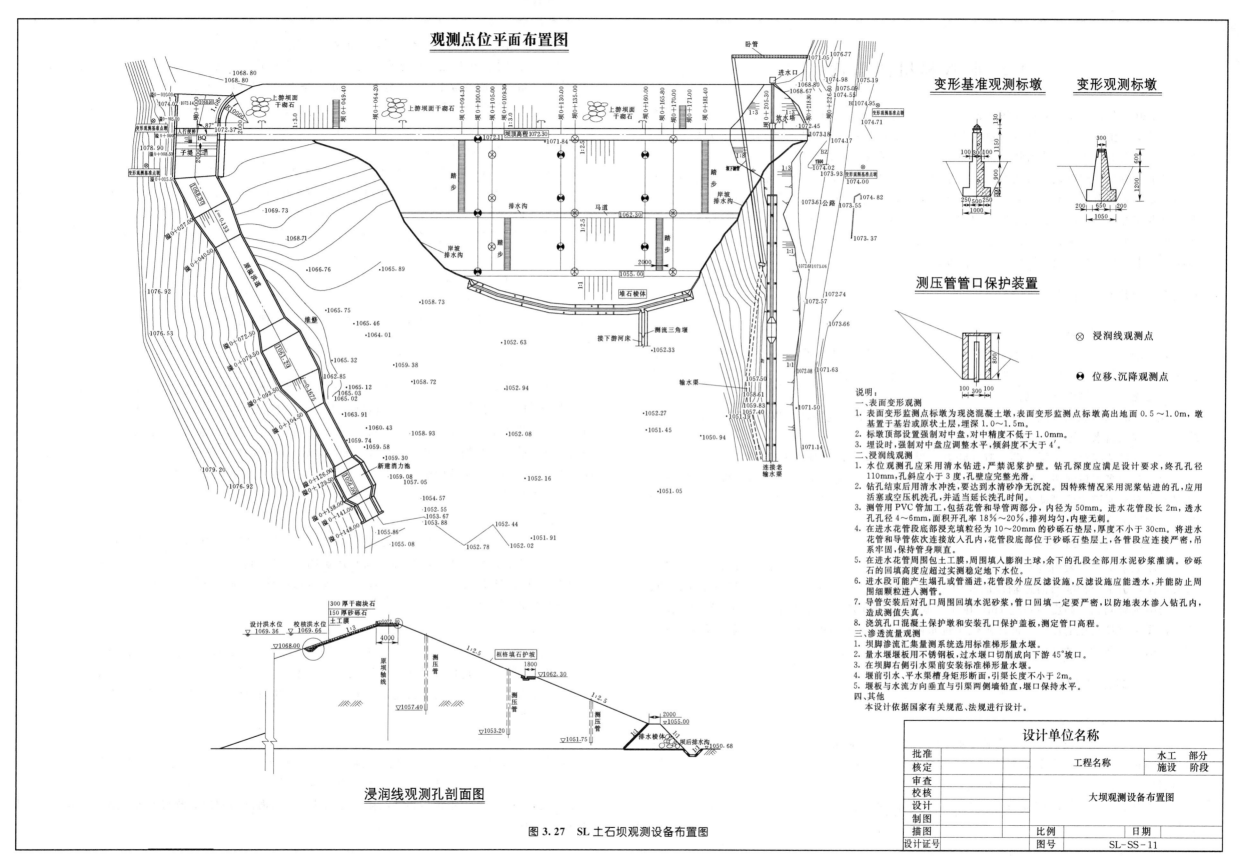

图 3.27 SL 土石坝观测设备布置图

3.2 取水枢纽图识读

取水枢纽在北方灌区应用比较普遍，主要是为了满足农田灌溉、水力发电、工业及生活用水的需要，在河道适宜的地点修建的由溢流坝（滚水坝）、取水闸、冲沙闸、引水渠等建筑物组成。因引水枢纽主要建筑物均位于灌区首部，故又称为渠首工程。

取水枢纽有两种形式：自流引水、提水引水。对于自流引水又分为无坝取水和有坝取水两种。无坝取水引水比不大、防沙要求不高、取水期河道的水位和流量能够满足下游用水要求，只需在河道岸边的适宜地点选取取水口，即可从河道岸边引取足够水量的取水方式；有坝取水适应于河道水量充沛、河道水位变幅较大，不能满足各种工况下的用水要求，采用拦河坝（滚水坝）抬高水位，以保证引取需要的水量。

3.2.1 无坝取水枢纽

1．渠首位置的选择

选定适宜的渠首位置，对于保证引水、减小入渠泥沙、提高灌区灌水保证率有着十分重要的意义。在确定渠首位置时，要认真分析河岸的地形、地质资料、水文资料、泥沙特征及河床演变规律并遵循以下原则。

（1）一般无坝取水口应取在河岸稳定的弯道顶点以下一定距离，以满足引用表层水流，减少泥沙进入引水渠道。

（2）尽量选择短的干渠线路，避开陡坡、深谷及塌陷地段，减小工程造价。

（3）对于多汊口河段，应采用汊口封堵措施，在汊口处修建潜坝等工程措施，使河道相对固定。对于河道主流摆动不定，容易导致汊道堵塞，致使引水困难的，应进行河道必要的整治，然后再修建取水口。

2．无坝取水枢纽的组成

无坝取水枢纽一般由进水闸、冲沙闸、拦沙坎、沉沙池和引水渠组成。进水闸用于控制入渠水流，引水渠轴线与河道轴线的夹角一般控制在30°～45°之间。拦沙坎设于引水闸前，坎宽与引水渠同宽，高度不超过1m，用于拦截进入渠道的推移质泥沙。沉沙池的作用则是沉淀悬移质中颗粒较粗的泥沙。冲沙闸位于进水闸前，其底板高程比进水闸底板高程低，其作用是将引水渠前的泥沙冲入下游河道，避免泥沙进入下游渠道。

3.2.2 有坝取水枢纽

1．渠首位置的选择

当河道水量变幅较大，引水比满足不了引水要求时，应在河道合适的位置建坝（闸），用以抬高河道水位，保证引取需要的水量。有坝取水在选定渠首位置时，应考虑地质、地形、建筑材料等方面的要求，一般应遵循以下原则。

（1）引水口在布置时应充分考虑与其他建筑物的相互关系，以不影响枢纽正常引水为前提。

（2）取水闸与冲沙闸应联合应用，应布置在溢流坝（闸）的一侧。

（3）布置取水闸的岸边，应地质良好，相对地形平缓、开阔，工程开挖量小，对于含沙量较大的河流，还应在取水闸后修建较长的沉沙条渠（或其他沉沙建筑物）。

无坝取水枢纽和有坝取水枢纽渠首布置基本相同，区别在于有坝取水枢纽在河道先布置溢流坝（闸），然后在河岸侧布置取水闸和冲沙闸。

【例5】 甘肃HD引水枢纽工程。

甘肃HD引水枢纽工程位于甘肃省文县尚德镇境内的长江水系白龙江最大支流白水江上，是文县境内白水江白依坝—金口坝河段的引水渠首。该工程为Ⅳ等小（1）型，枢纽主要建筑物4级，主要任务是引水。本工程主要由河床挡水闸坝、右岸引水建筑物等组成。首部枢纽采用低围堰隧洞枯水期导流方案。发电厂房区采用全年围堰挡水，基坑全年施工的导流方式。

主要工程量包括土石方开挖508847m³，其中石方明挖79520m³，石方洞挖18681m³；土石方回填220997m³，其中围堰填筑73405m³；钢筋制作安装2479.5t；混凝土浇筑64461m³；混凝土喷护15670m²；固结灌浆2248m；回填灌浆2275m²；灌浆金属结构安装812.13t。

1．渠首平面布置图

枢纽平面布置图比例尺1：1000，在渠首枢纽平面布置图中主要包括的内容有挡水闸4孔，由泄洪闸和泄洪冲沙闸组成，泄洪闸宽10.5m，泄洪冲沙闸宽4.5m，采用平板闸门；在河道右岸布设引水洞（无压洞），洞后接明渠；为防止泥沙进入引水洞，在洞前设潜水墙；控制高程面、临时建筑物平面布置和尺寸（如大坝施工时的围堰、临时道路、临时宿舍等）。除此之外，在枢纽平面布置图中还应有工程特性表、主要工程量表、主要控制点坐标表、工程说明、指北针和地形测量建立的坐标系统如图3.28所示。

2．上游立视图

上游立视图比例尺为1：500，包括地基岩层、坝体开挖线、建筑物上游断面形式、上游断面尺寸、典型断面位置、高程标尺以及建筑物与坝体的相对位置（一般从坝体左岸开始，以坝顶与引水洞边墙分界定为0+000，其他建筑物相对0+000的距离定为×+×××）、闸底高程、引水洞高程、地质断面等，如图3.29所示。

3．泄洪闸剖面图

纵剖面图比例尺为1：500，包括地基岩层、基础开挖线、特征水位、控制高程、上游连接段、闸室段、下游连接段尺寸、桩号；上游铺盖形式、尺寸，铺盖与闸室段的连接形式，闸室形式、闸门形式，下游消力池及排水孔尺寸，下游海漫结构形式及与下游渠道连接方式，如图3.30所示。

4．冲沙闸剖面图

纵剖面图比例尺为1：500，包括地基岩层、基础开挖线、特征水位、控制高程、上游连接段、闸室段、下游连接段尺寸、桩号；上游铺盖形式、尺寸，铺盖与闸室段的连接形式，闸室形式、闸门形式，下游消力池及排水孔尺寸，下游海漫结构形式及与下游渠道连接方式，如图3.31所示。

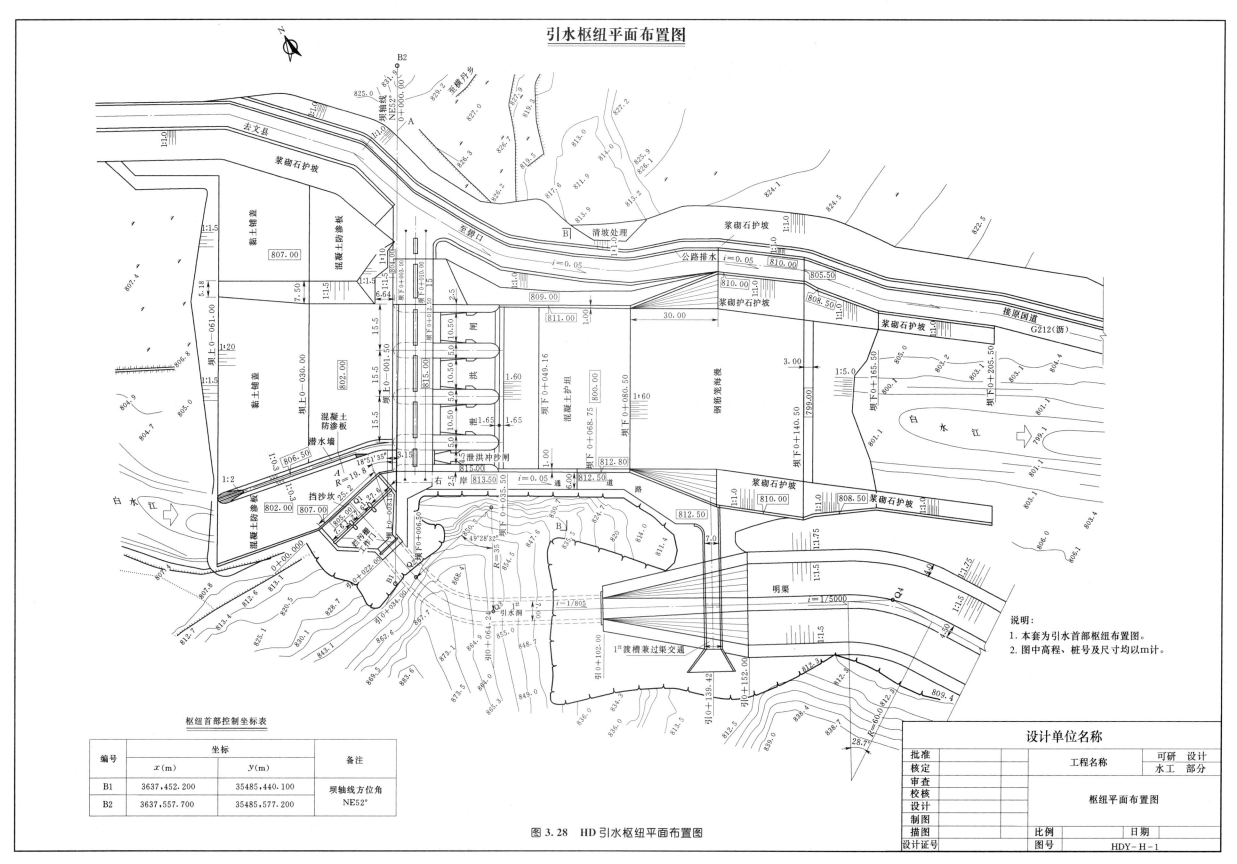

图 3.28　HD引水枢纽平面布置图

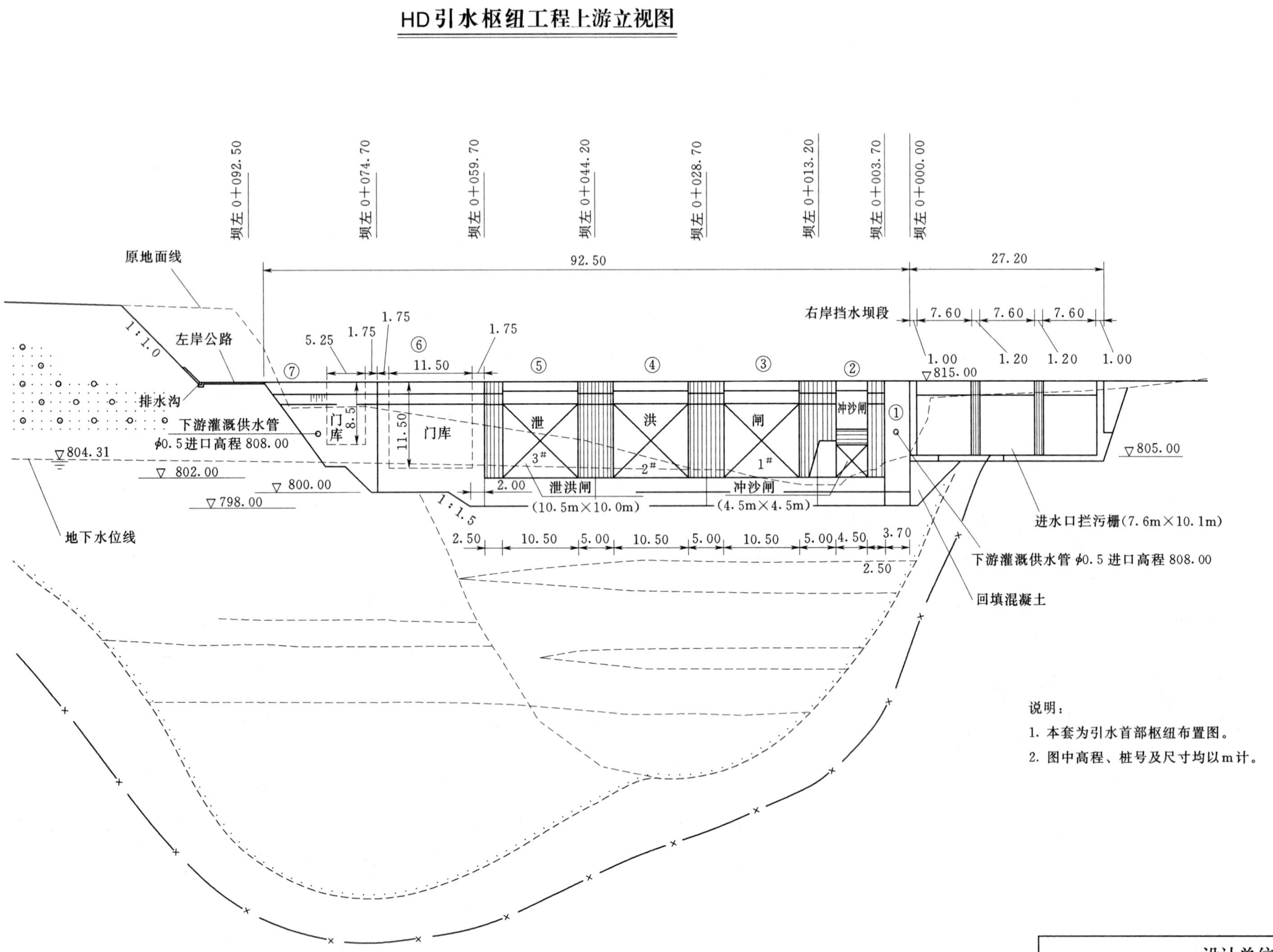

HD引水枢纽工程上游立视图

坝左 0+092.50
坝左 0+074.70
坝左 0+059.70
坝左 0+044.20
坝左 0+028.70
坝左 0+013.20
坝左 0+003.70
坝左 0+000.00

原地面线

左岸公路

排水沟

下游灌溉供水管
φ0.5进口高程 808.00

▽804.31
▽802.00
▽800.00
▽798.00

地下水位线

1:1.0

92.50

27.20

右岸挡水坝段

7.60 7.60 7.60

5.25 1.75 1.75

1.75

⑦ ⑥ ⑤ ④ ③ ② ①

11.50

门库 门库

8.5

11.50

泄 洪 闸

3# 2# 1#

冲沙闸

2.00 泄洪闸 冲沙闸
(10.5m×10.0m) (4.5m×4.5m)

2.50 10.50 5.00 10.50 5.00 10.50 5.00 4.50 3.70
2.50

1:1.5

1.00 1.20 1.20 1.00
▽815.00

▽805.00

进水口拦污栅(7.6m×10.1m)

下游灌溉供水管 φ0.5 进口高程 808.00

回填混凝土

说明:
1. 本套为引水首部枢纽布置图。
2. 图中高程、桩号及尺寸均以m计。

图 3.29 HD引水枢纽上游立视图

设计单位名称			
批准		工程名称	可研 设计
核定			水工 部分
审查			
校核		上游立视图	
设计			
制图			
描图		比例	日期
设计证号		图号	HDY-H-2

泄洪闸纵剖面图

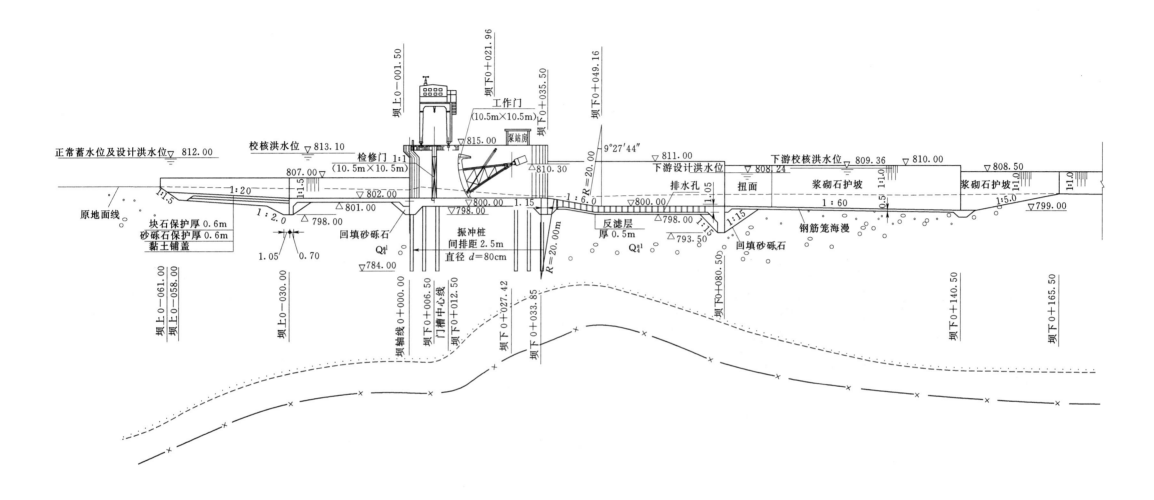

图 3.30 HD引水枢纽泄洪闸剖面图

说明:
1. 本套为引水首部枢纽布置图。
2. 图中高程、桩号及尺寸均以 m 计。

设计单位名称				
批准			工程名称	可研 设计
核定				水工 部分
审查				
校核			泄洪闸剖面图	
设计				
制图				
描图		比例		日期
设计证号		图号	HDY-H-3	

117

泄洪冲沙闸纵剖面图

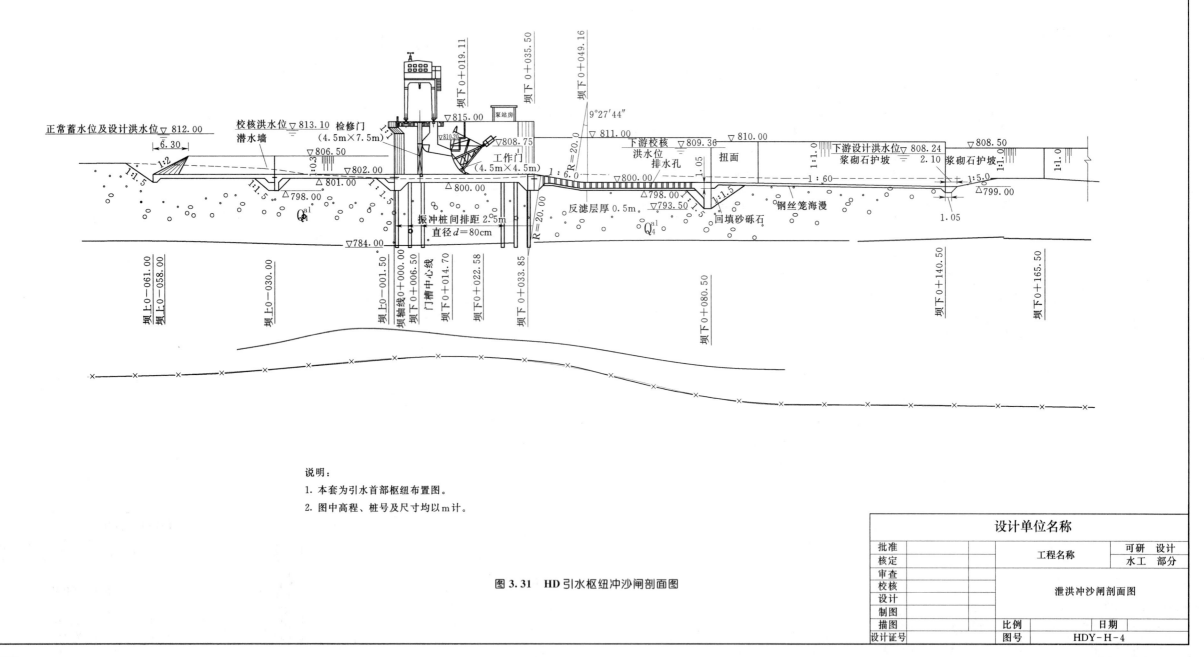

说明：
1. 本套为引水首部枢纽布置图。
2. 图中高程、桩号及尺寸均以m计。

图 3.31　HD引水枢纽冲沙闸剖面图

118

3.3 水电站及其相关建筑物图识读

水电站的类型与水能开发方式密切相关，首先要使水电站的上、下游形成一定的落差，构成发电水头。因此就开发河流水能的水电站而言，按其集中水头的方式不同分为坝式、引水式和混合式三种基本方式。根据三种不同的开发方式，水电站也可分为坝式、引水式和混合式三种基本类型。坝式开发方式有坝后式、河床式及从河岸引水的旁引式（多用于当地材料坝）等布置形式；引水式开发方式有无压引水式及有压引水式等布置形式。从建筑物的组成和形式来说，旁引式、混合式和有压引水式是基本相同的，作为水电站基本布置形式统称为有压引水式。

3.3.1 水电站建筑物组成

为了控制水流，实现水力发电而修建的一系列水工建筑物，称为水电站建筑物。水电站枢纽一般由以下建筑物组成。

（1）挡水建筑物。用以拦截河流，集中落差，形成水库的拦河坝、闸或者河床式水电站的厂房等水工建筑物，如混凝土重力坝、拱坝、土石坝、堆石坝及拦河坝等。

（2）泄水建筑物。用以宣泄洪水，供下游用水，放空水库的建筑物，如开敞式河岸溢洪道、溢流坝、泄洪洞及放水底孔等。

（3）进水建筑物。用以从河道或水库按发电要求引进发电流量的引水渠首部建筑物，如有压、无压进水口等。

（4）引水建筑物。用以集中水头，输送流量到水轮发电机组或将发电后的水排往下游河道的建筑物，如渠道、隧洞、压力管道、尾水渠等。

（5）平水建筑物。用以平稳由于水电站负荷变化在引水或者尾水系统中引起的流量及压力的变化，保证水电站调节稳定的建筑物，如有压引水式水电站的调压井，无压引水式水电站渠道末端的压力前池。

（6）厂区枢纽建筑物。水电站厂区枢纽建筑物主要是指水电站厂房的主厂房、副厂房、主变压器场、高压开关站、交通道路及尾水渠道等建筑物。这些建筑物一般集中布置在同一局部区域内形成厂区。厂区是发电、变电、配电的中心，是电能生产的中枢。

3.3.2 水电站的进水建筑物

进水建筑物简称为进水口，是指从天然河道或水库中取水而修建的专门水工建筑物。水电站进水口是指为发电目的而专门修建的进水建筑物。水电站进水口位于引水系统的首部，其功用是引进符合发电要求的用水。

水电站的进水口分为有压和无压两种。有压进水口的特征是进水口后接有压隧洞或管道，进水口深埋在水库水面之下，以引进深层水为主。无压进水口的特征是进水口后一般接无压引水建筑物，以引取表层水为主。

1. 有压进水口

有压进水口通常在一定的压力水头下工作，可单独设置，也可和挡水建筑物结合在一起，

通常工作在一定的压力水头下，适用于从水位变幅较大的水库中取水。有压进水口设计时应满足水量、水质、水头损失小、可节制流量及水工建筑物的一般要求。

有压进水口的类型主要取决于水电站的开发方式、坝型、地形地质等因素，可分为隧洞式、压力墙式、塔式和坝式四种。

（1）隧洞式进水口。隧洞式进水口的进口段、闸门段和渐变段三部分系从山体中开挖而成，如图 3.32 所示。进水口的闸门安置在从山岩中开挖出的竖井（闸门井）中，因此又称为竖井式进水口。

这种类型的进水口适用于水库岸边地质条件较好，开挖竖井和进口断面均不致引起塌方的情况。由于比较充分地利用了岩石的作用，钢筋混凝土工程量较少。

（2）压力墙式进水口。当隧洞进口处的地质条件较差或地形陡峻，不宜扩大断面和开挖竖井时，可采用压力墙式进水口，如图 3.33 所示。这种情况下，可将进口段与闸门段均布置在山体之外。

（3）塔式进水口。当河岸进水口地质条件较差，而山坡又较平缓，或引水管埋于当地材料坝坝底的坝下式水电站，常采用塔式进水口。其进水口的进口段及闸门段形成一个塔式结构，孤立在水库之中，并以工作桥和岸边或坝坡相连，如图 3.34 所示。

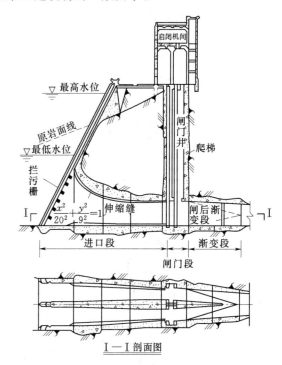

图 3.32 隧洞式进水口

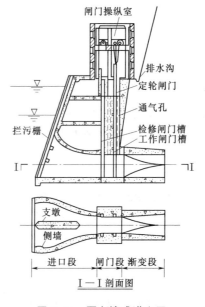

图 3.33 压力墙式进水口

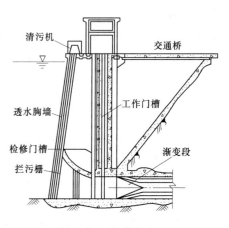

图 3.34 塔式进水口

（4）坝式进水口。对于坝后式电站，因厂房紧邻大坝，为使引水道最短，常将进水口依附在坝体上，最常用的是混凝土重力坝坝式进水口，如图 3.35 所示。

2. 水电站的无压进水口

无压进水口也称开敞式进水口，一般适用于无压引水式电站。无压进水口分为有坝进水口和无坝进水口两种。由于无坝进水口只能引用河道流量的一部分，不能充分利用河流资源，故较少采用。图 3.36 是无压进水口示意图。

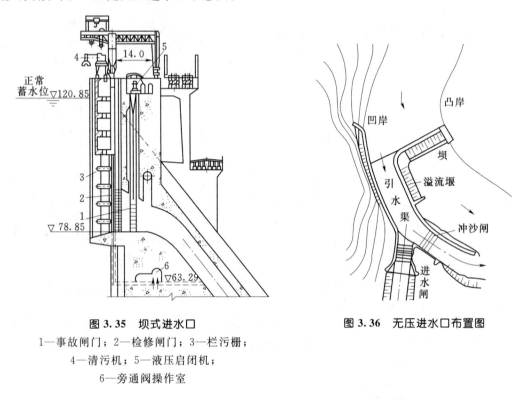

图 3.35　坝式进水口
1—事故闸门；2—检修闸门；3—栏污栅；
4—清污机；5—液压启闭机；
6—旁通阀操作室

图 3.36　无压进水口布置图

3.3.3　水电站引水建筑物

1. 引水渠道

水电站的无压引水渠道称为动力渠道，它位于无压进水口或沉沙池之后。根据动力渠道的水力特性，可分为自动调节渠道和非自动调节渠道两种类型。自动调节渠道，如图 3.37 所示。非自动调节渠道如图 3.38 所示。

2. 引水隧洞

当用明渠引水，渠线盘山过长，工程量很大时，通过方案比较，可采用城门洞形的无压隧洞引水，其拱顶为半圆形，侧墙为直立墙，按施工要求洞身宽度不小于 1.5m，高度不小于 1.8m。在恒定流情况下隧洞中水面以上的空间一般不小于隧洞断面积的 15%，自由水面到洞顶净高度不小于 0.4m，洞顶以上山岩的埋置深度不小于 1.5～3.0 倍的开挖深度，转弯半径不小于洞高的 5 倍。为了防止隧洞漏水和减小洞壁糙率，并防止岩石风化，无压隧洞大都采用全部或部分衬砌。无压隧洞的过水断面为矩形，其尺寸的确定和其中的水力计算与动力渠

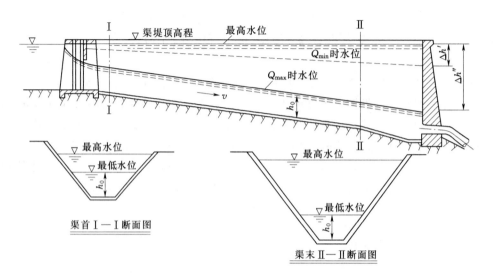

图 3.37　自动调节渠道

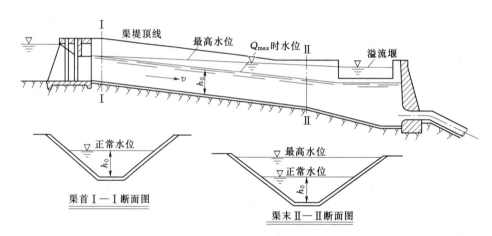

图 3.38　非自动调节渠道

道相同。

3. 压力前池

压力前池是无压力引水道与压力水管之间的平水建筑物。它设置在引水渠道或无压引水隧洞的末端。图 3.39 为我国北方某水电站压力前池的布置图。

3.3.4　厂区建筑物

水电站厂房是水能转变为电能的生产场所，是水工建筑物、工业厂房、机械和电气设备的综合体。它的任务是通过一系列的工程措施，将压力水流平顺地引入水轮机并导向下游；能合理地把各种机电设备布置于恰当的位置并提供良好的安装、检修和运行条件；为运行管理人员创造良好的工作环境。为此，厂房必须有合适的形式、足够的空间和合理的构造，以保证水电站能安全可靠地按电力系统的需要生产电能。

水电站的发电、变电和配电建筑物常集中布置在一起，称为厂区，它主要由主厂房、副

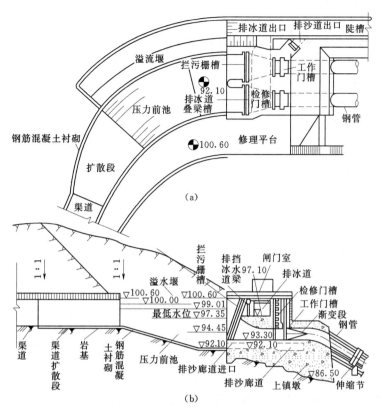

图 3.39 某水电站压力前池布置图

厂房、主变压器场和高压开关站组成。主厂房是安装水轮发电机组及其控制设备的房间,其中还布置有机组主要部件组装和检修的场所,是厂区的核心建筑物。

副厂房是由布置控制设备、电气设备、辅助设备的房间以及必要的工作和生活用房所组成,它主要是为主厂房服务的,因而一般都紧靠主厂房。

主变压器场和高压开关站是分别安放主变压器和高压配电装置的场所,它们的作用是将发电机出线端电压升高至远距离送电所要求的电压,并经调度分配后送向电网,一般均布置在露天并靠近厂房和便于与系统电网连接。

3.3.5 变压器场与开关站

布置变压器场应考虑下列原则。

(1)主变压器尽可能靠近主厂房,以缩短昂贵的发电机电压母线和减少电能损失。

(2)要便于交通、安装和检修。如考虑主变压器推到安装间检修,变压器场最好靠近安装间,并与安装间及进厂道路布置在同一高程上,还应铺设运输主变压器的轨道。要注意将任一台主变压器运进安装间检修时不影响其余主变压器的正常工作。

(3)便于维护、巡视及排除故障。为此在主变压器四周要留有 0.8~1.0m 以上空间。

(4)土建结构经济合理。主变压器基础安全可靠,应高于最高洪水位。四周应有排水设施,以防雨水汇集为害。

(5)便于主变压器通风、冷却和散热,并符合保安和防火要求。

3.3.6 尾水渠的布置

尾水渠应使水流顺畅下泄,根据地形地质、河道流向、泄洪影响、泥沙情况,并考虑下游梯级回水及枢纽各泄水建筑物的泄水对河床变化的可能影响进行布置。要避免泄洪时在尾水渠内形成壅水、旋涡和出现淤积。坝后式和河床式厂房的尾水渠宜与河道平行,与泄洪建筑物以足够长的导水墙隔开。河岸式厂房尾水渠应斜向河道下游,渠轴线与河道轴线角不宜大于 45°,必要时在上游侧加设导墙,保证泄洪时能正常发电。因为水轮机安装高程较低,故尾水渠常为倒坡。水轮机尾水管出口处水流紊乱、旋涡多,流速分布极不均匀,易发生淘刷,应根据地质情况加强衬砌保护。尾水渠下游河道不应弃渣,以防因弃渣而抬高水位,并在第一台机组发电前将围堰等障碍清除干净。

【例6】陕西 PT 水电站工程。

1.工程概况

渭河是流经宝鸡市的最大河流,其上游由西向东穿境而过,境内河流长 157.6km。从林家村向上至省界,渭河流经宝鸡境内的总长度为 123.1km,平均比降 2.77‰,多年平均流量 70.1m³/s。渭河在宝鸡市内可开发的水力资源主要集中于宝鸡峡河段上。

陇海铁路宝成段沿渭河两岸通过,其高度限制了在渭河上游宝鸡峡段修建高坝大库,也限制了该段的水力开发利用。由于近几年小水电事业的高速发展,近几年在建和规划建设的小水电工程已在渭河下游段自上而下形成四个梯级小水电站,即鸡冠岩水电站、颜家河水电站、宝鸡峡渠首工程、坪头水电站。

2.水文地质

通过库区回水曲线的计算,按《水电工程水库淹没处理规划设计规范》(DL/T 5064—1966)规定,该工程引水枢纽设计洪水按 10 年一遇洪水 Q=3070m³/s 计算,其壅水对上游鸡冠岩尾水影响很小;在坝址设计流量和正常运行时与鸡冠岩水电站的水位不发生矛盾,也不存在水流顶托现象。PT 一级水电站坝址,枢纽溢流坝设计洪水按 10 年一遇洪水 Q=3070m³/s 计算,壅水长度 6.92km,正常水位挡水时,壅水长度 4.58km,在设计洪水时,坪头一级水电站回水对坪头三级水电站有较小的顶托作用,在正常水位运行时对坪头三级水电站没有影响。筑坝后两岸耕地、村庄按设计洪水标准修建 2km 长堤坊进行保护。堤坊设计标准按 20 年一遇洪水进行设计。堤坊材料采用修建溢流坝和冲沙闸、引水闸等开挖的砂石料修建。弃料不够时可采用当地材料。

3.工程布置与建筑物

PT 三级水电站总装机容量按 6000kW 计算,该工程溢流坝仅增加水头,没有库容,本工程也没有灌溉的要求。依据《水利水电工程等级划分及洪水标准》(SL 252—2000),属Ⅳ等工程,亦即小(1)型水电站,该工程中溢流坝、冲沙闸、引水洞、水电站工程等主要建筑物为 4 级、次要建筑物及临时建筑物为 5 级。

该水电站选择径流式水力发电。其设计按自流引水进行布置,挡水建筑物拟定为重力式溢流坝,坝顶高程 685.20m,溢流长度 150 m,在坝体左岸修建冲沙闸和引水闸,冲沙闸宽度净宽 13.5m,总宽 18.5m,引水闸净宽 9.0m,总宽 12.5m。溢流坝采用 WES 剖面,上游面倾斜,充分利用水重和泥沙重量来增加坝体的稳定性。经抗滑稳定计算,正常情况下大坝

的稳定安全系数为 $K=1.35$，设计洪水时大坝的稳定安全系数为 $K=1.16$，该工程属于小（1）型水利工程，查《水利水电工程等级划分及洪水标准》（SL252—2000），$K=1.15$ 满足设计要求。经计算最大坝高 11.9m，反弧半径 10m，消力池底板高程 675.00m，坝底宽度 19.96m，定型设计水头 $Hd=5.65m$。

进水闸底板高程 679.80m，闸前水位 685.20m，进水闸闸室长度为 20m，渐变段长度为 10m，弯道长度为 20.81m，转弯半径 $R=25m$，转弯角度 50°，弯后接水工隧洞，水工隧洞长 173.20m。经水力计算，水流从引水闸到压力前池的水头损失为 0.80m，水电站可利用水头为 9.5m。

溢流坝最大挡水高度 11.9m，且上、下游水头差小于 10m，其洪水按"平原区水利水电工程永久性水工建筑物洪水标准"选定为设计洪水标准为 10 年一遇洪水，洪峰流量为 3070m³/s；校核洪水标准为 30 年一遇洪水，洪峰流量为 4626m³/s。

引水枢纽闸、坝下游消能防冲设计洪水标准为 10 年一遇洪水，洪峰流量 3070m³/s，并考虑地域和超过设计标准时的不利情况，确保不危及挡水建筑物及其他主要建筑物的安全，在消力池下游衔接抛石护底工程。

水电站厂房防洪标准为设计洪水标准为 30 年一遇洪水，洪峰流量 4626m³/s；校核洪水标准为 50 年一遇洪水，洪峰流量 5520m³/s。

100 年一遇洪水，洪峰流量 6630m³/s 时水流不进厂房。

4. 图纸说明

（1）枢纽平面布置图。从枢纽平面布置图可以宏观地看出，该工程属引水式水电站，枢纽工程由拦河坝工程、引水隧洞、电站工程三部分组成。拦河坝工程在坝址选择时有三条坝轴线可供选择，参考地质剖面，按照水文地质条件、地形条件、建筑材料和施工条件等因素综合考虑，最后选择 3—3 断面为坝轴线。该段河槽主流靠近左岸，右岸为河滩地，结合溢流坝横断面图可以看出，该大坝为滚水坝，也就是典型的低溢流堰，是一种高度较低的拦水建筑物，其主要作用为抬高上游水位、拦蓄泥沙。主要原理是将水位抬高到一定位置，当涨水时，多余的水可以自由溢流到下游。因此，除了满足取水的高程要求外，还要满足冲沙的要求。坝区部分由滚水坝、冲沙闸、取水闸三部分组成，滚水坝长度 144m，从左岸开始，每隔 15m 为一个坝段。冲沙闸和进水闸布置在左岸岸边，冲沙闸轴线与河道水流方向一致，由三孔组成，每空宽度 4.5m，开敞式，闸后采用消力池消能，引水口进口底板高程 768.30m，下游消力池底板高程 675.16m。冲沙闸与进水闸的夹角为 30°，为了防止泥沙进入隧洞，在进水闸进口做一道拦沙坎，拦沙坎高程 679.80m，引水闸为两孔开敞式水闸，每孔宽度 4.5m。为了控制大坝、冲沙闸和进水闸等主要建筑物的相对位置，关键控制点 B1、B2 等均可以在工程特性表中查找该点的坐标予以确定。在进水闸后接水隧洞，隧洞为 6.4m×7.0m 的无压洞，长度为 173m，洞后接压力前池，压力前池右侧布设溢流堰，防止前池水溢出。前池后接电站主副厂房，其后是尾水池和尾水渠。如图 3.40 所示。

（2）溢流坝上游立视图。从上游立视图可以直观地看出坝区建筑物的相关高程，坝顶高程 685.20m，坝底高程 673.30m，冲沙闸底板高程 678.30m，引水闸底板高程 679.80m，底板厚度均为 1.5m。引水闸底板比冲沙闸底板高出 1.5m，目的是便于冲沙并有效地阻止泥沙进入引水隧道，防止泥沙对水轮机产生过大的磨损。冲沙闸与引水闸闸顶高程一致，均为 691.30m，闸孔与闸墩的宽度在图中也有明确的标示，在此不再赘述。如

图 3.41 所示。

（3）大坝横剖面图。从图中可以看出，该溢流坝断面为 WES 堰，堰顶高程 685.20m，堰底高程 672.30m，堰高 12.90m，属于低堰，堰后采用护坦消能。大坝断面主体采用 M7.5 浆砌石砌筑，地基和上游防渗面采用 C15 混凝土防护，溢流面采用 C20 钢筋混凝土，下游护坦也采用 C15 混凝土浇筑。堰面由上部圆弧段、幂曲线段、反弧段组成，溢流面钢筋混凝土与砌石坝体采用台阶状连接，保证连接的稳定性。为防止坝体滑动，在坝基上下游地基处设置防滑齿墙，齿墙深度 1m。坝体与下游护坦之间采用止水铜片防止高速水流渗入护坦，对护坦形成破坏，护坦与地基连接处铺设反滤层排水，在护坦底板上布设梅花型排水孔，护坦高程 675.16m，在护坦末端设置尾槛，以使较小流量时产生水跃，避免对下游河道造成冲刷，尾槛顶高程 676.66m，其后设置海漫，消除余能。堰面曲线坐标表和特征水位、特征点高程在图中有明确标示。如图 3.42 所示。

（4）冲沙闸纵剖面图。在枢纽平面布置图中，我们已经了解到冲沙闸有三孔，每孔宽度 4.5m，对于其他详细信息，则需要通过纵剖面图来获得。在阅读图纸时，从左向右依次阅读，首先看到一组高程标示，包括特征水位和关键点高程标示。结合枢纽平面布置图看，在冲沙闸进口以前为了使水流平顺进入闸室，设置了 15.0m 长的导水墙，墙顶高程 685.50m，河床面上铺设混凝土铺盖，铺盖顶高程 678.30m，铺盖厚 0.5m，上下游端设置防滑齿墙。闸室为有胸墙的开敞式水闸，闸门有效高度 4.5m，平板钢闸门。闸墩上下游端采用半圆形墩头，长度与闸室长度相同，长为 20.0m，宽为 1.5m，墩顶高程 691.30m，设检修门槽和工作门槽，在工作门槽后为减小工程造价，闸墩采用台阶式逐渐降低高度，每个台阶宽度为 2.5m，高度 2.0m。闸底板高程 678.30m，底板厚度 1.0m，底板和闸墩均采用 C20 钢筋混凝土。护坦底板与闸底板之间采用 C20 混凝土、1:4 陡坡连接，护坦其他参数在前面已经陈述，此处不再赘述。如图 3.43 所示。

（5）进水闸纵剖面图。与冲沙闸纵剖面图阅读方法相同，在左侧有特征水位和特征点高程标示，闸室亦采用带有胸墙的开敞式结构形式，闸墩上下游采用半圆弧墩头，闸底板采用 C20 钢筋混凝土，闸墩采用 C20 混凝土，闸底板高程 679.80m，闸底板厚度 80cm，上下游设防滑齿墙。为了防止河道漂浮物进入引水隧洞对水轮机造成危害，在进口处设置拦污栅，因拦污栅占据了有效的过水断面面积，影响进洞水流流量，因此，此处拦污栅设置与闸底板成 75°夹角。其后设置检修闸门和工作闸门，检修闸门与工作闸门之间 2.0m 间距，并设置爬梯，便于对工作闸门的检修。闸室后设渐变段与隧洞连接。如图 3.44 所示。

（6）厂区平面布置图。水电站厂房为地面厂房。主厂房尺寸（长×宽×高）为 50m×15m×25.8m，安装间布置在右端，安装间高程 660.02m，发电机层高程 655.02m。主厂房内安装 ZDJP502—LJ—160 型水轮机 4 台，水轮机安装高程 649.47m；安装 SF2500—16/2600 型发电机 3 台，单机容量 2500kW。副厂房布置在主厂房上游侧，上层地面与安装间层同高，下层地面与发电机层同高。110kV 升压变电站布置在副厂房上游侧的填筑平台上，面积约为 50m×20m=1000m²。水电站设计尾水位 650.39m，尾水池与渭河用尾水洞相连，尾水洞长 260m。如图 3.45 所示。

（7）发电厂房平面图。本水电站采用混流式水轮发电机组，立式布置方式。主厂房分为四层：即中控层、发电机层、水轮机层、蝶阀层。在主厂房中控层的安装间，布置一面检修动

PT 三级水电站总体布置图

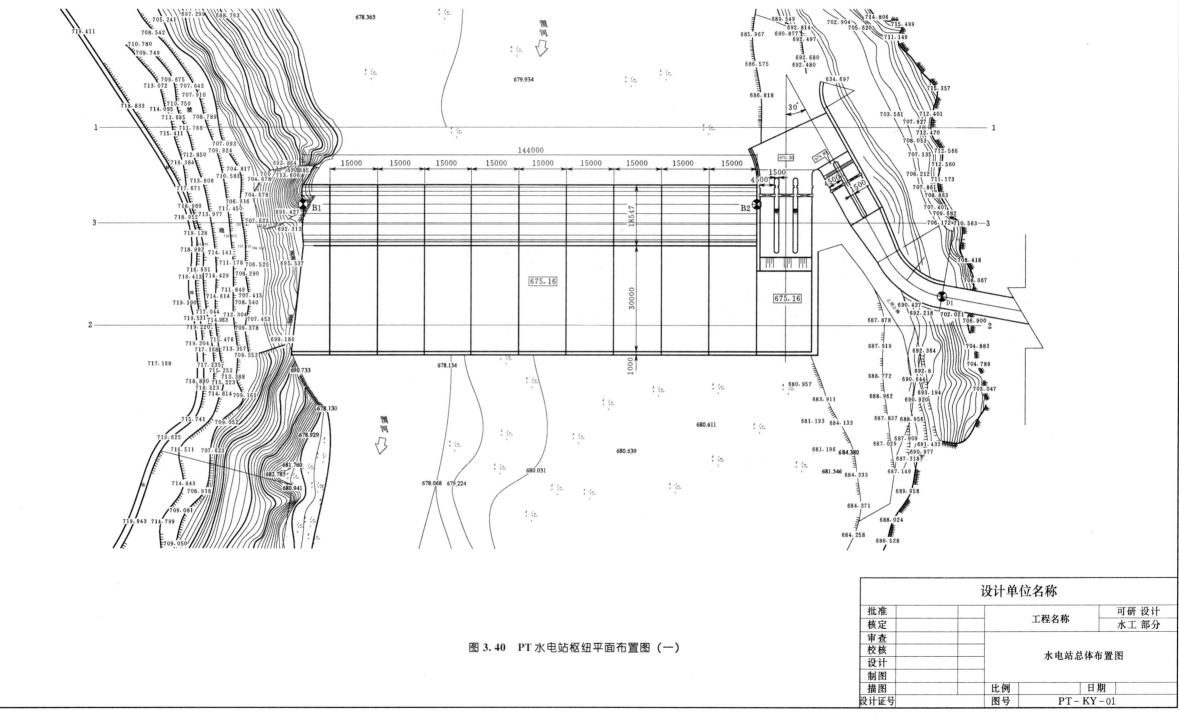

图 3.40　PT 水电站枢纽平面布置图（一）

设计单位名称			
批准		工程名称	可研 设计
核定			水工 部分
审查			
校核		水电站总体布置图	
设计			
制图			
描图		比例	日期
设计证号		图号	PT-KY-01

PT 三级水电站总体布置图

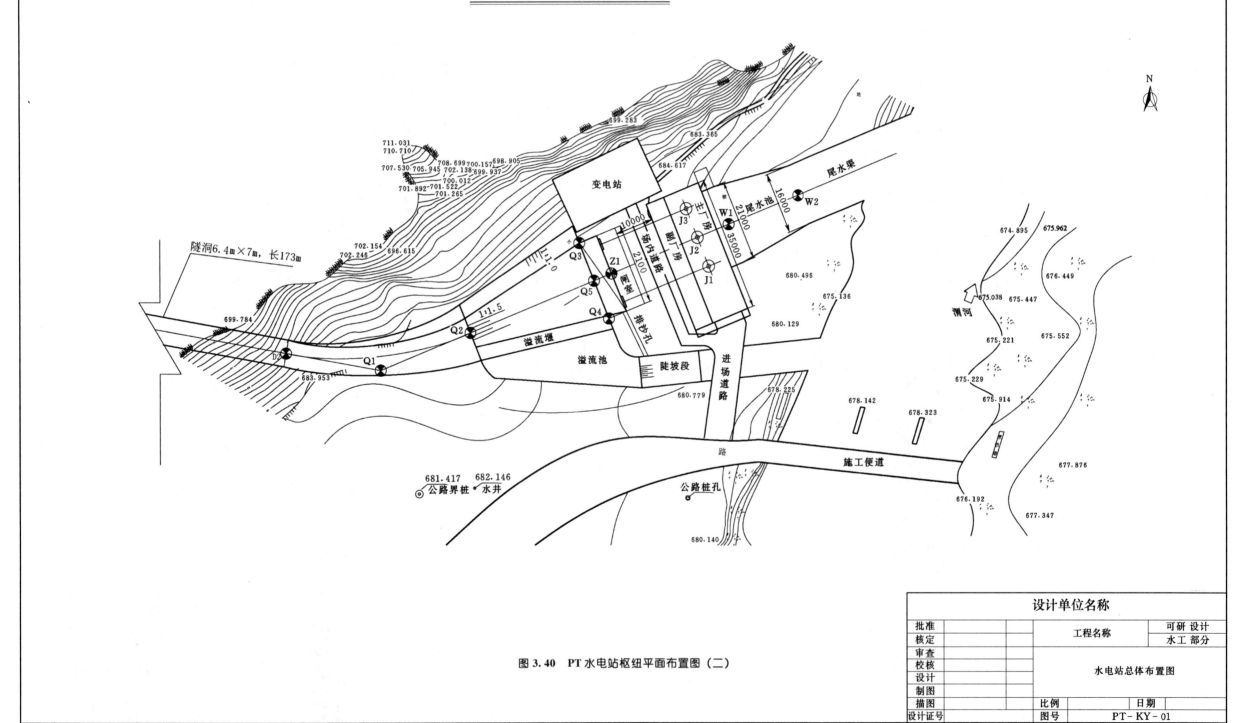

图 3.40 PT 水电站枢纽平面布置图（二）

设计单位名称			
批准		工程名称	可研 设计
核定			水工 部分
审查			水电站总体布置图
校核			
设计			
制图			
描图		比例	日期
设计证号		图号	PT-KY-01

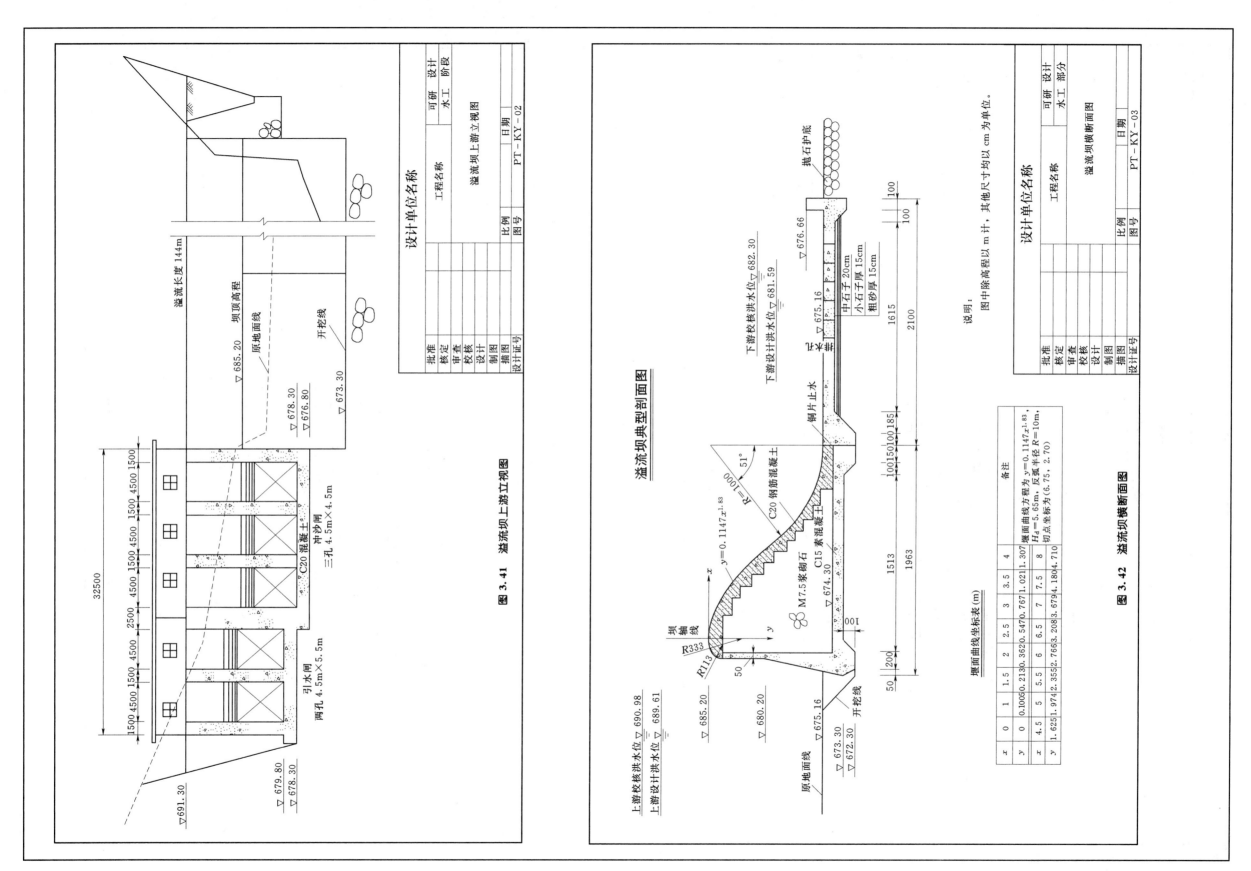

图 3.41 溢流坝上游立视图

溢流坝典型剖面图

图 3.42 溢流坝横断面图

堰面曲线坐标表（m）

x	0	1	1.5	2	2.5	3	3.5	4
y	0	0.1005	0.2130.362	0.5470.7667	1.0211.307			
x	4.5	5	5.5	6	6.5	7	7.5	8
y	1.6251.974	2.3552.766	3.2083.679	4.1804.710				

备注：堰面曲线方程为 $y=0.1147x^{1.83}$，$H_d=5.65m$，反弧半径 $R=10m$。切点坐标为（6.75，2.70）。

溢流坝上游立视图
PT－KY－02

溢流坝横断面图
PT－KY－03

说明：
图中除高程以 m 计，其他尺寸均以 cm 为单位。

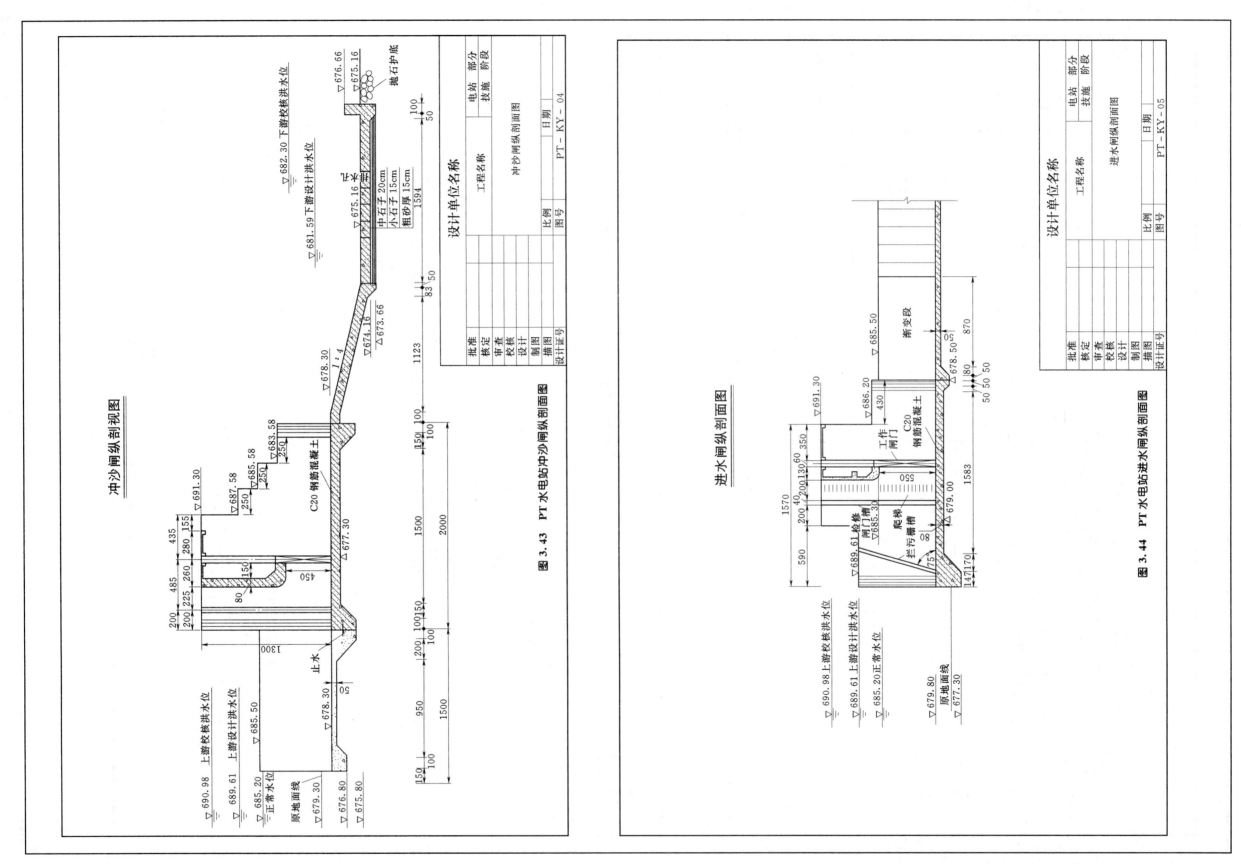

冲沙闸纵剖视图

图 3.43 PT 水电站冲沙闸纵剖面图

进水闸纵剖面图

图 3.44 PT 水电站进水闸纵剖面图

设计单位名称

批准		电站	部分
核定			
审查	技施	阶段
校核			
设计		工程名称	冲沙闸纵剖面图
制图			
描图		日期	
设计证号		比例	
		图号	PT-KY-04

设计单位名称

批准		电站	部分
核定			
审查	技施	阶段
校核			
设计		工程名称	进水闸纵剖面图
制图			
描图		日期	
设计证号		比例	
		图号	PT-KY-05

126

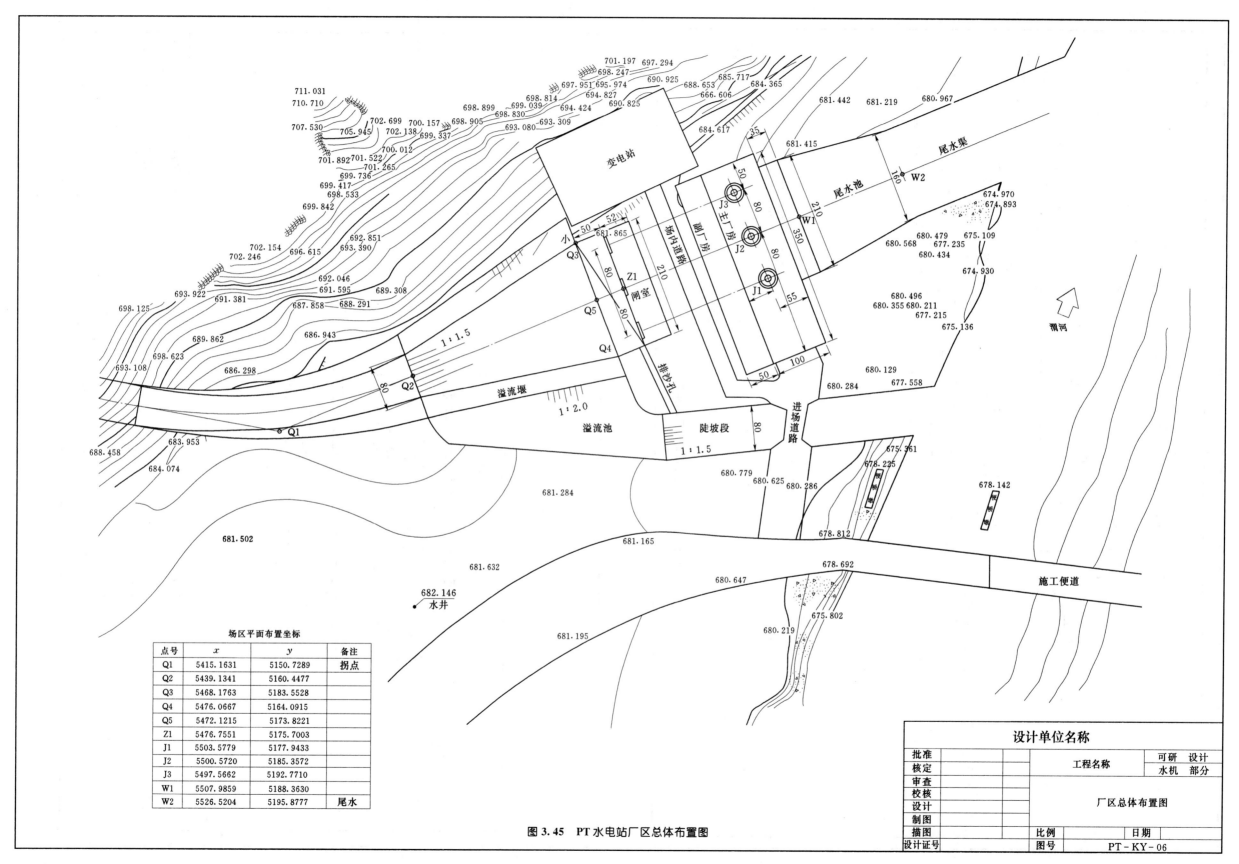

场区平面布置坐标

点号	x	y	备注
Q1	5415.1631	5150.7289	拐点
Q2	5439.1341	5160.4477	
Q3	5468.1763	5183.5528	
Q4	5476.0667	5164.0915	
Q5	5472.1215	5173.8221	
Z1	5476.7551	5175.7003	
J1	5503.5779	5177.9433	
J2	5500.5720	5185.3572	
J3	5497.5662	5192.7710	
W1	5507.9859	5188.3630	
W2	5526.5204	5195.8777	尾水

图 3.45 PT 水电站厂区总体布置图

设计单位名称				
批准			工程名称	可研 设计
核定				水机 部分
审查				
校核				厂区总体布置图
设计				
制图				
描图		比例		日期
设计证号		图号		PT-KY-06

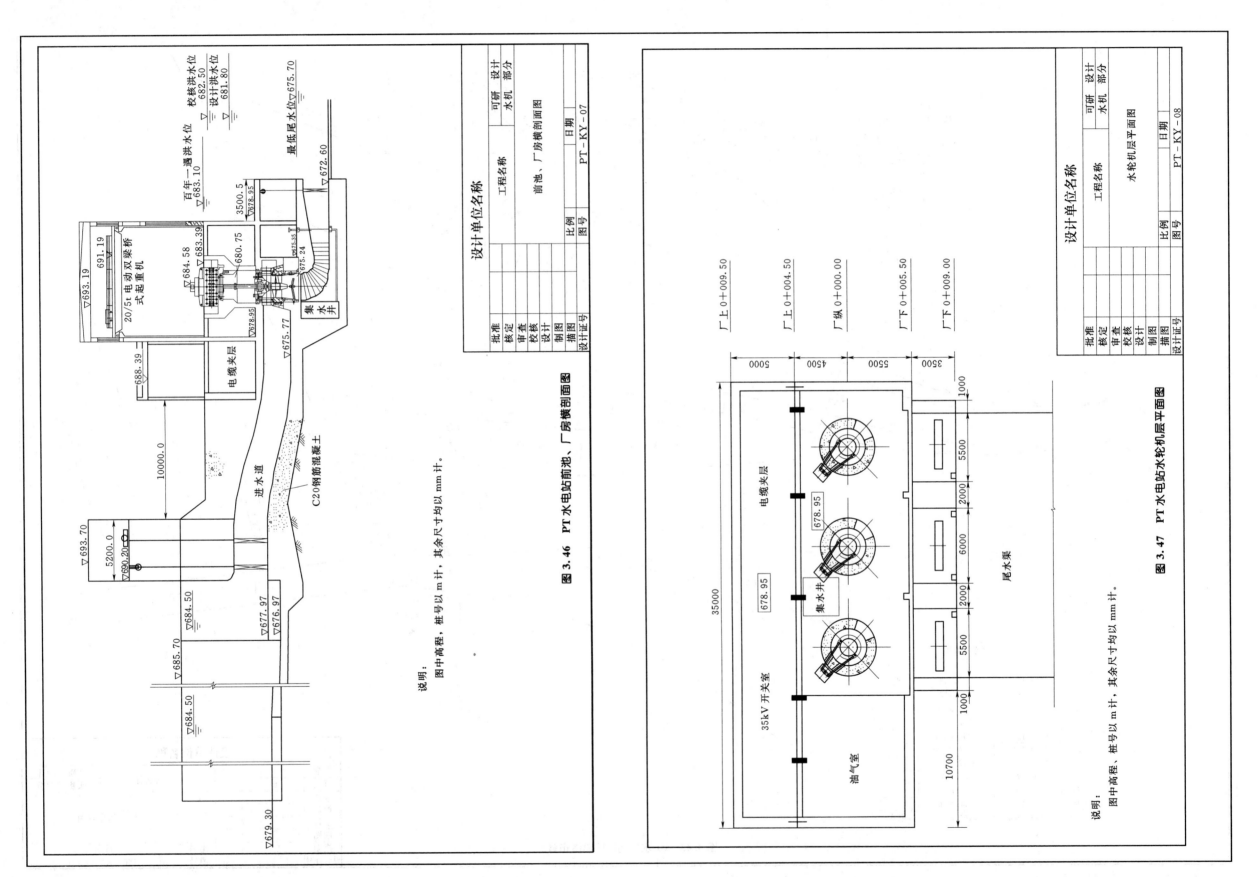

图 3.46 PT 水电站前池、厂房横剖面图

说明：

图中高程、桩号以 m 计，其余尺寸均以 mm 计。

设计单位名称				
		工程名称	可研	设计
			水机	部分
		前池、厂房横剖面图		
批准				
核定		比例	日期	
审查		图号		
校核		PT-KY-07		
设计				
制图				
描图				
设计证号				

图 3.47 PT 水电站水轮机层平面图

说明：

图中高程、桩号以 m 计，其余尺寸均以 mm 计。

设计单位名称				
		工程名称	可研	设计
			水机	部分
		水轮机层平面图		
批准				
核定		比例	日期	
审查		图号		
校核		PT-KY-08		
设计				
制图				
描图				
设计证号				

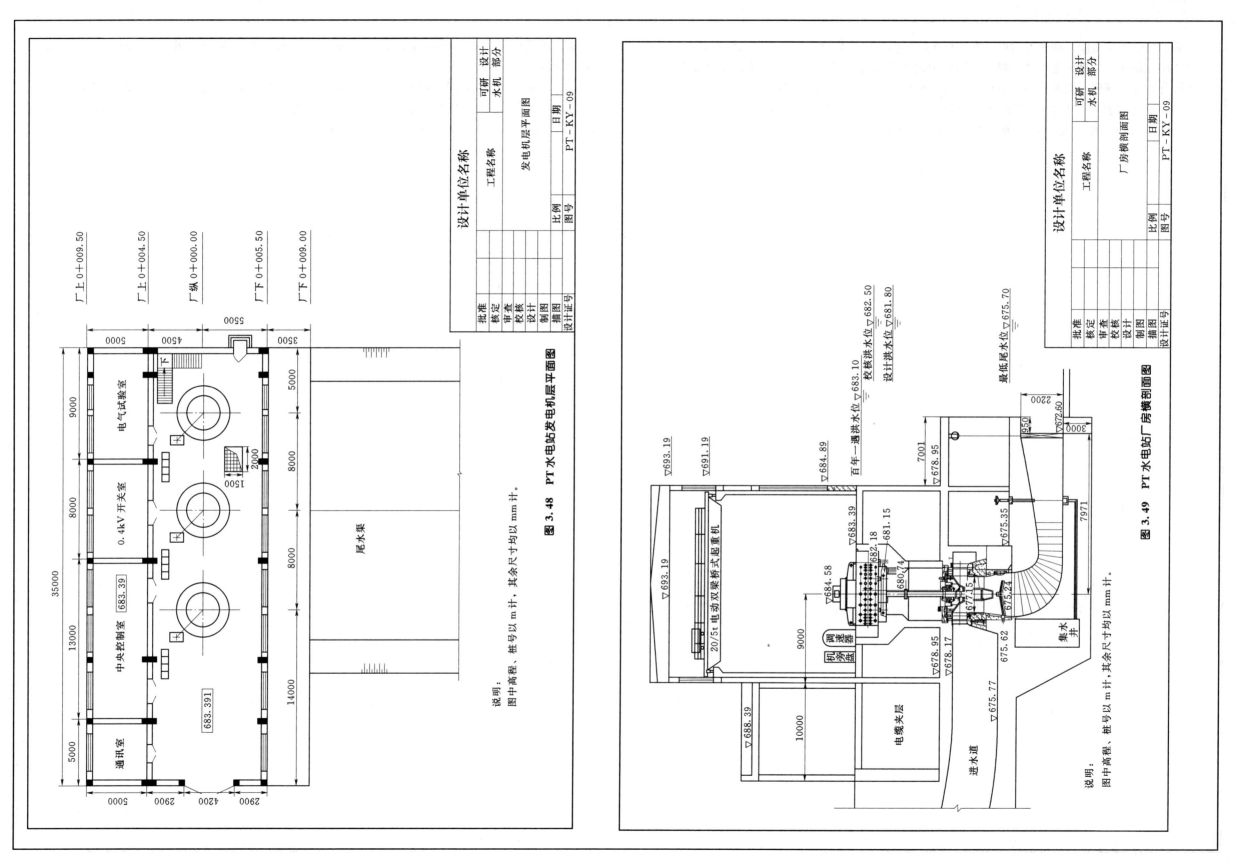

图 3.48 PT 水电站发电机层平面图

图 3.49 PT 水电站厂房横剖面图

129

力箱，供吊车及检修、动力等用电。在主厂房的发电机层进水侧，对应每台机组布置四面屏，即可控硅励磁屏、机组测控屏、机组辅助屏和机组制动屏。在主厂房的水轮机层布置动力配电箱及动力控制箱。发电机中性点设备，就近布置于水轮机层各机组的机墩旁。

副厂房布置在主厂房的下游侧，紧靠主厂房，与主厂房平行，共分为两层，即中控层、发电机层。副厂房中控层布置有 6.3kV 高压开关室、0.4kV 低压开关室、中央控制室及电工实验室。在其下部设置有电缆夹层，以便全站控制电缆出线。如图 3.46～图 3.48 所示。

（8）发电厂房立面图。图中表明，水轮机、发电机、油气水路布线，40/5t 吊钩桥式起重机一台。主钩起升高度为 16m，副钩起升高度为 18m，工作制度为 A5，大车运行速度为 87.6m/min，小车运行速度为 42.4m/min。如图 3.49 所示。

学习单元4 水利工程图绘制

教学目的：

①介绍 AutoCAD 的工作界面；②讲解 CAD 文件的打开、新建与保存的操作，讲解 CAD 命令的输入。

教学要求：

①熟悉 CAD 工作界面的内容和作用；②掌握文件管理的操作；③掌握命令的输入和命令选项的操作。

重点与难点：

①CAD 文件的打开、新建与保存；②启动命令的三种方法。

4.1 AutoCAD 介 绍

4.1.1 AutoCAD 绘图环境

4.1.1.1 启动 AutoCAD

1. AutoCAD 界面组成

AutoCAD2008 的应用窗口主要包括标题栏、菜单栏、工具栏、绘图区、命令行提示区、状态栏以及面板控制台等。操作界面组成如图 4.1 所示。

下面分别介绍各个组成部分的含义和功能。

（1）标题栏。

标题栏上显示了应用程序的名称，如果将窗口最大化，还将显示当前文件的名称。标题栏右端有 3 个按钮，从左到右分别为最小化按钮 ▬、最大化（还原 ▣）按钮 ▢ 和关闭按钮 ✖，如果当前程序窗口未处于最大化或最小化状态，则将光标移至标题栏后，单击并拖动，可任意移动程序窗口的位置。

（2）菜单栏。

菜单栏位于标题栏之下，系统默认有 11 个菜单项，选择其中任意一个菜单命令，则会弹出一个下拉菜单，用户从中选择相应的命令进行操作即可。

（3）工具栏。

系统默认状态下，AutoCAD2008 的操作界面上显示标准和工作空间两个工具栏。工作空间工具栏提供了"二维草图与注释"、"三维建模"和"AutoCAD 经典"三种设定的工作空间，用户可以在这 3 个空间内任意切换；标准工具栏提供了最常见的 AutoCAD 操作工具。

（4）状态栏。

状态栏位于 AutoCAD 2008 工作界面的底部。状态栏左侧显示十字光标当前的坐标位置，右侧显示辅助绘图的几个功能按钮。

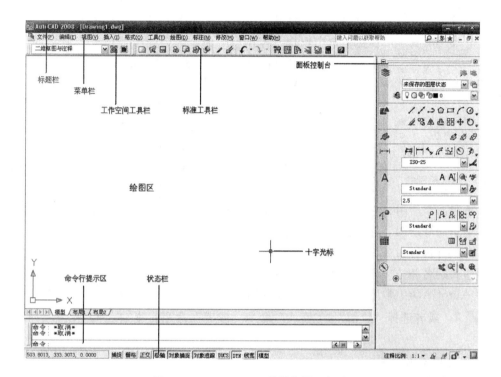

图 4.1 AutoCAD2008 的操作界面组成

（5）命令行提示区。

命令行提示区用于接收用户命令以及显示各种提示信息，如图 4.2 所示。用户通过菜单或者工具栏执行命令的过程将在命令行提示区中显示，用户也可以直接在命令行提示区中输入命令。

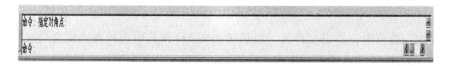

图 4.2 命令行

（6）绘图区。

绘图区是屏幕上的一大片空白区域，用户所进行的操作过程以及绘制完成的图形都会直观地反映在绘图区中。

（7）十字光标。

十字光标用于定位点、选择和绘制对象，由定点设备如鼠标或光笔等控制。当移动定点

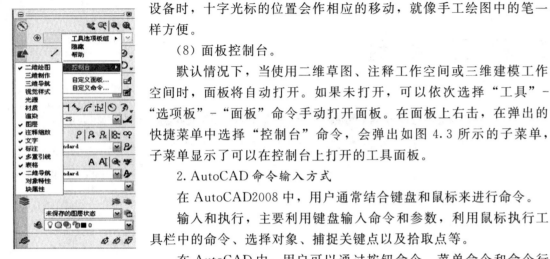

图 4.3　面板控制台

设备时，十字光标的位置会作相应的移动，就像手工绘图中的笔一样方便。

（8）面板控制台。

默认情况下，当使用二维草图、注释工作空间或三维建模工作空间时，面板将自动打开。如果未打开，可以依次选择"工具"-"选项板"-"面板"命令手动打开面板。在面板上右击，在弹出的快捷菜单中选择"控制台"命令，会弹出如图 4.3 所示的子菜单，子菜单显示了可以在控制台上打开的工具面板。

2. AutoCAD 命令输入方式

在 AutoCAD2008 中，用户通常结合键盘和鼠标来进行命令。

输入和执行，主要利用键盘输入命令和参数，利用鼠标执行工具栏中的命令、选择对象、捕捉关键点以及拾取点等。

在 AutoCAD 中，用户可以通过按钮命令、菜单命令和命令行执行命令三种形式来执行 AutoCAD 命令。

（1）按钮命令绘图。它是指用户通过单击工具栏中相应的按钮来执行命令。

（2）菜单命令绘图。它是指选择菜单栏中的下拉菜单命令执行操作。

（3）命令行执行命令。它是指 AutoCAD 中，大部分命令都具有别名，用户可以直接在命令行中输入别名并按 Enter 键来执行命令。

以 AutoCAD 中常用的"直线"命令为例，用户可以单击"标准"工具栏中的"直线"按扭"　"，或者选择"绘图"-"直线"命令，或者在命令行里输入 LINE 命令来执行该命令。

3. 绘图环境基本设置

绘图环境基本设置主要是设置系统参数。设置系统参数，是通过"选项"对话框进行的，如图 4.4 所示。有以下两种方式可以打开"选项"对话框。

（1）菜单命令：依次选择"工具"-"选项"命令。

（2）命令行：在命令行中输入 OP 命令。

该对话框由"文件"、"显示"、"打开和保存"、"打印和发布"、"系统"、"用户系统设置"、"草图"、"三维建模"、"选择集"和"配置"10 个选项卡组成，各个选项卡的主要功能如下。

（1）"文件"选项卡：指定文件夹，以供 AutoCAD 在其中查找在当前文件夹中所不存在的文字字体、自定义文件、插件、要插入的图形、线型和填充方案。

（2）"显示"选项卡：用于设置窗口元素、布局元素、显示精度、显示性能、十字光标大小和参照编辑的褪色度等显示属性。

（3）"打开和保存"选项卡：用于设置默认情况下文件保存的格式、是否自动保存文件以及自动保存文件的时间间隔、是否保存日志、是否加载外部参照等属性。

（4）"打印和发布"选项卡：用于设置 AutoCAD 的输出设备。默认情况下，输出设备为 Windows 打印机。但是很多情况下，为了输出较大幅面的图形，用户需要添加或配置绘图仪。

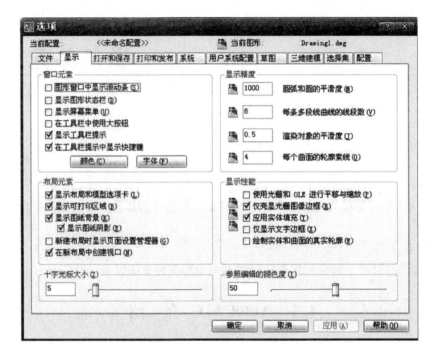

图 4.4　"选项"对话框

（5）"系统"选项卡：用于设置当前三维图形的显示特性，设置定点设备、是否显示 OLE 特性对话框、是否显示所有警告信息、是否检查网络连接、是否显示启动对话框、是否允许长符号名等。

（6）"用户系统配置"选项卡：用于设置是否使用快捷菜单、插入比例、坐标输入的优先级、字段、关联标注、超链接等属性。

（7）"草图"选项卡：用于设置自动捕捉、自动追踪、对齐点获取、自动捕捉标记框颜色和大小、靶框大小等属性。

（8）"三维建模"选项卡：是 AutoCAD 新增功能，用于设置三维十字光标、显示 UCS 图标、动态输入、三维对象和三维导航等属性。

（9）"选择集"选项卡：用于设置选择集模式、拾取框大小以及夹点颜色和大小等属性。

（10）"配置"选项卡：用于实现系统配置文件的新建、重命名、输入、输出以及删除等操作。

一般情况下，用户不需要对这些设置进行修改。在此，不进行详细的介绍，在具体用到的地方再详细介绍。

4. 设置绘图界限

绘图界限是在绘图空间中的一个假想的矩形绘图区域，显示为可见栅格指示的区域。当打开图形界限边界检验功能时，一旦绘制的图形超出了绘图界限，系统将发出提示。

可以使用以下两种方式设置绘图极限。

（1）菜单命令：依次选择"格式"-"图形界限"命令。

（2）命令行：在命令行中输入 LIMITS 命令。

执行上述操作后，命令行提示如下：

命令：limits

重新设置模型空间界限．   //设置模型空间极限

指定左下角点或［开（ON）/关（OFF）］＜0.00000，0.0000＞   //指定模型空间左下角坐标

此时，输入 on 打开界限检查，如果所绘图形超出了绘图界限，系统将不绘制出此图形并给出提示信息，从而保证了绘图的正确性。输入 off 关闭界限检查。可以直接输入左下角点坐标然后按 Enter 键，也可以直接按 Enter 键设置左下角点坐标为〈0.0000，0.0000〉。按 Enter 键后，命令行提示如下：

指定右上角点〈420.0000，297.0000〉：

此时，可以直接输入右上角点坐标然后按 Enter 键，也可以直接按 Enter 键设置右上角点坐标为〈420.0000，297.0000〉。最后按 Enter 键完成绘图界限设置。

这样就成功地设置好了绘图的范围，用户只能在所设坐标范围内绘制图形，超出绘图范围，系统将拒绝绘图并提示超出界限。

5. 设置绘图单位

在绘图前，一般要先设置绘图单位，比如绘图比例设置为 1∶1，则所有图形都将以实际大小来绘制。绘图单位的设置主要包括设置长度和角度的类型、精度以及角度的起始方向。

可以使用以下两种方式设置绘图单位。

（1）菜单命令：依次选择"格式"－"单位"命令。

（2）命令行：在命令行中输入 UN 命令。

执行上述操作后弹出如图 4.5 所示的"图形单位"对话框，在该对话框中可以对图形单位进行设置。在对话框中可以设置以下项目。

（1）长度。在"长度"选项组中，可以设置图形的长度单位类型和精度，各选项的功能如下。

1）"类型"下拉列表框：用于设置长度单位的格式类型，可以选择"小数"、"分数"、"工程"、"建筑"和"科学"5 个长度单位类型选项。

2）"精度"下拉列表框：用于设置长度单位的显示精度，即小数点的位数，最大可以精确到小数点后 8 位数，默认为小数点后 4 位数。

（2）角度。"角度"选项组中的"类型"下拉列表框用于设置角度单位的格式类型，各选项的功能如下。

1）"类型"下拉列表框：用于设置角度单位的格式类型，可以选择"十进制数"、"百分度"、"弧度"、"勘测单位"和"度/分/秒"5 个角度单位类型选项。

2）"精度"下拉列表框：用于设置角度单位的显示精度，默认值为 0。

3）"顺时针"复选框：该复选框用来指定角度的正方向。选中"顺时针"复选框则以顺时针方向为正方向，不选中此复选框则以逆时针方向为正方向。默认情况下，不选中此复

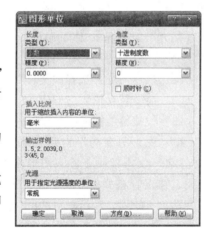

图 4.5　"图形单位"对话框

选框。

（3）插入比例。用于缩放插入内容的单位，单击下拉列表右边的下拉按钮，可以从下拉列表框中选择所放图形的单位，如毫米、英寸、码、厘米、米等。

（4）方向。单击"方向"按钮，弹出如图 4.6 所示的"方向控制"对话框，在对话框中可以设置基准角度（B）的方向。在 AutoCAD 的默认设置中，B 方向是指向右（即正东）的方向，逆时针方向为角度增加的正方向。在对话框中可以选中 5 个单选按钮中的任意若干个来改变角度测量的起始位置。也可以通过选中"其他"单选按钮，并单击"拾取/输入"按钮，在图形窗口中拾取两个点来确定在 AutoCAD 中基准角度（B）的方向。

图 4.6　"方向控制"对话框

（5）光源。"光源"选项组用于设置当前图形中光度控制光源强度的测量单位，下拉列表中提供了"国际"、"美国"和"常规"三种测量单位。

4.1.1.2　图形文件管理

1. 新建图形文件

绘制图形前，首先应该创建一个新文件。在 AutoCAD2008 中，有四种方法来创建一个新文件。

（1）菜单命令：选择"文件"－"新建"命令。

（2）工具栏：单击标准工具栏上的"新建"按钮 。

（3）命令行：输入 QNEW。

（4）快捷键：按 Ctrl＋N 组合键。

执行以上任何一种操作都会打开如图 4.7 所示的"选择样板"对话框。

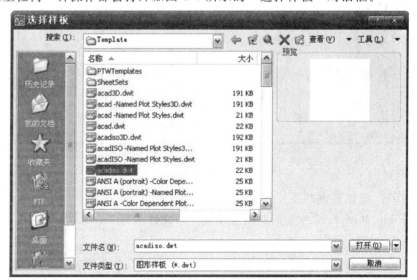

图 4.7　"选择样板"对话框

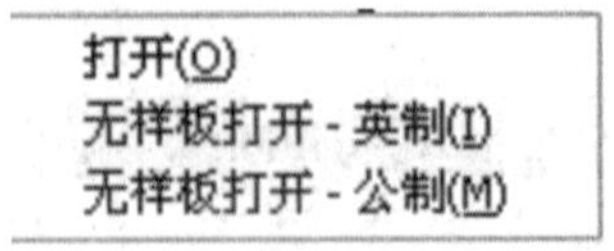

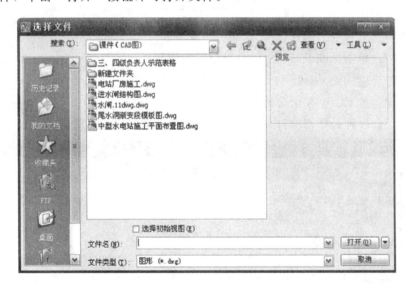

图 4.8 样板的打开方式

打开对话框后，系统自动定位到样板文件所在的文件夹，用户无需做更多设置，在样板列表中选择合适的样板，并在右侧的"预览"框内观看到样板的预览图像，选择好样板之后，单击"打开"按钮即可创建出新图形文件。

也可以不选择样板，单击"打开"按钮右侧的下三角按钮，弹出附加下拉菜单，如图 4.8 所示，用户可以从中选择"无样板打开-英制"或者"无样板打开-公制"命令来创建新图形，新建的图形不以任何样板为基础。

2. 打开图形文件

文件打开的方法有如下四种。

（1）菜单命令：选择"文件"-"打开"命令。

（2）工具栏：单击"标准"工具栏中的"打开"按钮 。

（3）命令行：输入 OPEN。

（4）快捷键：按 Ctrl＋O 组合键。

执行上述操作都会打开如图 4.9 所示的"选择文件"对话框，该对话框用于打开已经存在的 AutoCAD 图形文件。

在此对话框中，用户可以在"搜索"下拉列表框中选择文件所在的位置，然后在文件列表中选择文件，单击"打开"按钮即可打开文件。

图 4.9 "选择文件"对话框

单击"打开"按钮右侧的下三角按钮，在弹出的下拉菜单中有 4 个选项，如图 4.10 所示。这些选项规定了文件的打开方式。

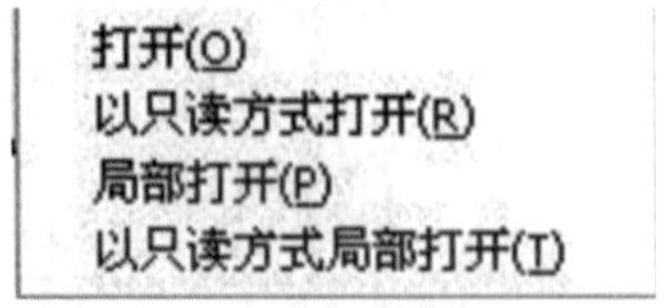

各个选项的作用如下。

（1）打开：以正常的方式打开文件。

（2）以只读方式打开：打开的图形文件只能查看，不能

图 4.10 文件的打开方式

编辑和修改。

（3）局部打开：只打开指定图层部分，从而提高系统运行效率。

（4）以只读方式局部打开：局部打开指定的图形文件，并且不能对打开的图形文件进行编辑和修改。

3. 保存图形文件

保存文件的方法有以下四种。

（1）菜单命令：选择"文件"-"保存"命令。

（2）工具栏：单击"标准"工具栏中的"保存"按钮 。

（3）命令行：输入 QSAVE 。

（4）快捷键：按 Ctrl＋S 组合键。

执行上述任何一种操作都可以对图形文件进行保存。若当前的图形文件已经命名保存过，则按此名称保存文件。如果当前图形文件尚未保存过，则弹出如图 4.11 所示的"图形另存为"对话框，该对话框用于保存已经创建但尚未命名保存过的图形文件。

也可以通过下述方式直接打开"图形另存为"对话框，对图形进行重命名保存。

图 4.11 "图形另存为"对话框

（1）菜单命令：选择"文件"-"另保存"命令。

（2）命令行：输入 SAVEAS。

（3）快捷键：按 Ctrl＋Shift＋S 组合键。

在"图形另存为"对话框中，"保存于"下拉列表框用于设置图形文件保存的路径；"文件名"文本框用于输入图形文件的名称；"文件类型"下拉列表框用于选择文件保存的格式。在保存格式中 .dwg 是 AutoCAD 图形文件，.dwt 是 AutoCAD 样板文件，这两种格式最常用。此外，AutoCAD2008 还提供了自动保存文件的功能，这样在用户专注于设计开发时，可以避免未能及时保存文件带来的损失。用户可以通过以下两种方式设置自动保存的时间间隔。

（1）在菜单栏中选择"工具"-"选项"命令，在打开的"选项"对话框中的"打开和保存"选项卡中设置自动保存的时间间隔，如图 4.12 所示。

（2）在命令行中输入 savetime，系统提示输出新的保存间隔，默认值为 10，单位为 min，如图 4.13 所示。

4. 输入和输出图形文件

在 AutoCAD2008 软件中可以输入各种类型的文件，也可以输出多种类型的文件，一个软件可以兼容的文件类型的多少反映了该软件的功能强弱、处理能力、适用范围。

（1）输入图形文件。AutoCAD 提供三种方式来输入图形文件。

1）菜单栏：选择"文件"-"输入"命令。

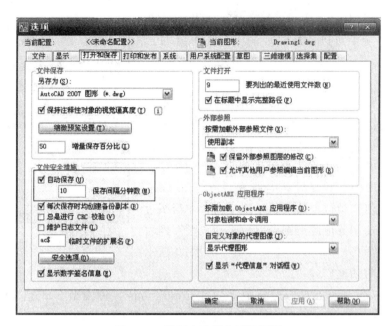

图 4.12 设置自动保存时间间隔

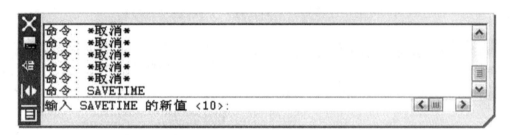

图 4.13 使用命令行设置时间间隔

2）工具栏：在"插入点"工具栏上单击按钮。

3）命令行：输入 import 命令。

执行上述操作都会打开"输入文件"对话框，如图 4.14 所示。在其中的"文件类型"下拉列表框中可以选择输入文件的类型。系统支持的类型主要有"图元文件（＊.wmf)"、ACIS（＊.sat)、3D Studio（＊.3ds）和 V8 DGN（＊.dgn)。

（2）输出图形文件。AutoCAD 提供两种方式来输出图形文件。

1）菜单栏：选择"文件"-"输出"命令。

图 4.14 "输入文件"对话框

2）命令行：输入 export 命令。

执行上述操作都会打开"输出数据"对话框，如图 4.15 所示。在其中的"文件类型"下拉列表框中可以选择输出数据的类型。

图 4.15 "输出数据"对话框

4.1.2 AutoCAD 绘图前的准备

4.1.2.1 使用平面坐标系

在使用 AutoCAD2008 绘图时，点是组成图形的基本单位，每个点都有自己的坐标。图形的绘制一般也是通过坐标对点进行精确定位。当命令行提示输入点时，既可以使用鼠标在图形中指定点，也可以在命令行中直接输入坐标值。坐标系主要分为笛卡儿坐标系和极坐标系，用户可以在指定坐标时任选一种使用。

笛卡儿坐标系有 3 个轴，即 X 轴、Y 轴和 Z 轴。输入坐标值时，需要指示沿 X 轴、Y 轴和 Z 轴相对于坐标系原点（0，0，0）点的距离（以单位表示）及其方向（正或负）。

在二维平面中，可以省去 Z 轴的坐标值（始终为 0），直接由 X 轴指定水平距离，Y 轴指定垂直距离，在 XY 平面上指定点的位置。

极坐标使用距离和角度定位点。例如，笛卡儿坐标系中坐标为（4，4）的点，在极坐标系中的坐标为（5.656，π/4)。其中，5.656 表示该点与原点的距离，π/4 表示原点到该点的直线与极轴所成的角度。

1. 绝对坐标

绝对坐标以当前坐标系原点为基准点，取点的各个坐标值，输入方法为（X，Y，Z)。在绝对坐标中，X 轴、Y 轴和 Z 轴 3 轴线在原点（0，0，0）相交。在二维平面中只需输入 X 值和 Y 值。

在命令行中输入命令 L，命令行提示如下：

命令：LINE   //输入 LINE，表示绘制直线，
指定第一点：5，5   //输入第一点坐标绝对坐标（5，5）
指定下一点或 [放弃（U)]：15，15   //输入第二点坐标绝对坐标（15，15）
指定下一点或 [闭合（C)／放弃（U)]：   //按 Enter 键，完成直线绘制

绘制完成的直线效果如图 4.16 所示，图中给出了点的坐标图示。

2. 相对坐标

相对坐标以前一个输入点为输入坐标点的参考点，取它的位移增量，形式为 ΔX、ΔY、ΔZ，输入方法为（@ΔX，ΔY，ΔZ)。"@"表示输入的为相对坐标值，在二维平面中只需输入 ΔX 值和 ΔY 值。

在命令行中输入 L，命令行提示如下：

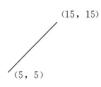

图 4.16 绝对坐标绘制直线

```
命令: LINE                          //输入 LINE, 表示绘制直线
指定第一点: 10, 10                  //输入第一点绝对坐标 (10, 10)
指定下一点或 [放弃 (U)]: @10, 10   //输入第二点坐标相对坐标 (@10, 10)
指定下一点或 [闭合 (C) /放弃 (U)]: //按 Enter 键, 完成直线绘制
```

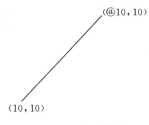

图 4.17 相对坐标
绘制直线

绘制完成的直线如图 4.17 所示, 图中给出了点的坐标图示。

4.1.2.2 图层创建与管理

为了方便管理图形, 在 AutoCAD 中提供了图层工具。图层相当于一层"透明纸", 可以在上面绘制图形, 将纸一层层重叠起来就构成了最终的图形。在 AutoCAD 中, 图层的功能和用途要比"透明纸"强大得多, 用户可以根据需要创建很多图层, 将相关的图形对象放在同一层上, 以此来管理图形对象。

1. 创建图层

默认情况下, AutoCAD 会自动创建一个图层——图层 0, 该图层不可重命名, 用户可以根据需要来创建新的图层, 然后再更改其图层名。创建图层的步骤如下:

在菜单栏选择"格式"-"图层"命令, 或者在命令行中输入 LA 命令, 或者单击"图层"面板中的"图层特性管理器"按钮 , 此时弹出"图层特性管理器"对话框, 如图 4.18 所示, 用户可以在此对话框中进行图层的基本操作和管理。在"图层特性管理器"对话框中, 单击"新建图层"按钮 , 即可添加一个新的图层, 可以在文本框中输入新的图层名。

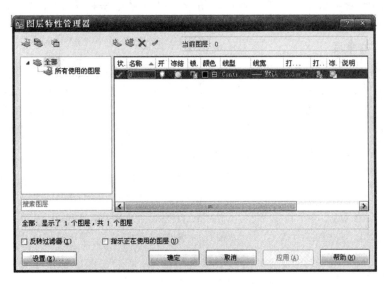

图 4.18 "图层特性管理器"对话框

2. 图层颜色的设置

为了区分不同的图层, 对图层的颜色进行设置是很重要的。每一个图层都有相应的颜色, 对不同的图层可以设置不同的颜色, 也可以设置相同的颜色, 这样就方便来区分图形中的各个部分了。默认情况下, 新建的图层颜色均为白色, 用户可以根据需要更改图层的颜色。在

"图层特性管理器"对话框中单击 , 弹出"选择颜色"对话框, 从中可以选择需要的颜色, 如图 4.19 所示。

3. 图层线型的设置

在绘图时会使用到不同的线型, 图层的线型是指在图层中绘制时所用的线型。不同的图层可以设置为不同的线型, 也可以设置为相同的线型。用户可以使用 AutoCAD 提供的任意标准线型, 也可以创建自己的线型。

在 AutoCAD 中, 系统默认的线型是 Continuous, 线宽也采用默认值 0 单位, 该线型是连续的。在绘图过程中, 如果需要使用其他线型则可以单击"线型"列表下的线型特性图标 Continuous , 此时弹出如图 4.20 所示的"选择线型"对话框。

图 4.19 "选择颜色"对话框

默认状态下, "选择线型"对话框中只有 Continuous 一种线型。单击 加载 (L)... 按钮, 弹出如图 4.21 所示的"加载或重载线型"对话框, 用户可以在"可用线型"列表框中选择所需要的线型, 单击"确定"按钮返回"选择线型"对话框完成线型加载, 选择需要的线型, 单击"确定"按钮回到"图层特性管理器"对话框, 完成线型的设定。

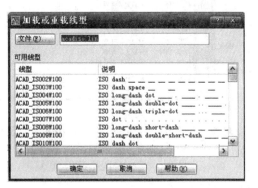

图 4.20 "选择线型"对话框图   图 4.21 "加载或重载线型"对话框

4. 图层线宽的设置

线宽是用不同的线条来表示对象的大小或类型, 它可以提高图形的表达能力和可读性。默认情况下, 线宽默认值为"默认", 可以通过下述方法来设置线宽。

(1) 在"图层特性管理器"对话框中单击"线宽"列表下的线宽特性图标—— 默认 : 默认按钮, 弹出如图 4.22 所示的"线宽"对话框, 在"线宽"列表框中选择需要的线宽, 单击"确定"按钮完成设置线宽操作。

(2) 在菜单栏中, 依次选择"格式"-"线宽"命令, 在弹出的"线宽设置"对话框中设置线宽, 如图 4.23 所示。

(3) 在命令行中, 输入 _lweight 命令, 在弹出的"线宽设置"对话框中设置线宽, 如图 4.23 所示。

图 4.22 "线宽设置"对话框　　　　　图 4.23 "线宽"对话框

5. 图层特性的设置

用户在绘制图形时，各种特性都是随层设置的默认值，由当前的默认设置来确定的。用户可以根据需要对图层的各种特性进行修改。图层的特性包括图层的名称、线型、颜色、开关状态、冻结状态、线宽、锁定状态和打印样式等。

用户可以通过以下方式进行图层特性的设置。

（1）通过图层特性管理器进行设置。在菜单栏中，选择"格式"-"图层"命令，打开"图层特性管理器"对话框。在该对话框中可以新建图层，并对每一图层进行设置，如状态、名称、打开/关闭、冻结/解冻、锁定/解锁、线型、颜色、线宽以及打印特性等。

下面对该对话框中显示的各个图形特性进行简要介绍。

1）状态：显示图层和过滤器的状态，添加的图层以一块板面 ⬟ 表示，删除的图层以 ✖ 表示，当前图层以 ✔ 表示。

2）名称：系统启动之后，默认的图层为图层 0，添加的图层名称默认为图层 1、图层 2，并依次往下递增。可以单击某图层在弹出的快捷菜单中选择"重命名图层"命令，或直接按 F2 键来对图层重命名。

3）打开/关闭：在对话框中以灯泡的颜色来表示图层的开关。默认情况下，图层都是打开的，灯泡显示为黄色 💡，表示图层可以使用和输出。单击灯泡可以切换图层的开关，此时灯泡变成灰色 💡，表明图层关闭，不可以使用和输出。

4）冻结/解冻：打开图层时，系统默认以解冻的状态显示，以太阳图标 ☀ 表示，此时的图层可以显示、打印输入和在该图层上对图形进行编辑。单击太阳图标可以冻结图层，此时以雪花图标 ❄ 表示，该图层上的图形不能显示、无法打印输出、不能编辑该图层上的图形。当前图层不能冻结。

5）锁定/解锁：在绘制完一个图层时，为了在绘制其他图形时不影响该图层，通常可以把图层锁定。图层锁定以 🔒 表示，单击图标可以将图层解锁，以图标 🔓 表示。新建的图层默认都是解锁状态。锁定图层不会影响该图层上图形的显示。

6）颜色：设置图层显示的颜色。

7）线型：用于设置绘图时所使用的线型。

8）线宽：用于设置绘图时使用的线宽。

9）打印样式：用来确定图层的打印样式。如果使用的是彩色的图层，则无法更改样式。

10）打印：用来设置哪些图层可以打印，可以打印的图层以 🖨 显示，单击该图标可以设置图层不能打印，以图标 🖨 表示。打印功能只能对可见图层、没有冻结、没有锁定和没有关闭的图层起作用。

a. 冻结新视口：在新布局视口中冻结选定图层。

b. 说明：（可选）描述图层或图层过滤器。

（2）通过"图层"工具栏和"对象特性"工具栏进行设置。在工具栏空白处右击，在弹出的快捷菜单中选择"ACAD"-"图层"命令，打开"图层"工具栏，如图 4.24 所示。选择"ACAD"-"特性"命令，打开"特性"工具栏，如图 4.25 所示。默认情况下，这两个工具栏在 AutoCAD2008 中都是关闭的。可通过这两个工具栏对图层的特性进行设置和管理，其设置方法与在"图层特性管理器"对话框中的设置类似。

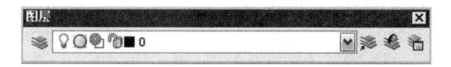

图 4.24 "图层"对话框

图 4.25 "特性"对话框

AutoCAD2008 提供了新的操作面板，工具栏上的很多操作都可以直接通过面板来进行。"图层"面板如图 4.26 所示，其操作方法与上述两种操作方法类似。

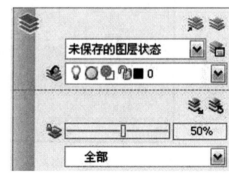

图 4.26 "图层"面板

6. 切换到当前图层

在 AutoCAD2008 中，将图层切换到当前图层主要利用下面四种方法。

（1）在"对象特性"工具栏中，利用图层控制下拉列表来切换图层。

（2）在"图层"工具栏中，单击按钮 ⬟ 块切换对象所在图层为当前图层。

（3）在"图层"面板中，单击按钮 ⬟ 块切换对象所在图层为当前图层。

（4）在"图层特性管理器"对话框中的图层列表中，选择某个图层，然后单击置为当前按钮 来切换到当前图层。

图 4.27 "图层状态管理器"对话框

要用到图层过滤。AutoCAD2008 中文版提供了"图层特性过滤器"来管理图层过滤。在"图层特性管理器"对话框中单击"新特性过滤器"按钮，打开"图层过滤器特性"对话框，如图 4.28 所示。通过"图层过滤器特性"对话框来进行图层过滤的设置。

图 4.28 "图层过滤器特性"对话框

在"图层过滤器特性"对话框的"过滤器名称"文本框中输入过滤器的名称，过滤器名称中不能包含"<>"、";"、":"、"?"、"*"、"="等字符。在"过滤器定义"列表中，可以设置过滤条件，包括图层名称、颜色、状态等。当指定过滤器的图层名称时，"?"可以代替任何一个字符。

4.1.2.3 二维视图操作

如果要使整个视图显示在屏幕内，就要缩小视图；如果要在屏幕中显示一个局部对象，

7. 保存与恢复图层状态

在"图层特性管理器"对话框中或在"图层"面板中，单击按钮弹出"图层状态管理器"对话框，如图 4.27 所示。图层的保存与恢复就是在该对话框中进行设置的。

在"图层状态"列表中，选择某个图层，然后单击右边的 保存(V) 按钮，对图层进行保存。图层的状态可以恢复到之前保存的状态，在"图层状态"列表中，选择某个图层，然后单击下方的 恢复(R) 按钮，可以对图层状态进行恢复。

8. 过滤图层

在实际绘图中，当图层很多时如何快速查找图层是一个很重要的问题，这时候就需

就要放大视图，这是视图的缩放操作。要在屏幕中显示当前视图不同区域的对象，就需要移动视图，这是视图的平移操作。AutoCAD 提供了视图缩放和视图平移功能，以方便用户观察和编辑图形对象。

1. 缩放

选择"视图"-"缩放"命令，在弹出的级联菜单中选择合适的命令，或单击如图 4.29 所示的"二维导航"面板中合适的按钮，或者在命令行中输入 Z 命令，都可以执行相应的视图缩放操作。

在命令行中输入 Z 命令，命令行提示如下：

图 4.29 "二维导航"面板

命令：Z
指定窗口的角点，输入比例因子（nx 或 nxp），或者
［全部（A）中心（C）/动态（D）/范围（E）/上一个（P）/比例（S）/窗口（W）/对象（O）］实时：

命令行中不同的选项代表了不同的缩放方法。

下面以命令行输入方式分别介绍几种常用的缩放方式。

1）全部缩放。在命令行中输入 Z 命令，然后在命令行提示中输入 A，按 Enter 键，则在视图中将显示整个图形，并显示用户定义的图形界限和图形范围。

2）范围缩放。在命令行中输入 Z 命令，然后在命令行提示中输入 E，按 Enter 键，则在视图中将尽可能大地包含图形中所有对象的放大比例显示视图。视图包含已关闭图层上的对象，但不包含冻结图层上的对象。

3）显示前一个视图。在命令行中输入 Z 命令，然后在命令行提示中输入 P，按 Enter 键，则显示上一个视图。

4）比例缩放。在命令行中输入 Z 命令，然后在命令行提示中输入 S，按 Enter 键，命令行提示如下：

命令：Z
指定窗口的角点，输入比例因子（nX 或 nXP）或者
［全部（A）/中心（C）/动态（D）/范围（E）/上一个（P）/比例（S）/窗口（W）/对象（O）］＜实时＞：S
输入比例因子（nx 或 nxp）：

这种缩放方式能够按照精确的比例缩放视图。按照要求输入比例后，系统将以当前视图中心为中心点进行比例缩放。系统提供了三种缩放方式，第一种是相对于图形界限的比例进行缩放，很少用；第二种是相对于当前视图的比例进行缩放，输入方式为 nx；第三种是相对于图纸空间单位的比例进行缩放，输入方式为 nxp。

5）窗口缩放。窗口缩放方式用于缩放一个由两个对角点所确定的矩形区域，在图形中指定一个缩放区域，AutoCAD 将快速地放大包含在区域中的图形。窗口缩放使用非常频繁，但是仅能用来放大图形对象，不能缩小图形对象，而且窗口缩放是一种近似的操作，在图形复杂时可能要多次操作才能得到所要的效果。

6）实时缩放。实时缩放开启后，视图会随着鼠标左键的操作同时进行缩放。当执行实时缩放后，光标将变成一个放大镜形状，按住鼠标左键向上移动将放大视图，向下移动将缩小

视图。如果光标移动到窗口的尽头，可以松开鼠标左键，将光标移回到绘图区域，然后再按住鼠标左键拖动光标继续缩放。视图缩放完成后按 Esc 键或按 Enter 键完成视图的缩放。

在命令行中输入 Z 命令，然后在命令行提示中直接按 Enter 键，或者单击"标准"工具栏中的"实时缩放"按钮 ，即可对图形进行实时缩放。

2. 平移

单击"二维导航"面板中的"实时平移"按钮 ，或选择"视图"－"平移"－"实时"命令，或在命令行中输入 PAN，然后按 Enter 键，光标都将变成手形，用户可以对图形对象进行实时平移。

4.1.2.4 通过状态栏辅助绘图

在绘图中，利用状态栏提供的辅助功能可以极大地提高绘图效率。下面介绍如何通过状态栏辅助绘图。

1. 设置捕捉、栅格

（1）捕捉。捕捉是指 AutoCAD 生成隐含分布在屏幕上的栅格点，当鼠标移动时，这些栅格点就像有磁性一样能够捕捉光标，使光标精确落到栅格点上。可以利用栅格捕捉功能，使光标按指定的步距精确移动。可以通过以下方法使用捕捉。

1）单击状态栏上的"捕捉"按钮，该按钮按下启动捕捉功能，弹起则关闭该功能。

2）按 F9 键。按 F9 键后，"捕捉"按钮会被按下或弹起。

在状态栏的"捕捉"按钮 捕捉 或者"栅格"按钮 栅格 上右击，在弹出的快捷菜单中选择"设置"命令，或在菜单栏中依次选择"工具"－"草图设置"命令，弹出如图 4.30 所示的"草图设置"对话框，当前显示的是"捕捉和栅格"选项卡。在该对话框中可以进行草图设置的一些设置。

图 4.30 "草图设置"对话框

在"捕捉和栅格"选项卡中，选中"启用捕捉"复选框则可启动捕捉功能，用户也可以

通过单击状态栏上的相应按钮来控制开启。在"捕捉间距"选项组和"栅格间距"选项组中，用户可以设置捕捉和栅格的距离。"捕捉间距"选项组中的"捕捉 X 轴间距"和"捕捉 Y 轴间距"文本框可以分别设置捕捉在 X 方向和 Y 方向的单位间距，"X 和 Y 间距相等"复选框可以设置 X 和 Y 方向的间距是否相等。

（2）栅格。栅格是在所设绘图范围内，显示出按指定行间距和列间距均匀分布的栅格点。可以通过下述方法来启动栅格功能。

1）单击状态栏上的"栅格"按钮，该按钮按下启动栅格功能，弹起则关闭该功能。

2）按 F7 键。按 F7 键后，"栅格"按钮会被按下或弹起。

栅格是按照设置的间距显示在图形区域中的点，它能提供直观的距离和位置的参照，类似于坐标纸中的方格的作用，栅格只在图形界限以内显示。栅格和捕捉这两个辅助绘图工具之间有着很多联系，尤其是两者间距的设置。有时为了方便绘图，可将栅格间距设置为与捕捉间距相同，或者使栅格间距为捕捉间距的倍数。

2. 设置正交

在状态工具栏中，单击"正交"按钮 正交，即可打开"正交"辅助工具。可以将光标限制在水平或垂直方向上移动，以便于精确地创建和修改对象。使用"正交"模式将光标限制在水平或垂直轴上。移动光标时，水平轴或垂直轴哪个离光标最近，拖引线将沿着该轴移动。在绘图和编辑过程中，可以随时打开或关闭"正交"。输入坐标或指定对象捕捉时将忽略"正交"。要临时打开或关闭"正交"，可按住临时替代键 Shift。使用临时替代键时，无法使用直接距离输入方法。打开"正交"将自动关闭极轴追踪。

3. 设置对象捕捉、对象追踪

所谓对象捕捉，就是利用已绘制的图形上的几何特征点来捕捉定位新的点。使用对象捕捉可指定对象上的精确位置。例如，使用对象捕捉可以绘制到圆心或多段线中点的直线。不论何时提示输入点，都可以指定对象捕捉。默认情况下，当光标移动到对象的对象捕捉位置时，将显示标记和工具栏提示。此功能称为 AutoSnapTM（自动捕捉），提供了视觉提示，指示哪些对象捕捉正在使用。如图 4.31 所示，捕捉直线中点。

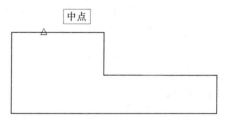

图 4.31 捕捉中点

可以通过以下方式打开对象捕捉功能。

（1）单击状态栏上"对象捕捉"按钮 对象捕捉 打开或关闭对象捕捉。

（2）按 F3 键来打开或关闭对象捕捉。

在工具栏上的空白区域右击，在弹出的快捷菜单中选择"ACAD"－"对象捕捉"命令，弹出如图 4.32 所示的"对象捕捉"工具栏。用户可以在工具栏中单击相应的按钮，以选择合适的对象捕捉模式。该工具栏默认是不显示的，该工具栏上的选项可以通过"草图设置"对

图 4.32 "对象捕捉"工具栏

图 4.33 "对象捕捉"选项卡

13 种捕捉模式，可以通过选中各复选框来添加捕捉模式。

　　4. 设置极轴追踪

　　使用极轴追踪，光标将按指定角度进行移动。单击状态栏上的"极轴"按钮 极轴 或按 F10 键可打开极轴追踪功能。

　　创建或修改对象时，可以使用"极轴追踪"以显示由指定的极轴角度所定义的临时对齐路径。在三维视图中，极轴追踪额外提供上下方向的对齐路径。在这种情况下，工具栏提示会为该角度显示＋Z 或－Z。极轴角与当前用户坐标系（UCS）的方向和图形中基准角度法则的设置相关。在"图形单位"对话框中设置角度基准方向。

　　使用"极轴追踪"沿对齐路径按指定距离进行捕捉。例如，在图 4.34 中绘制一条从点 1 到点 2 的两个单位的直线，然后绘制一条到点 3 的两个单位的直线，并与第一条直线成 45°。如果打开了 45°极轴角增量，当光标跨过 0°或 45°时，将显示对齐路径和工具栏提示。当光标从该角度移开时，对齐路径和工具栏提示消失。

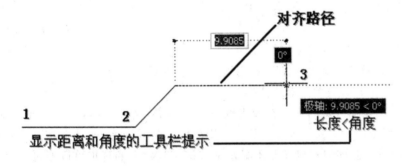

图 4.34 极轴追踪

　　光标移动时，如果接近极轴角，将显示对齐路径和工具栏提示。默认角度测量值为 90°。可以使用对齐路径和工具栏提示绘制对象。极轴追踪和"正交"模式不能同时打开，打开极轴追踪将关闭"正交"模式。

话框进行设置。

　　右击状态栏上"对象捕捉"按钮 **对象捕捉**，在弹出的快捷菜单中选择"设置"命令，或在工具栏上依次选择"工具"－"草图设置"命令，弹出"草图设置"对话框，打开"对象捕捉"选项卡，如图 4.33 所示。在该对话框中可以设置相关的对象捕捉模式。"对象捕捉"选项卡中的"启用对象捕捉"复选框用于控制对象捕捉功能的开启。当对象捕捉打开时，在"对象捕捉模式"选项组中选定的对象捕捉处于活动状态。"启用对象捕捉追踪"复选框用于控制对象捕捉追踪的开启。

　　在"对象捕捉模式"选项组中提供了

极轴追踪可以在"草图设置"对话框的"极轴追踪"选项卡中进行设置。在状态栏中右击"极轴"按钮 极轴，在弹出的快捷菜单中选择"设置"命令，弹出"草图设置"对话框，对话框显示"极轴追踪"选项卡，可以进行极轴追踪模式参数的设置，追踪线由相对于起点和端点的极轴角定义。

4.1.2.5　对象特性的修改

　　在 AutoCAD2008 中，绘制完图形后一般还需要对图形进行各种特性和参数的设置修改，以便进一步完善和修正图形来满足工程制图和实际加工的需要。一般通过"特性"、"样式"、"图层"工具栏和"特性"选项板对对象特性进行设置。在 AutoCAD2008 中，针对"特性"、"样式"、"图层"工具栏还有相应的面板，操作中经常使用的是面板操作。

　　1. 特性工具栏（对象特性面板）

　　在 AutoCAD2008 中，"特性"工具栏和"特性"面板实现的功能相同，默认情况下都是没有打开的。在工具栏空白处右击，在弹出的快捷菜单中选择"ACAD"－"特性"命令，即可打开"特性"工具栏，如图 4.35 所示。

图 4.35 "特性"工具栏

　　在面板区域右击，在弹出的快捷菜单中选择"控制台"－"对象特性"命令，弹出"对象特性"面板，如图 4.36 所示。

图 4.36 "对象特性"面板

　　"特性"工具栏和"对象特性"面板实现的功能相同。都是用于设置选择对象的颜色、线型和线宽。在"颜色"、"线型"和"线宽"三个下拉列表中都有 ByLayer 和 ByBlock 选项，其中 ByLayer 表示所选择的对象的颜色、线型和线宽特性由所在图层的对应特性决定。ByBlock 表示所选择的对象的颜色、线型和线宽特性由所属图块的对应特性决定。

　　2. 样式工具栏（样式面板）

　　在 AutoCAD2008 中，"样式"工具栏与"样式"面板实现的功能相同，"样式"工具栏默认情况下是没有打开的。在工具栏空白处右击，在弹出的快捷菜单中选择"ACAD"－"样式"命令，即可打开"样式"工具栏，如图 4.37 所示。

图 4.37 "样式"工具栏

　　3. 图层工具栏（图层面板）

　　在 AutoCAD2008 中，"图层"工具栏和"图层"面板实现的功能类似。"图层"工具栏默认是关闭的，"图层"面板默认是打开的。在工具栏空白处右击，在弹出的快捷菜单中选择"ACAD"-"图层"命令，即可打开"图层"工具栏。

通过"图层"工具栏或"图层"面板可以切换当前图层，可以修改选择对象所在的图层，可以控制图层的打开和关闭、冻结和解冻、锁定和解锁等。用户在图层下拉列表中选择合适的图层，即可将该图层置为当前图层，在绘图区选择需要改变图层的对象，在图层下拉列表中选择目标图层，即可改变选择对象所在的图层。

4. 特性选项板

"特性"选项板用于列出所选定对象或对象集的当前特性设置，通过"特性"选项板可以修改任何可以通过指定新值进行修改的图形特性。默认情况下，"特性"选项板是关闭的。在未指定对象时，可以通过在菜单栏中选择"工具"-"选项板"-"特性"命令，打开"特性"选项板，如图 4.38 所示只显示当前图层的基本特性、三维效果、图层附着的打印样式表的名称、查看特性以及关于 UCS 的信息等。

当在绘图区选定一个对象时，右击，在弹出的快捷菜单中选择"特性"命令，可打开"特性"选项板，选项板显示了选定图形对象的参数特性，如图 4.39 所示六边形时"特性"选项板的参数状态。如果选择多个对象，则"特性"选项板显示选择集中所有对象的公共特性。

图 4.38 特性选项板状态

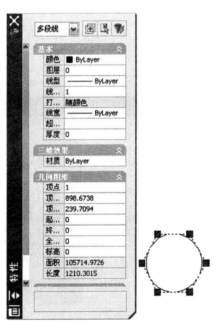

图 4.39 特性选项板状态

4.2 AutoCAD 的 打 印

4.2.1 图纸空间和布局

通常是在模型空间中设计图形，在图纸空间中进行打印准备。用于布局和准备图形打印

的环境在视觉上接近于最终的打印结果。图形窗口底部有一个"模型"选项卡和一个或多个"布局"选项卡，如图 4.40 所示。

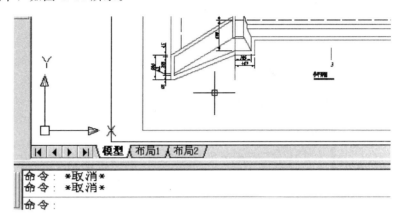

图 4.40 模型选项卡和布局选项卡

1. 模型空间和图纸空间的概念

模型空间是用户完成绘图和设计工作的工作空间，创建和编辑图形的大部分工作都在"模型"选项卡中完成。打开"模型"选项卡后，则一直在模型空间中工作。利用在模型空间中建立的模型可以完成二维或三维物体的造型，也可以根据用户需求用多个二维或三维视图来表示物体，同时配齐必要的尺寸标注和注释等以完成所需要的全部绘图工作。

在"模型"选项卡中，可以查看并编辑模型空间对象。十字光标在整个图形区域都处于激活状态，如图 4.41 所示。

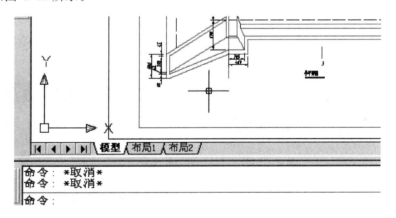

图 4.41 模型空间中的编辑、查看

如果要设置图形以便于打印，可以使用"布局"选项卡。每个"布局"选项卡都提供一个图纸空间，在这种绘图环境中，可以创建视口并指定诸如图纸尺寸、图形方向以及位置之类的页面设置，并与布局一起保存。为布局指定页面设置时，可以保存并命名页面设置。保存的页面设置可以应用到其他布局中，也可以根据现有的布局样板（DWT 或DWG）文件创建新的布局。在"布局"选项卡上，可以查看并编辑图纸空间对象，如图4.42 所示。

141

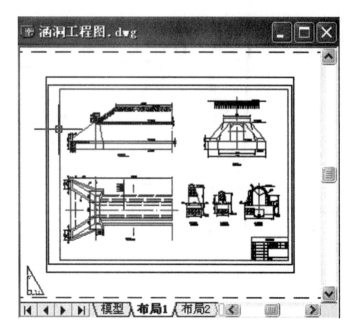

图 4.42 图纸空间对象

2．创建布局

在 AutoCAD 2008 中，可以创建多种布局，每个布局都代表一张单独的打印输出图纸。创建新布局后，就可以在布局中创建浮动视口。视口中的各个视图可以使用不同的打印比例，并能够控制视口中图层的可见性。

下面介绍使用布局向导创建布局的方法及步骤。以如图 4.42 所示的图形为例创建布局。

（1）选择"工具"-"向导"-"创建布局"命令，打开"创建布局-开始"对话框，将布局取名为"布局 3"，如图 4.43 所示。

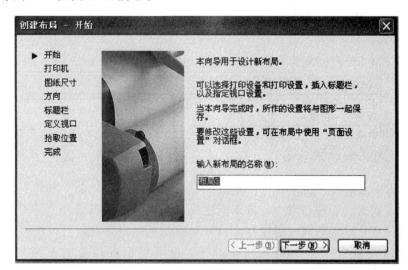

图 4.43 布局开始

（2）单击"下一步"按钮，在打开的"创建布局-打印机"对话框中，为布局选择配置的打印机，如图 4.44 所示。

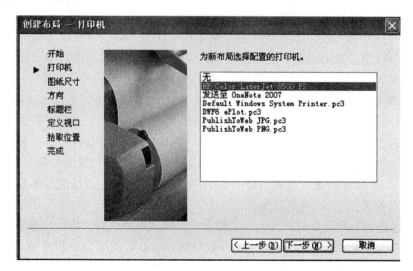

图 4.44 打印机设置

（3）单击"下一步"按钮，在打开的"创建布局-图纸尺寸"对话框中，选择布局使用的图纸尺寸和图形单位。图纸尺寸要和打印机能输出的图形尺寸相匹配。图形单位可以是毫米、英寸或像素，如图 4.45 所示。

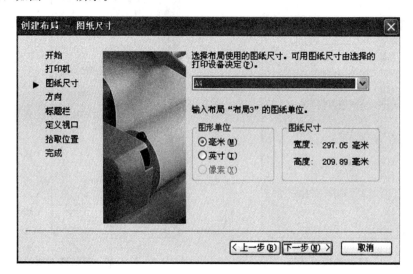

图 4.45 图纸尺寸设置

（4）单击"下一步"按钮，在打开的"创建布局-方向"对话框中，选择图形在图纸上的打印方向，可以选择"纵向"或"横向"，如图 4.46 所示。

（5）单击"下一步"按钮，在打开的"创建布局-标题栏"对话框中，选择图纸的边框和标题栏的样式。对话框右边的预览框中给出了所选样式的预览图像。在"类型"选项组中，可以指定所选择的标题栏图形文件是作为块还是作为外部参照插入到当前图形中，如图 4.47

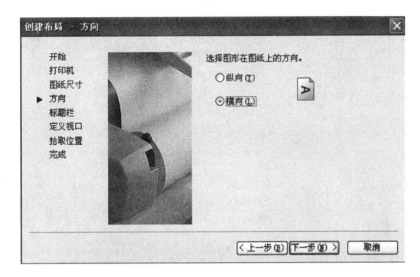

图 4.46 设置布局方向

所示。

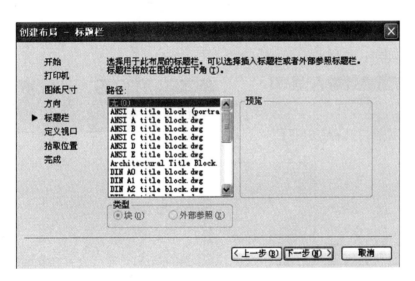

图 4.47 标题栏的设置

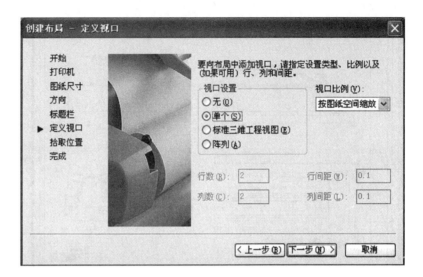

图 4.48 定义视口

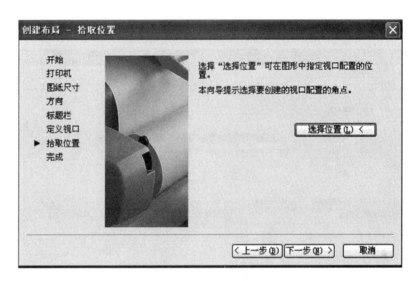

图 4.49 拾取位置

（6）单击"下一步"按钮，在打开的"创建布局-定义视口"对话框中指定新创建的布局的默认视口的设置和比例等，如图 4.48 所示。

（7）单击"下一步"按钮，在打开的"创建布局-拾取位置"对话框中，单击"选择位置"按钮，切换到绘图窗口，并指定视口的大小和位置，如图 4.49 所示。

（8）单击"下一步"按钮，在打开的"创建布局-完成"对话框中，单击"完成"按钮，完成新布局及默认的视口创建，如图 4.50 所示。

3. 布局的页面设置

在"模型"选项卡中完成图形之后，可以通过选择"布局"选项卡开始创建要打印的布局。首次选择"布局"选项卡时，将显示单一视口，其中带有边界的图纸表明当前配置的打印机的图纸尺寸和图纸的可打印区域。在 AutoCAD 显示的"页面设置"对话框中可以指定布局和打印设备的设置。指定的设置与布局一起存储为页面设置。创建布局后，可以修改其设置，还可以保存页面设置后应用到当前布局或其他布局中。

（1）要设置打印环境，可以使用"页面设置"对话框中的"打印设置"选项卡，如图 4.51 所示。

（2）要设置打印机布局，可以使用"页面设置"对话框中的"布局设置"选项卡，如图 4.52 所示 。

（3）要保存布局页面设置，可使用以下方法。

1）打开"页面设置"对话框。

2）在"页面设置"对话框中选择"布局放置"选项卡进行必要的页面设置。

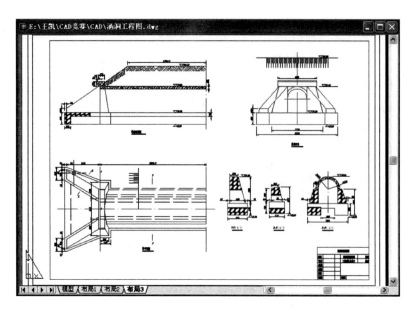

图 4.50 完成设置

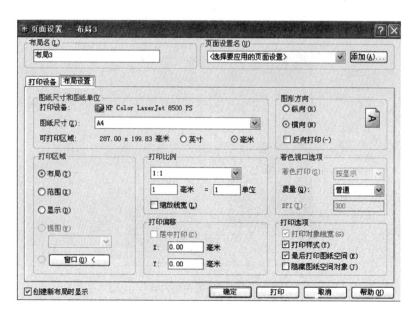

图 4.52 页面设置-布局设置

定义的页面设置"对话框中选中要输入的布局页面名称,把保存布局页面设置的图形输入到当前图形中,如图 4.54 所示。

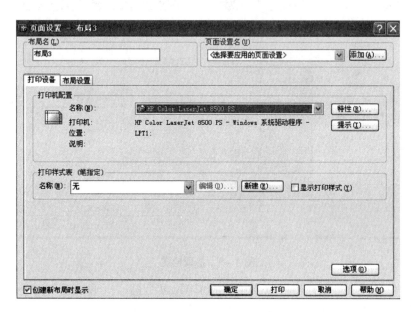

图 4.51 页面设置-打印设置

图 4.53 用户自定义页面设置

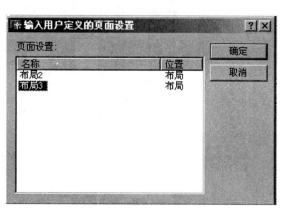

图 4.54 输入用户定义的页面设置对话框

3)在"布局设置"选项卡中的"页面设置名"选项区域中单击"添加"按钮。

4)在打开的"用户定义的页面设置"对话框中输入页面设置的名称,如图 4.53 所示。

(4)要在其他图形中应用已保存的布局页面设置,可使用以下方法。

1)打开"页面设置"对话框。

2)在"页面设置"对话框中选择"布局放置"选项卡进行必要的页面设置。

3)在"布局设置"选项卡中的"页面设置名"选项区域中单击"添加"按钮。

4)在弹出的"用户定义的页面设置"对话框中单击"输入"按钮,在弹出的"输入用户

4. 使用布局样板

布局样板是从 DWG 或 DWT 文件中输入的布局。可以利用现有样板中的信息创建新的布局。AutoCAD 提供了样例布局样板,以供设计新布局环境时使用。现有样板的图纸空间对象和页面设置将用于新布局中。这样,将在图纸空间中显示布局对象(包括视口对象)。用户可以保留从样板中输入的现有对象,也可以删除对象。在这个过程中不能输入任何模型空间对象。

5. 创建和使用布局视口

构造布局时,可以将布局视口视为可查看模型空间的对象,还可以对其进行移动和调整尺寸,布局视口可以相互重叠或者分离。在图纸空间中排列布局时,不能编辑模型。要编辑

模型，必须使用下列方法之一切换到模型空间。

（1）选择"模型"选项卡。

（2）在布局视口内双击。在状态栏中将"图纸"切换为"模型"。

（3）在状态栏上单击"图纸"按钮。

选择"视图"-"视口"-"新建视口"命令，可以创建新的浮动视口，此时需要指定创建浮动视口的数量和区域。如图 4.55 所示的是在图纸空间中新建的 4 个视口。

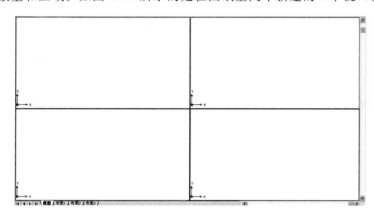

图 4.55　新建视口

可以创建布满整个布局的单一视口，也可以在布局中放置多个视口。使用"视口"对话框，如图 4.56 所示，可以将各种标准的或已命名的视口配置插入到布局中。

要在打印图形中精确地、一致地缩放每一个显示视图，应设置每一个视图相对于图纸空间的比例。缩放或拉伸布局视口的边界不会改变视口中视图的比例。在布局中工作时，比例因子代表显示在视口中的模型的实际尺寸与布局尺寸的比率。

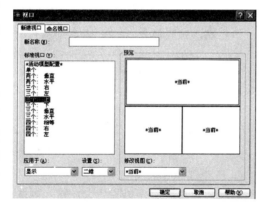

图 4.56　新建视口

图纸空间单位除以模型空间单位即可以得到此比率。例如，对于 1/4 比例的图形，该比率就是一个图纸空间单位相当于 4 个模型空间单位的比例因子（1：4）。可以使用"特性"选项板、ZOOM 命令或"视口"工具栏更改视口的打印比例。

4.2.2　打印机和打印样式管理

创建完图形之后，通常要打印到图纸上，也可以是生成一份电子图纸，以便从互联网上访问。打印的图形可以包含图形的单一视图，或者更为复杂的视图排列。根据不同的需要，可以打印一个或多个视图，或设置选项以决定打印的内容和图像在图纸上的布置。

1. 添加打印机

根据打印机厂商的说明书，将打印机连接到计算机上正确的端口。以 Windows XP 为例，

Windows XP 会自动安装大多数打印机。

如果不能使用即插即用安装打印机，或如果打印机连接到带有串口（COM）的计算机上，则打开打印机。双击"添加打印机"图标，启动添加打印机向导，然后单击"下一步"按钮。选择"本地打印机"单选钮，确认没有选中"自动检测并安装我的即插即用打印机"复选框，然后单击"下一步"按钮。按照屏幕上的指示完成本地打印机的设置：选择打印机端口，选择打印机的厂家和型号，并输入打印机的名称。

2. 打印样式管理

打印机管理器是一个窗口，其中列出了用户安装的所有非系统打印机的配置（PC3）文件。如果希望 AutoCAD 使用的默认打印特性不同于 Windows 使用的打印特性，也可以为Windows 系统打印机创建打印机配置文件。打印机配置设置指定端口信息、光栅图形和矢量图形的质量、图纸尺寸以及取决于打印机类型的自定义特性。

在 AutoCAD 2008 中，选择"文件"-"打印"命令，通过打开的"打印"对话框可以打印图形，如图 4.57 所示。该对话框与"页面设置"对话框基本相同，只是多出来几个选项。"打印范围"选项区域用于指定输出哪些布局或视图，以及设置输出的份数。"打印到文件"选项区域用于设置是否将打印结果输出到文件，如果是，则还需设置文件的位置。

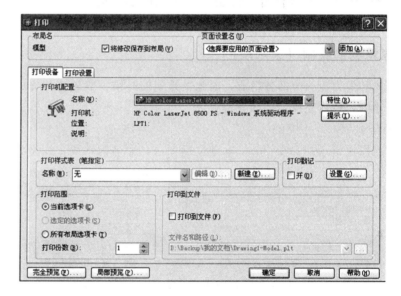

图 4.57　打印对话框

"打印戳记"选项区域用于指定是否在每个输出图形的某个角落上显示绘图标记，以及是否生成日志文件。"打印戳记"包括图形名称、布局名称、日期和时间、绘图比例、绘图设备及纸张尺寸等，用户还可以定义自己的绘图标记。选择"开"复选框，则表示打开绘图标记显示。单击"设置"按钮，打开"打印戳记"对话框，在该对话框中可以设置"打印戳记"选项，如图 4.58 所示。

各部分都设置完成之后，在"打印"对话框中单击"确定"按钮，AutoCAD 将开始输出图形，并动态显示绘图进度。如果图形输出时出现错误，或用户要中断绘图，可按Esc 键。

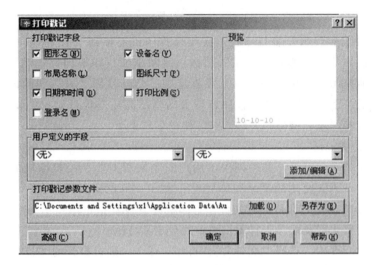

图 4.58 打印戳记

4.3 水工建筑物的绘制

4.3.1 挡水建筑物的绘制（滚水坝）

滚水坝由坝体和消力池两个部分组成，因此在绘制的时候一般先选择完成简单的消力池部分和海漫部分绘制，最后完成坝体部分绘制。

1. 主轴线的绘制

（1）首先输入图层管理器命令（LA），建立新图层，命名为轴线，线型为 Center，线宽为 0.25mm，颜色为红色，选择为当前层，如图 4.59 所示。

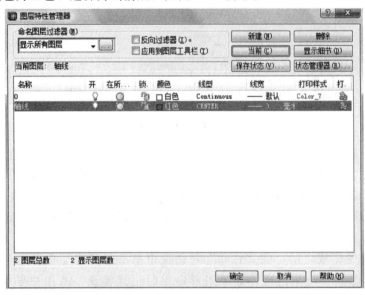

图 4.59 图层的建立

（2）在轴线层，输入画线命令（L），绘制第一个坝体最高处的轴线，然后输入偏移命令（O），得到第二个轴线，此轴线为坝体和消力池的分界线，如图 4.60 所示。

2. 消力池、海漫以及排水孔的绘制

（1）输入图层管理器命令（LA），创建新图层粗实线，线型为实线，线宽为 0.7mm，颜色为白色，选择为当前层。

（2）输入画线命令（L），绘制消力池部分，如图 4.61 所示。

（3）输入图层管理器命令（LA），创建新图层虚线层，线型为 dashed，线宽为 0.4mm，颜色为绿色，选择为当前层。

图 4.60 轴线的确定

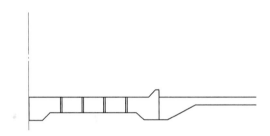

图 4.61 消力池的轮廓

（4）输入画线命令（L），完成排水孔的绘制，如图 4.62 所示

图 4.62 排水孔的绘制

3. 滚水坝的绘制

（1）切换当前层为粗实线层，输入画线命令（L），以及样条曲线命令（SPL）绘制坝体曲线，坝体曲线的关键点坐标参照曲线坐标，如图 4.63 所示。

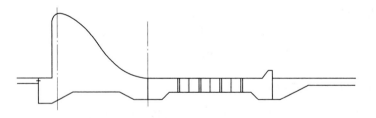

图 4.63 滚水坝轮墩

（2）输入图层管理器命令（LA），创建新图层细实线，线型为实线，线宽为 0.25mm，颜色为白色，选择为当前层。

（3）输入画线命令（L），绘制反滤层、折断线，如图 4.64 所示。

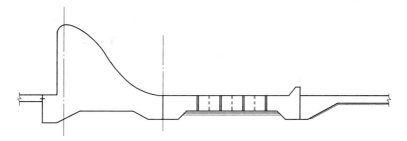

图 4.64　折断线的完成

4. 断面材料的绘制

（1）创建新图层为材料层，线型为实线，线宽为 0.25mm，颜色为黄色，选择为当前层。

（2）输入填充命令（H），选择混凝土材料进行填充，如图 4.65 所示。

（3）干砌块石的材料的绘制需要用样条曲线（SPL）自行绘制，自然土壤的材料绘制也是输入画线名称自行绘制，如图 4.66 所示。

填充完材料后的图形如图 4.67 所示。

5. 坝面曲线坐标的绘制

输入画线命令（L），绘制曲线坐标表格，如图 4.68 所示。

图 4.65　填充材料界面

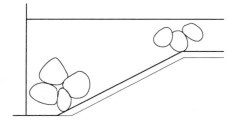 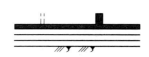

图 4.66　干砌石、土壤基面材料符号

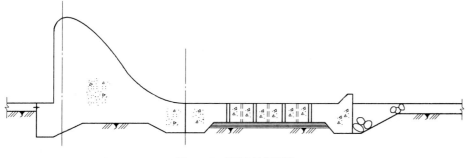

图 4.67　填充完成图样

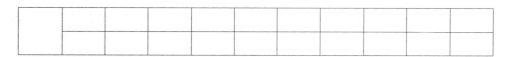

图 4.68　溢流面坐标表

6. 标注、文字、图框的绘制

（1）创建新图层标注层，颜色为蓝色，线型为实线，线宽为 0.25mm。

（2）创建新图层文字层，颜色为绿色，线型为实线，如图 4.69 所示。

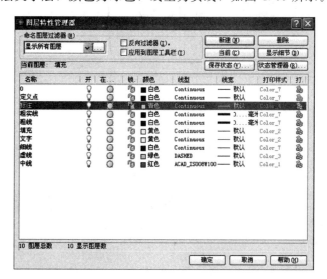

图 4.69　坐标表图层设置

（3）输入文字样式命令（ST），创建文字样式"汉字"，设置字体大小为 3.5，字体为仿宋，高宽比为 0.8，如图 4.70 所示。

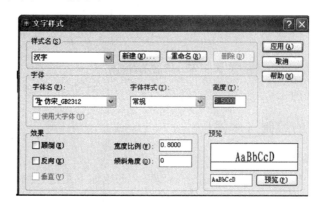

图 4.70　坐标表文字设置

（4）输入标注样式管理器命令（D），新建标注样式为"水利工程 A2"，单击继续按纽，设置"直线和箭头"以及"文字"相关内容，如图 4.71 所示。

（5）切换当前层为文字层，输入多行文本命令（T），在坝面曲线坐标表格里输入大坝坐标。

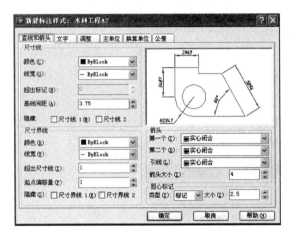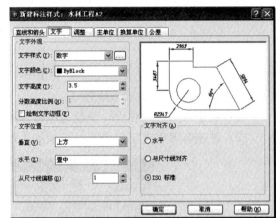

图 4.71 坐标表标注样式设置

（6）切换当前层为标注层，选择线性标注、连续标注对所做图形进行标注。

（7）输入插入命令（I），将已经做好的图框插入进现在的图形，比例、选择角度设置为在屏幕上指定，如图 4.72 所示。

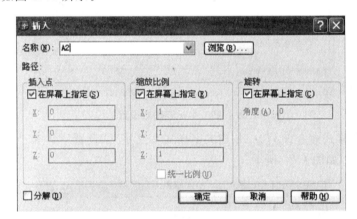

图 4.72 块插入对话框

最后完成的图形如图 4.73 所示。

4.3.2 泄水建筑物的绘制（水闸）

1. 水闸纵剖面的绘制

（1）图层的创建。输入图层管理器命令（LA），创建如下图层，如图 4.74 所示。

（2）绘制水闸剖面轮廓。选择当前层为粗实线层，输入画线命令（L），根据所给尺寸，绘制水闸剖面轮廓，如图 4.75 所示。

（3）选择当前层为细实线层，采用画线命令（L），绘制轮廓素线，如图 4.76 所示。

2. 水闸半平面的绘制

由于水闸的平面图是对称结构，所以我们在绘制的时候采取绘制一半，再用镜像的方法。

（1）主轴线的绘制。设置当前层为轴线层，输入画线命令（L），绘制如图 4.77 所示的

坝面曲线坐标（m）

0	x	1	2.75	3.50	4.75	5.75	6.50	7.20	8.00	9.00
0	y	0	0.5	1.00	2.00	3.00	4.00	5.00	6.00	7.00

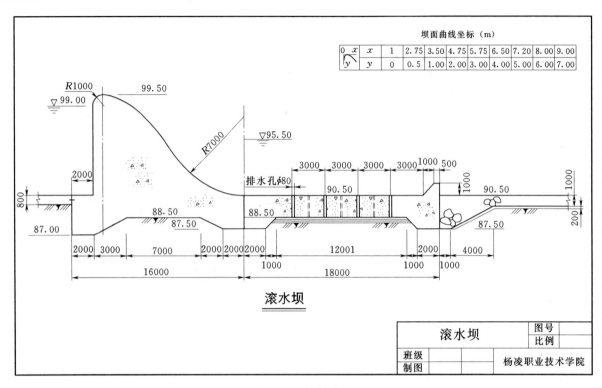

滚水坝

图 4.73 绘制成图

图 4.74 图层的建立

轴线。

（2）水闸半个轮廓的绘制。选择当前层为粗实线层，输入画线命令（L），绘制如图 4.78 所示的轮廓。

（3）水闸整体轮廓的绘制。输入镜像命令（MI），选择对象为所绘制的半个轮廓，以轴线

为镜像线镜像得到如图 4.79 所示的图形。

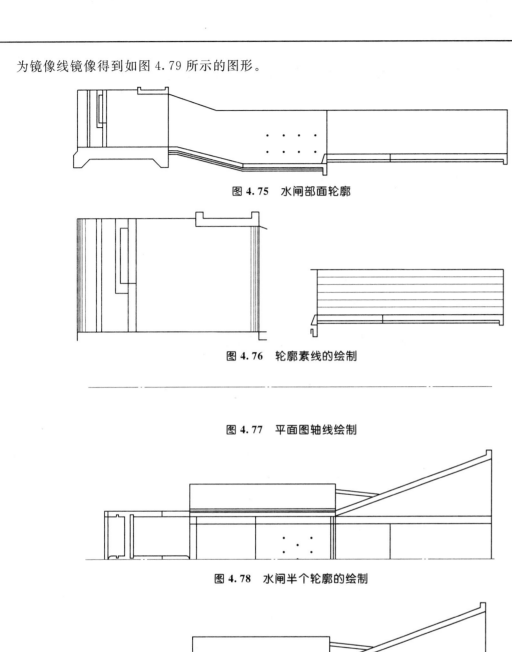

图 4.75　水闸部面轮廓

图 4.76　轮廓素线的绘制

图 4.77　平面图轴线绘制

图 4.78　水闸半个轮廓的绘制

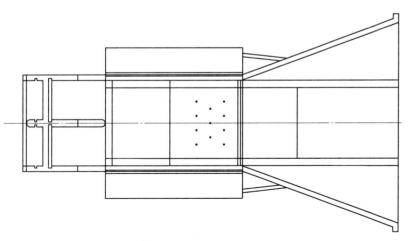

图 4.79　镜像的结果

（4）素线的绘制。选择当前层为细实线层，输入画线命令（L），绘制素线。为了保证所绘制的素线均匀分布，建议采用绘制点的方式平分直线。具体方法如下：

1）单击"绘图"菜单，选择"点"-"定数等分"，如图 4.80 所示。

2）单击"格式"菜单，选择"点样式"，弹出如图 4.81 所示对话框，选择点样式为圆。

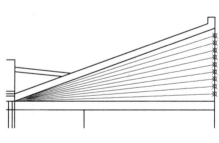

图 4.80　多点菜单　　　　图 4.81　点样式的确定

3）输入画线命令（L），在对象捕捉的帮助下，完成如图 4.82 所示的素线的绘制，完成后删除所绘制的点。

其余素线用同样方法绘制，最后的结果如图 4.83 所示。

（5）示坡线的绘制。同样在细实线层，用画线命令（L）绘制如图 4.84 所示的示坡线。

3. 断面的绘制

在粗实线层，用画线命令（L）绘制如图 4.85 所示断面图形。

4. 材料的绘制

（1）关于剖面材料里的自然土壤和浆砌块石这两个常用的材料，只能用样条曲线（SPL）命令来绘制。方法已经在上 1 个图形的作图过程中讲述，就不再重复。

（2）输入填充命令（H），选择需要填充的范围，设置填充图形为混凝土和 45°斜线分两次填充，结果如图 4.86 所示。

图 4.82　扭面素线的绘制

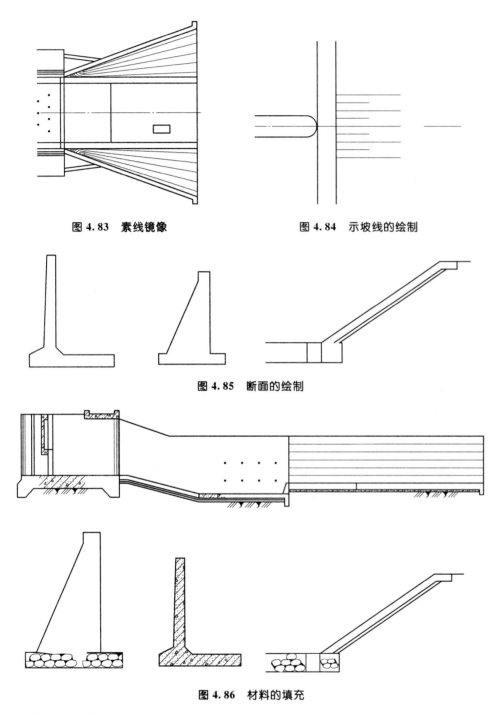

图 4.83　素线镜像

图 4.84　示坡线的绘制

图 4.85　断面的绘制

图 4.86　材料的填充

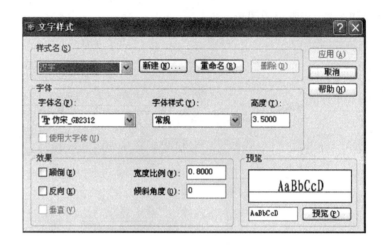

图 4.87　文字样式的设置

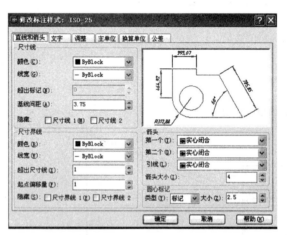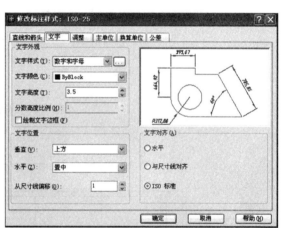

图 4.88　标注样式的设置

▽ 37.50

图 4.89　标高符号

5. 标注、文字的绘制

（1）文字样式的设置。输入文字样式命令（ST），弹出如图 4.87 所示的对话框，创建文字样式为"汉字"，设置字体为仿宋，高度为 3.5，字宽比为 0.8。

（2）标注样式的设置。输入标注样式管理器命令（D），设置"直线和箭头"以及"文字"的相关内容，如图 4.88 所示。

（3）创建标高。标高分为平面标高和立面标高。平面标高采用矩形命令（REC），然后用多行文本命令（T）输入高程数字。立面标高采用画线命令（L）绘制，立面标高符号为等腰三角形，高度为 4mm，如图 4.89 所示。

（4）标注。打开"标注"工具栏，单击线性标注、连续标注对所做图形进行标注。

完成后，插入 A2 图框，效果如图 4.90 所示。

4.3.3　进水建筑物的绘制（涵洞）

1. 立面半剖视图的绘制

（1）绘制主轴线。

1）输入图层管理器命令（LA），如图 4.91 所示，新建一个图层，命名为轴线层，设置线型为 Center，颜色为红色，线宽为 0.25，选择为当前层。

2）在轴线层，打开状态栏的极轴，输入画线命令（L），绘制主轴线，如图 4.92 所示。

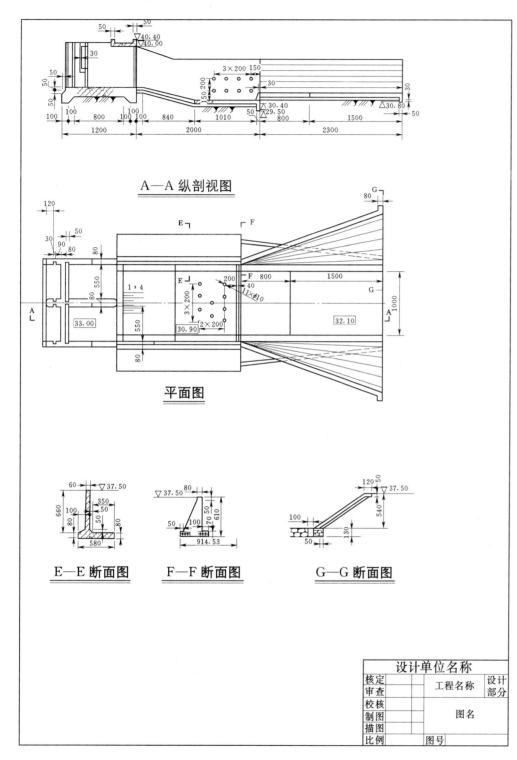

A—A 纵剖视图

平面图

E—E 断面图　　F—F 断面图　　G—G 断面图

设计单位名称		
核定	工程名称	设计部分
审查		
校核		图名
制图		
描图		
比例	图号	

图 4.90　最终结果

图 4.91　图层的建立　　　　　图 4.92　轴线的绘制

命令：l LINE 指定第一点：

指定下一点或［放弃（U）］：3500

指定下一点或［放弃（U）］：

（2）绘制涵洞洞身。

1）输入图层管理器命令（LA），新建粗实线层，设置颜色为白色，线型为实线，线宽为 0.7mm，选择为当前层。

2）根据建筑物设计尺寸，使用画线命令（L），在极轴状态下，完成涵洞洞身的绘制，结果如图 4.93 所示。

（3）挡土墙的绘制。输入图层管理器命令（LA），新建一个虚线图层，线型为 DASHED，颜色为绿色，线宽为 0.5mm，选择为当前层。在虚线层，输入画线命令（L），绘制如图 4.94 所示的挡土墙。

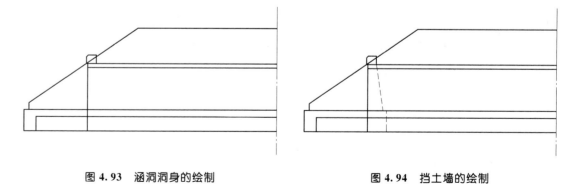

图 4.93　涵洞洞身的绘制　　　　图 4.94　挡土墙的绘制

（4）剖面材料的绘制。输入图层管理器命令（LA），新建材料层，颜色为蓝色，设置线型为实线，线宽为 0.25mm，选择为当前层。

输入填充命令（H），选择混凝土材料填充。由于涵洞洞身是钢筋混凝土材料，所以在绘制的时候选择两次填充，分别用混凝土材料和 45°斜线填充。

浆砌石块的绘制。涵洞底板部分采用了浆砌石块，这个材料在 CAD 中是没有的，所以我们采用徒手创建的方式来绘制。首先使用绘制样条曲线命令（SPL）绘制单个形体，然后多重复制（CO）此形体，最后采用填充命令（H）完成。完成后效果如图 4.95 所示。

2. 半剖平面图的绘制

（1）主轴线的绘制。在轴线层使用画线命令（L）完成主轴线的绘制，如图 4.96 所示。

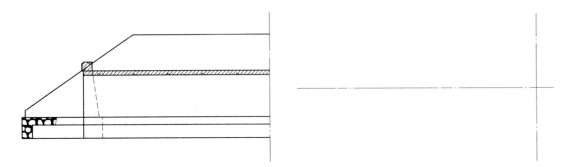

图 4.95　浆砌块石的绘制　　　　　　　图 4.96　轴线的绘制

（2）涵洞洞身绘制。选择当前层为粗实线层，输入画线命令（L）绘制涵洞洞身的一半，如图 4.97 所示。

采用镜像命令（MI），完成涵洞的整体绘制，效果如图 4.98 所示。

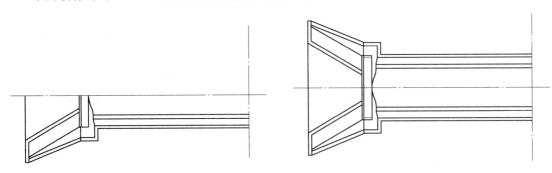

图 4.97　涵洞洞身一半的绘制　　　　　图 4.98　镜像的结果

绘制涵洞不可见部分。选择当前层为虚线层，输入画线命令（L），绘制不可见部分，如图 4.99 所示。

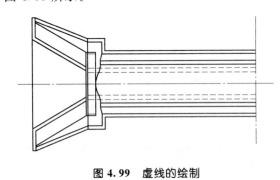

图 4.99　虚线的绘制

3. 左立面图的绘制

（1）选择当前层为轴线层，输入画线命令（L）建立主轴线。

（2）切换当前层为粗实线层，输入画线命令（L），绘制涵洞的入口立面，如图 4.100 所示。

（3）切换当前层为虚线层，输入画线命令（L），绘制不可见的涵洞洞身，如图 4.101 所示。

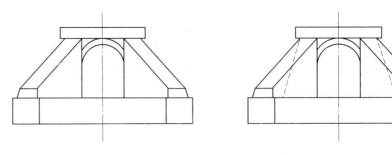

图 4.100　立面涵洞口的绘制　　　　图 4.101　涵洞洞身的绘制

4. 断面图的绘制

（1）在已经绘制的半剖平面图上，选择合适的位置，采用多线命令（PL）绘制剖面符号。

（2）在图纸的空白区域，采用画线命令（L）绘制所要剖的形体，如图 4.102 所示。

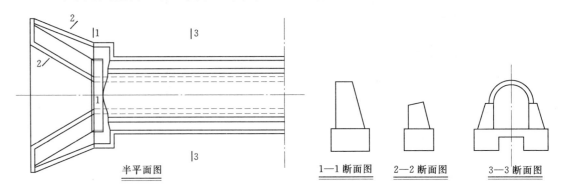

半平面图　　　　　　1—1 断面图　　2—2 断面图　　3—3 断面图

图 4.102　断面的绘制

（3）断面图材料的绘制。切换当前层为材料层，输入填充命令（H），选择合适的材料完成填充，如图 4.103 所示。

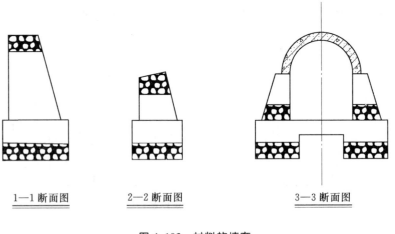

1—1 断面图　　　　2—2 断面图　　　　3—3 断面图

图 4.103　材料的填充

5. 文字、标注、图框的完成

（1）输入图层管理器命令（LA），建立标注层，线型为实线，线宽为 0.25mm，颜色为蓝色，选择为当前层。

（2）输入文字样式命令（ST），新建文字样式为"汉字"，设置文字高度为 5，字体为仿宋，高宽比为 0.8，如图 4.104 所示。

图 4.104　文字样式的建立

（3）输入标注样式管理器命令（D），建立新的标注样式为"水利工程 A2"，单击继续按钮，设置"直线和箭头"以及"文字"的相关内容，如图 4.105 所示。

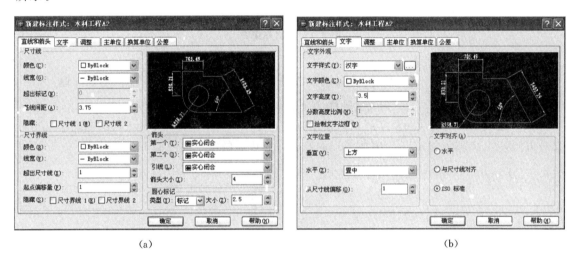

(a)　　　　　　　　　　　　(b)

图 4.105　标注样式的建立

（4）选择当前层为标注层，打开标注工具栏。选择线性标注、连续标注等方式对所做的图进行标注。

（5）将已经做好的 A2 图框作为图块插入，使用插入命令（I），选择图框的存放路径、比例、角度选择在屏幕上指定。调整好比例、位置，将所做图形放置进图框，完成后的图形如图 4.106 所示。

4.3.4　输水建筑物的绘制（渡槽）

1. 轴线的建立

如图 4.107 所示，首先在命令行中输入 LA 命令，打开图层管理器，新建一个图层，命名为轴线。设置颜色为红色，线型为 CENTER，线宽为 0.25mm，选择为当前层，返回绘图区。

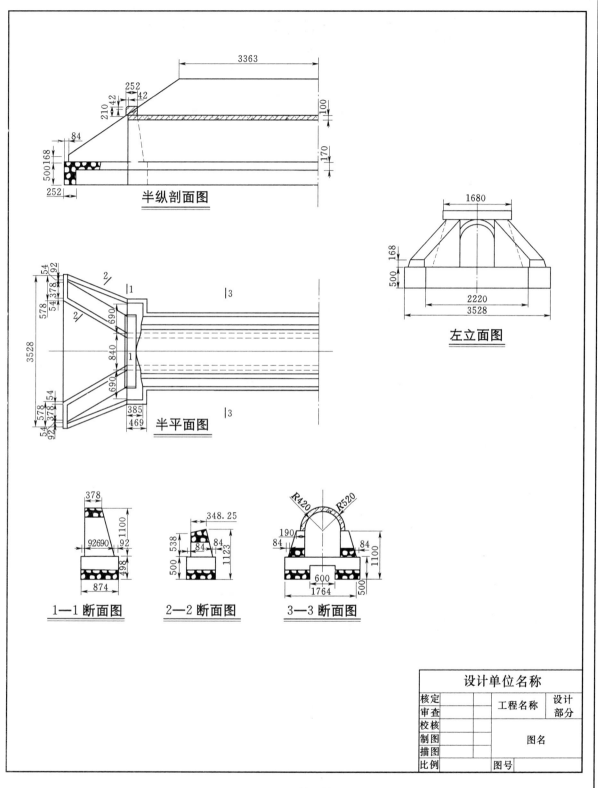

图 4.106　绘图结果

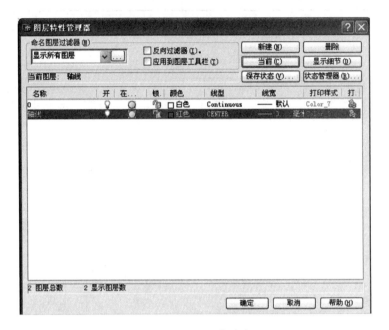

图 4.107 图层的建立

　　根据所绘制的图形大小，用画线命令（L）绘制所绘制图形的轴线，首先
选择绘制立面图形轴线。完成后效果如图 4.108 所示。

命令：l LINE 指定第一点：
指定下一点或 [放弃（U）]：2500
指定下一点或 [放弃（U）]：

图 4.108 基准线的绘制

　　2. 立面图形左半部分轮廓

　　（1）输入图层管理器命令（LA），建立粗实线层，设置颜色为白色，线宽
为 0.7mm，线型为实线，并设置为当前层。

　　（2）绘制渡槽左半部分轮廓，结果如图
4.109 所示。

　　（3）完成立面全图轮廓的绘制。

　　1）使用镜像命令（MI）镜像左半部分。

　　2）根据剖视图的绘制方法，使用删除命
令（E）和画线命令（L），绘制右半部分的
内部结构，结果如图 4.110 所示。

　　3. 断面材料的绘制

　　（1）材料层的建立。如同轴线和轮廓线
图层的建立方法一样建立材料图层，线宽设
置为 0.25，颜色设置为灰色，选择为当前层。

　　（2）完成材料的标注。使用填充命令（H），选择材料为混凝土，完成断面材料的绘制，
如图 4.111 所示。

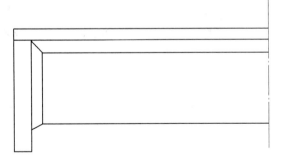

图 4.109 渡槽左部分的绘制

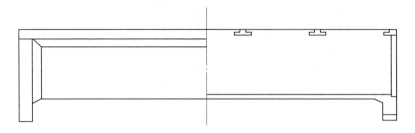

图 4.110 对称图形镜像成图

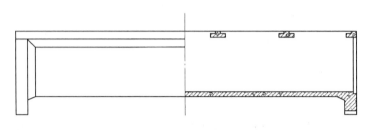

图 4.111 材料填充

　　4. 横断面图形的绘制

　　（1）首先通过图层工具栏 [粗实线] 选择当前层为轴线层。

　　（2）使用画线命令（L）完成主轴线的绘制，如图 4.112 所示。

　　（3）再次切换当前层为粗实线层，使用画圆命令（C）和画线命令（L）绘制左半部分轮
廓，并且使用修建命令（TR）完成图形的修改，完成后的结果如图 4.113 所示。

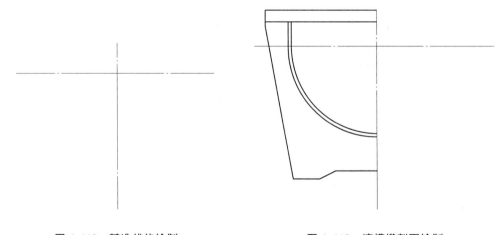

图 4.112 基准线的绘制　　　　图 4.113 渡槽横剖面绘制

　　（4）使用镜像命令（MI）完成整个图形轮廓，并且使用删除命令（E）、画圆命令（C）、
画线命令（L）完成右半部分的剖视图轮廓，结果如图 4.114 所示。

　　（5）使用图层管理器命令（LA），建立新图层细实线层，线宽设置为 0.25mm，颜色
为白色，线型为实线，选择为当前层。在此图层上绘制渡槽的横向联系杆断面如图 4.115
所示。

(6) 选择当前层为材料层，完成混凝土材料的填充。

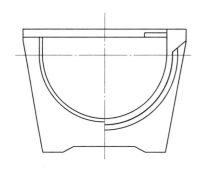

图 4.114　对称图形镜像成图

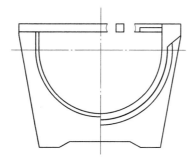

图 4.115　渡槽横断面局部绘制

5. 标注的完成

(1) 设置字体。输入字体设置命令（ST），弹出对话框，首先选择新建，起名为汉字，然后选择字体为仿宋，字高 10，长宽比为 0.8，设置如图 4.116 所示。

图 4.116　文字样式的建立

(2) 建立标注样式。

1) 输入标注样式管理器命令（D），新建一个标注样式为"水利工程标注 A2"，然后单击继续按钮，如图 4.117 所示。

2) 完成"直线与箭头"和"文字"两个关键项目的设置。具体设置如图 4.118 所示。

3) 完成标注。输入图层管理器命令（LA），建立标注图层，线型为实线，颜色为蓝色，线宽为 0.25mm，选择为当前层。

打开标注工具栏，选择"线性标注""连续标注"和"引出标注"完成标注，结果如图 4.119 所示。

图 4.117　创建新的标注样式

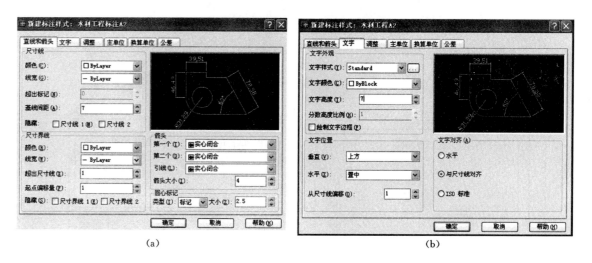

(a)　　　　　　　　　　　　(b)

图 4.118　标注样式的设置

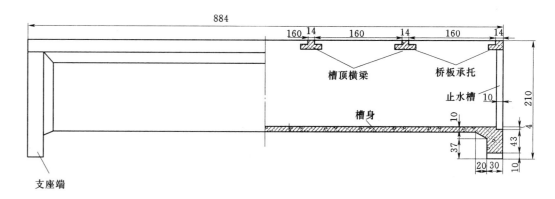

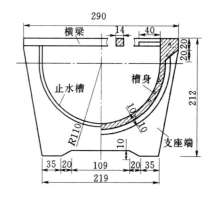

图 4.119　渡槽图形的标注

6. 插入图框

插入提前完成的 A2 图框，根据比例关系，使用比例缩放命令（SC），放大图框 20 倍，然后用移动命令（M），完成图框的镶套，至此，渡槽全图完成，如图 4.120 所示。

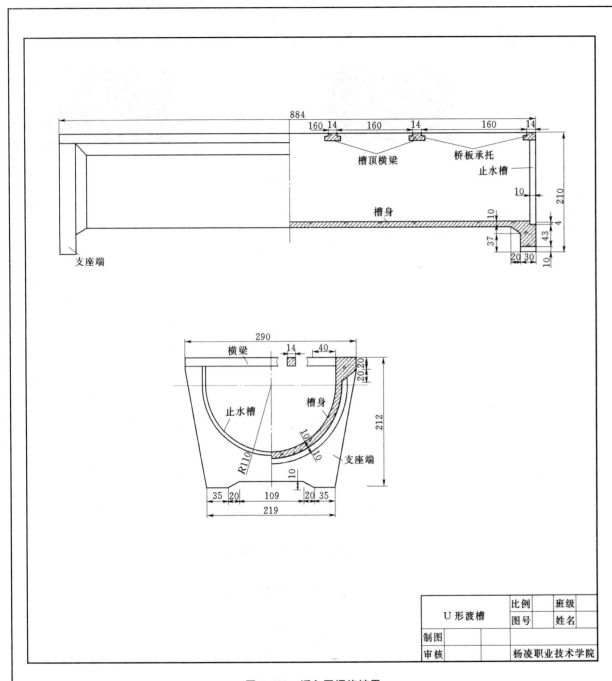

<table>
<tr><td rowspan="2">U 形渡槽</td><td>比例</td><td></td><td>班级</td><td></td></tr>
<tr><td>图号</td><td></td><td>姓名</td><td></td></tr>
<tr><td>制图</td><td></td><td></td><td colspan="2" rowspan="2">杨凌职业技术学院</td></tr>
<tr><td>审核</td><td></td><td></td></tr>
</table>

图 4.120 插入图框的结果